高等职业教育机械类专业系列教材

数控加工工艺与编程

主　编　史家迎　张政梅

副主编　张良智　丁林曜

参　编　唐立平　李慧明　车红兵　赵笃光

机械工业出版社

本书内容全面，实用性强，理论联系实践，以模块形式来组织内容，充分体现了当前常用数控机床的加工工艺和编程方法。本书共分 4 个模块，内容包括数控机床编程基础、数控车床编程与加工、数控铣床（加工中心）编程与加工及综合件的编程与加工，4 个模块中含 4 个知识点和13 个项目。

　　本书可作为高等院校数控技术、机电一体化、机械设计制造及自动化、模具设计与制造等专业学生教材，也可作为相关专业的师生和从事相关工作的工程技术人员的参考用书。凡选用本书作为授课教材的教师，均可登录 www.cmpedu.com，以教师身份注册下载本书配套资源。

图书在版编目（CIP）数据

数控加工工艺与编程/史家迎，张政梅主编. —北京：机械工业出版社，2024.6

高等职业教育机械类专业系列教材

ISBN 978-7-111-75566-1

Ⅰ.①数⋯　Ⅱ.①史⋯②张⋯　Ⅲ.①数控机床-加工工艺-高等职业教育-教材②数控机床-程序设计-高等职业教育-教材　Ⅳ.①TG659

中国国家版本馆 CIP 数据核字（2024）第 071927 号

机械工业出版社（北京市百万庄大街 22 号　邮政编码 100037）
策划编辑：汪光灿　　　　　　　责任编辑：汪光灿
责任校对：张慧敏　张　薇　　　封面设计：张　静
责任印制：李　昂
北京捷迅佳彩印刷有限公司印刷
2024 年 7 月第 1 版第 1 次印刷
184mm×260mm・16 印张・392 千字
标准书号：ISBN 978-7-111-75566-1
定价：49.50 元

电话服务　　　　　　　　　　　网络服务
客服电话：010-88361066　　　机　工　官　网：www.cmpbook.com
　　　　　010-88379833　　　机　工　官　博：weibo.com/cmp1952
　　　　　010-68326294　　　金　书　网：www.golden-book.com
封底无防伪标均为盗版　　　机工教育服务网：www.cmpedu.com

前　言

为深入贯彻落实党的二十大精神，铸魂育人，落实立德树人根本任务，本书以提升学生综合职业能力为基础，根据高等职业教育人才培养要求，结合多年课程建设与职业技能培训等实践工作经验编写而成。

本书以模块形式来组织内容，将理论知识体系与实践技能体系相融合，知识结构逻辑性、实践技能应用性强。书中案例源于实践，内容由浅入深，循序渐进，遵循学生认知规律。项目（或知识点）内容体现了理论知识和实践技能的一体化，突出了数控技术知识的系统性和实用性，呈现了理论知识与实践技能的深度融合，充分展现了课程教学改革实践的最新研究成果。

本书分4个模块，内容包括数控机床编程基础、数控车床编程与加工、数控铣床（加工中心）编程与加工及综合件的编程与加工。4个模块中含4个知识点和13个典型工作项目。典型工作项目主要涉及轴类零件、槽类零件、盘类零件、套类零件、螺纹类零件、曲面类零件、综合件的车削编程与加工，以及零件平面、零件外轮廓、零件型腔、零件孔、零件曲面、综合件的铣削编程与加工。

本书由山东劳动职业技术学院的史家迎、张政梅任主编，山东劳动职业技术学院的张良智、丁林曜任副主编，参加编写的还有无锡职业技术学院的唐立平、山东劳动职业技术学院的李慧明、青岛三利集团的车红兵、歌尔股份有限公司的赵笃光。编写分工如下：模块二项目一、项目四、项目六由史家迎编写，模块一知识点一、知识点二由张政梅编写，模块一知识点三、知识点四由张良智编写，模块二项目三、项目五由李慧明编写，模块二项目二、模块三项目一由丁林曜编写，模块三项目二、项目三由唐立平编写，模块三项目四、项目五由车红兵编写，模块四由赵笃光编写，全书由史家迎统稿。

限于编者经历及水平，书中难免有不妥之处，恳请各位专家及读者提出宝贵意见，以便进一步修正和完善。

编　者

二维码索引

目　　录

模块一

数控机床编程基础

知识点一　认识数控机床

学习目标

◎ 了解数控机床的基本组成
◎ 了解数控机床的主要参数技术
◎ 掌握数控机床的结构及特点
◎ 掌握数控机床的分类
◎ 掌握数控机床的加工对象及加工特点

一、数控机床结构及特点

(一) 数控车床结构及特点

如图 1-1 所示，数控车床与普通车床一样，也是用来加工零件旋转表面的。它一般能够自动加工外圆柱面、圆锥面、球面以及螺纹，还能加工一些复杂的回转面，如双曲面等。

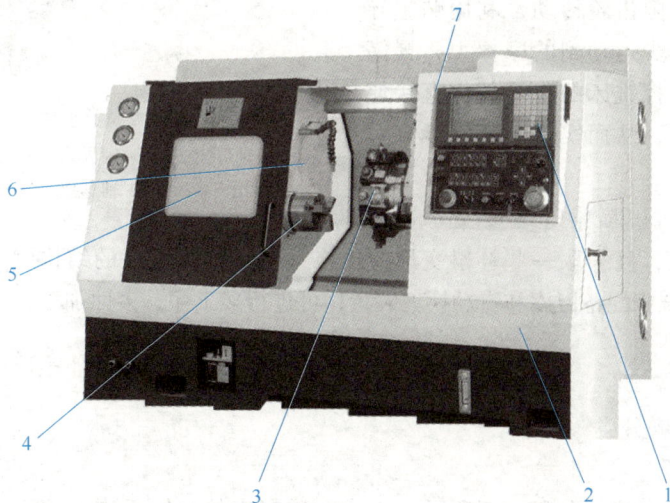

图 1-1　数控车床结构

1—操作面板　2—床身　3—刀架　4—主轴卡盘　5—防护罩　6—主轴箱　7—机床安全门

数控车床的本体与普通车床相似，由床身、主轴箱、刀架、进给系统、冷却系统及润滑系统等部分组成。但是数控车床的进给系统与普通车床有本质的区别，普通车床有进给箱和交换齿轮架，而数控车床是直接用伺服电动机通过滚珠丝杠驱动溜板和刀架实现进给运动，因而进给系统的结构大为简化。

（二）数控铣床结构及特点

数控铣床的结构如图 1-2 所示，一般由以下几部分组成：

1）主轴箱，包括主轴箱体和主轴传动系统。

2）进给伺服系统，由进给电动机和进给执行机构组成。

3）控制系统，是数控铣床运动控制的中心，执行数控加工程序，并控制机床进行加工。

4）辅助装置，如液压、气动、润滑、冷却系统和排屑、防护等装置。

5）机床基础件，包括底座、立柱、横梁等，是整个机床的基础和框架。

6）工作台。

带有刀库与换刀装置的数控铣床称为加工中心。

数控铣床是机电一体化产品的典型代表，尽管它的机械结构与普通铣床的结构有许多相似之处，但并不是简单地在普通铣床上配备了数控系统。它与普通铣床相比，结构上进行了改进，主要表现在以下几个方面：

1）主轴传动装置多采用无级变速或分段无级变速方式，可利用程序控制主轴的变向和变速，主传动具有较宽的调速范围。有些数控机床的主轴传动装置已开始采用结构紧凑、性能优异的电主轴。

2）进给传动装置中广泛采用无间隙滚珠丝杠传动和无间隙齿轮传动，利用贴塑导轨或静压导轨来减少运动副的摩擦力，提高传动精度。有些数控铣床的进给部件直接使用直线电动机驱动，从而实现了高速、高灵敏度的伺服驱动。

3）床身、立柱、横梁等主要支承件采用合理的截面形状，且采取一些补偿变形的措施，使其具有较高的结构刚度。

4）有些数控铣床配备刀库和自动换刀装置，可进行多工序、多面加工，大大提高了生产率。

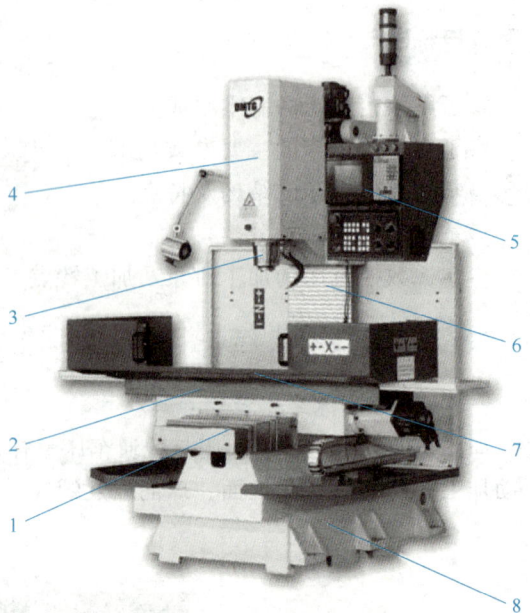

图 1-2　数控铣床结构

1—Y 轴导轨　2—X 轴导轨　3—主轴　4—主轴箱
5—操作面板　6—Z 轴导轨　7—工作台　8—床身

二、数控机床分类

（一）数控车床分类

1. 按主轴位置分类

（1）立式数控车床　如图 1-3 所示，立式数控车床的主轴垂直于水平面，有一个直径很大的圆形工作台用来装夹工件。这类车床主要用于加工径向尺寸大、轴向尺寸相对较小的大型复杂零件。

（2）卧式数控车床　如图1-4所示，卧式数控车床的主轴轴线处于水平位置。卧式数控车床又分为数控水平导轨卧式车床和数控倾斜导轨卧式车床。倾斜导轨结构可以使车床具有更大的刚性，并易于排除切屑。

图1-3　立式数控车床

图1-4　卧式数控车床

2. 按加工零件的基本类型分类

（1）卡盘式数控车床　这类车床没有尾座，适合车削盘类（含短轴类）零件。夹紧方式多为电动或液动控制，卡盘结构多具有可调卡爪或不淬火卡爪（即软卡爪）。

（2）顶尖式数控车床　这类车床配有普通尾座或数控尾座，适合车削较长的零件及直径不太大的盘类零件。

3. 按刀架数量分类

（1）单刀架数控车床　数控车床一般都配置有各种形式的单刀架，如四工位水平转位刀架或多工位转塔式自动转位刀架。

（2）双刀架数控车床　这类数控车床的双刀架配置平行分布，也可以是相互垂直分布。

4. 按数控系统的功能分类

（1）经济型数控车床（简易数控车床）　经济型数控车床是采用步进电动机和单片机对普通车床的进给系统进行改造后形成的简易型数控车床，成本较低，但自动化程度和功能都比较差，车削加工精度也不高，适用于要求不高的回转类零件的车削加工。

（2）普通数控车床　普通数控车床是根据车削加工要求，在结构上进行专门设计，并配备通用数控系统而形成的数控车床。数控系统功能强，自动化程度和加工精度也比较高，适用于一般回转类零件的车削加工。这种数控车床可同时控制两个坐标轴，即 X 轴和 Z 轴。

（3）车削加工中心　车削加工中心在普通数控车床的基础上，增加了 C 轴和铣削动力头，是更高级的数控车床，带有刀库，可控制 X、Z 和 C 三个坐标轴，联动控制可以是 X、Z，X、C 或 Z、C。由于增加了 C 轴和铣削动力头，这种数控车床的加工功能大大增强，除可以进行一般车削外，还可以进行径向和轴向铣削、曲面铣削、中心线不在零件回转中心的孔和径向孔的钻削等加工。

5. 其他分类方法

按数控系统的不同控制方式等指标，数控车床可以分很多种类，如直线控制数控车床，两主轴控制数控车床等；按特殊或专门工艺性能可分为螺纹数控车床、活塞数控车床、曲轴数控车床等多种。

（二）数控铣床的分类

1. 按主轴的位置分类

（1）立式数控铣床　立式数控铣床如图 1-5 所示，它在数量上一直占据数控铣床的大多数，应用范围也最广。从铣床数控系统控制的坐标数量来看，目前 3 坐标数控立铣床仍占大多数，可进行 3 坐标联动加工，但也有部分铣床只能进行 3 个坐标中的任意两个坐标联动加工（常称为 2.5 坐标加工），还有铣床主轴可以绕 X、Y、Z 坐标轴回转和其中一个或两个轴做数控摆角运动的 4 坐标和 5 坐标立式数控铣床。

（2）卧式数控铣床　如图 1-6 所示，与通用卧式铣床相同，卧式数控铣床的主轴轴线平行于水平面。为了扩大加工范围和扩充功能，卧式数控铣床通常采用增加数控转盘或万能数控转盘来实现 4 坐标和 5 坐标加工。这样，不但工件侧面上的连续回转轮廓可以加工出来，而且可以实现在一次安装中，通过转盘改变工位，进行"四面加工"。

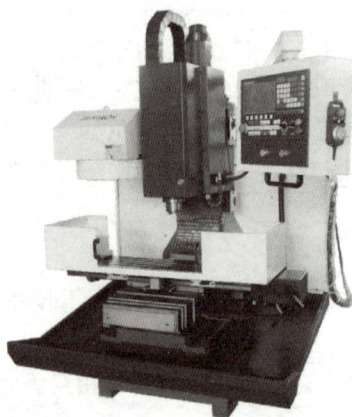

图 1-5　立式数控铣床　　　　图 1-6　卧式数控铣床

（3）立、卧两用数控铣床　立、卧两用数控铣床如图 1-7 所示。目前，这类数控铣床不多见。由于这类铣床的主轴方向可以更换，能达到在一台铣床上既可以进行立式加工，又可以进行卧式加工，而同时具备上述两类铣床的功能，其使用范围更广，功能更全，选择加工对象的余地更大。

2. 按构造分类

（1）工作台升降式数控铣床　如图 1-8 所示，这类数控铣床采用工作台移动、升降，而主轴不动的方式，一般小型数控铣床采用此种方式。

（2）主轴头升降式数控铣床　如图 1-5 所示，这类数控铣床采用工作台纵向和横向移动，且主轴沿垂向溜板上下运动。主轴头升降式数控铣床在精度保持、承载重量、系统构成等方面具有很多优点，已成为数控铣床的主流。

（3）龙门式数控铣床　如图 1-9 所示，这类数控铣床主轴可以在龙门架的横向与垂向溜板上运动，而龙门架则沿床身做纵向运动。因要考虑到扩大行程、缩小占地面积及刚性等技术上的问题，所以大型数控铣床往往采用龙门架移动式。

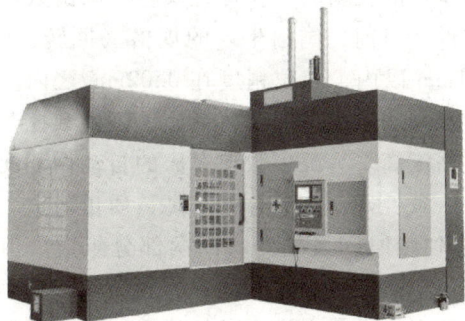

图 1-7　立、卧两用数控铣床

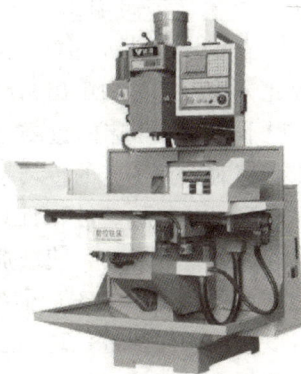

图 1-8　工作台升降式数控铣床

三、数控机床的加工对象及特点

（一）数控车床的加工对象及特点

1. 数控车床的加工对象

数控车床主要用于加工轴类、盘类等回转体零件。通过数控加工程序的运行，可自动完成内外圆柱面、圆锥面、成形表面、螺纹和端面等工序的切削加工，并能进行车槽、钻孔、扩孔、铰孔等工作。车削加工中心可在一次装夹中完成更多的加

图 1-9　龙门式数控铣床

工工序，提高加工精度和生产率，特别适合于复杂形状回转类零件的加工。与普通车削加工相比，数控车削加工在下述几类零件的加工上更具有优势。

（1）轮廓形状特别复杂或难于控制尺寸的回转体零件的加工　数控车床的数控装置都具有直线和圆弧插补功能，部分数控车床的数控装置还具有某些非圆曲线插补功能，所以能车削以任意平面曲线为轮廓的回转体零件，包括通过拟合计算处理后的、不能用方程描述的列表曲线类零件。还有成型面零件、非标准螺距（或导程）、变螺距、等螺距与变螺距或圆柱与圆锥螺旋面之间做平滑过渡的螺旋零件都可在数控车床上加工。

（2）高精度零件的加工　零件的精度要求主要指尺寸、形状、位置和表面等精度要求。高精度零件主要指尺寸精度高（达 0.001mm 或更小）的零件、圆柱度要求高的圆柱体零件、素线直线度要求高的零件（其轮廓形状精度可超过用数控线切割加工的样板精度）。目前，在特种精密数控车床上，可加工出几何轮廓精度极高（达 0.0001mm）、表面粗糙度数值极小（达 $Ra0.02\mu m$）的超精零件（如复印机中的回转鼓及激光打印机上的多面反射体等），还可以通过恒线速度切削功能，加工出表面要求精度高的各种变径表面类零件等。

（3）淬硬零件的加工　在大型模具加工中，有不少尺寸大且形状复杂的零件。这些零件热处理后的变形量较大，磨削加工有困难，而在数控车床上可以用陶瓷车刀对淬硬后的零件进行车削加工，以车代磨，提高了加工效率。

2. 数控车床的加工特点

（1）加工精度高　数控车床是按照数字形式给出的指令进行零件切削加工的。目前数

控车床的脉冲当量（即每输出一个脉冲后，数控车床刀具相应的进给移动量）可以达到 $1\mu m$，有的甚至可以达到 $0.1\mu m$。移动部件的传动丝杠的反向间隙及螺距误差可以由数控系统补偿，因此数控车床可加工出精度要求较高的零件。目前，国内生产的规格（回转直径）在 1000mm 以下的数控车床的重复定位精度在 0.01mm 以内，定位精度在 0.02mm 之内。国内车床制造厂家对数控车床的传动系统及车床结构都采取了很好的工艺措施，因此数控车床都具有良好的刚度及热稳定性，且其主要部件制造精度高。另外，数控车床的自动循环加工方式避免了人为因素的影响，使被加工零件的尺寸一致性好，产品合格率高，质量稳定。

（2）生产率高　零件加工所需要的时间由实际切削时间及辅助时间两部分组成。由于数控车床可以实现大切削量、高线速度切削以及快速空运行移动，因此它的加工生产效率比普通车床要高得多。数控车床一般具有良好的刚性，允许进行大切削量的强力切削，节省了粗加工时间。数控车床可以实现无级变速。目前有的小规格数控车床的最高转速可达到 8000r/min，中规格的可达到 3000~4500r/min，这样拓宽了转速选调范围，可以获得较好的线速度。而进给量的选用，可根据刀具寿命、材料加工性能及操作人员的实际经验来确定。目前国内生产的数控车床移动部件的移动速度最快可达 25m/min 以上，快速移动可使空运行的辅助时间大大减少。这些良好的条件为提高生产率提供了可靠保证。当生产量为中批量时，数控车床就更能显示出它的优越性。对国内有些用户厂家的调查表明，数控车床生产率（同类比）比普通车床要高出 3~5 倍。

（3）适用性强　在数控车床上加工新的零件时，只需要重新编制、输入加工程序，对车床和刀具稍加调整，就能实现对零件的加工，从而为复杂结构的单件、小批量生产以及试制新产品提供了极大的便利。特别是对于一些精密复杂零件，在普通车床上很难加工或者无法加工，而在数控车床上就能实现自动加工。另外，数控车床自动化程度高，劳动强度低，使操作者的劳动条件大为改善。

（4）有利于现代化管理　采用数控车床加工，能够准确地计算出加工工时，并能够有效地简化工具、夹具、量具及成品、半成品零件的管理工作。数控车床还适用于计算机联网操作，实现计算机辅助设计、制造及管理一体化。

（5）价格较贵但经济效益良好　由于数控机床采用了许多高、新、尖的先进技术，所以它的整体价格较高。但数控车床加工精度高，质量稳定性好，效率高，缩短了生产准备周期，而且节省了大量工艺装备费用，因此具有良好的经济效益。

（二）数控铣床的加工对象及特点

数控铣床的传动特点、结构组成适用于各种箱体类和板类零件的加工。数控铣床对工件可进行钻、扩、铰、锪、镗以及攻螺纹等加工，但它主要还是用来进行型面的铣削加工。

1. 平面类零件

加工面与水平面平行或垂直或呈一定值夹角的零件称为平面类零件，如图 1-10 所示。其特点是：各加工单元面是平面或展开为平面。数控铣床加工的绝大多数零件属于平面类零件。

2. 曲面类零件

加工面为空间曲面的零件称为曲面类

图 1-10　平面类零件

零件，又称立体类零件，如图 1-11 所示。其特点是：加工面不能展开为平面，并且加工面始终与铣刀点接触。

3. 变斜角类零件

加工面与水平面的夹角呈连续变化的零件称为变斜角类零件，如图 1-12 所示。其特点是：加工面不能展开为平面，但在加工中，加工面与铣刀圆周接触的瞬间为一条直线。

图 1-11　曲面类零件

图 1-12　变斜角类零件

四、数控机床主要技术参数

（一）数控车床主要技术参数

数控车床主要技术参数有床身与刀架最大回转直径、最大车削长度、最大车削直径以及精度指标等。CKA6150 数控车床主要技术参数见表 1-1。

表 1-1　CKA6150 数控车床主要技术参数

技术参数		规格
工作范围	床身上最大工件回转直径	ϕ500mm
	刀架上最大工件回转直径	ϕ280mm
	最大工件长度	1500mm
	最大加工长度	1430mm
	最大车削直径	ϕ400mm
主轴	主轴头形式	D8
	主轴通孔直径	ϕ82mm
	主轴转速范围	7~2200r/min 低：7~135r/min 中：30~550r/min、 高：110~2200r/min
	主轴电动机	变频型 7.5kW
系统	数控系统	FANUC 0i Mate
坐标行程	横向（X 轴）最大行程	280mm
	纵向（Z 轴）最大行程	1435mm
	横向快速进给	6000mm/min
	纵向快速进给	10000mm/min

（续）

技术参数		规格
刀台	刀位数	卧式 6 工位
	刀台转位重复定位精度	0.008mm
	换刀时间（单工位）	2.4s
	刀杆截面	25mm×25mm
尾座	套筒最大行程	150mm
	套筒直径	ϕ75mm
	套筒锥孔锥度	莫氏 5 号

（二）数控铣床（加工中心）主要技术参数

数控铣床（加工中心）主要技术参数有工作台尺寸、坐标轴行程、快速移动速度、切削速度、主轴转速、定位精度、重复定位精度、刀柄形式及刀库容量等。立式加工中心 850（FANUC 0i Mate-MD 系统）主要技术参数见表 1-2。

表 1-2　立式加工中心 850（FANUC 0i Mate-MD 系统）主要技术参数

技术参数			规格
工作台	工作台规格	长度	1000mm
		宽度	500mm
	工作台最大承重		1500kg
	工作台 T 形槽（槽数×槽宽×槽距）		6mm×18mm×125mm
坐标轴行程	X 坐标轴行程		850mm
	Y 坐标轴行程		510mm
	Z 坐标轴行程		510mm
机床主轴	主轴中心线到立柱正面距离		550mm
	主轴端面至工作台上平面距离		150~700mm
	主轴转速		8000r/min
	主轴锥度		7∶24
快速移动速度	X 轴		16m/min
	Y 轴		16m/min
	Z 轴		16m/min
切削速度	X 轴		1~7500mm/min
	Y 轴		1~7500mm/min
	Z 轴		1~7500mm/min
机床精度	定位精度		X：0.005/300mm Y：0.005/300mm Z：0.005/300mm
	重复定位精度		X：±0.003mm Y：±0.003mm Z：±0.003mm

（续）

技术参数	规格
刀柄形式	BT50
拉钉	BT50～45°
刀库容量	24 把（刀臂式）
换刀时间（刀—刀）	3.5s
最大刀具重量	15kg
最大刀具直径（满刀/相邻空位）	ϕ125mm/ϕ250mm
气源压力	0.5～0.8MPa
机床重量	14000kg
机床轮廓尺寸	3100mm×2500mm×2780mm

思考题：

1. 数控车床由哪几部分组成？各部分的作用是什么？
2. 数控车床主要加工对象有哪些？
3. 数控车床有哪些加工特点？
4. 数控车床是如何分类的？
5. 简述数控车床与普通车床的区别。
6. 简述车削加工中心的特点。
7. 简述数控铣床（加工中心）的组成，并简述各部分的作用。
8. 简述数控铣床（加工中心）的分类。
9. 数控铣床（加工中心）的加工特点是什么？
10. 数控铣床（加工中心）的结构特点是什么？
11. 简述数控铣床（加工中心）与普通铣床的区别。

知识点二　数控机床编程基础

学习目标

◎了解数控机床编程方法
◎了解数控程序的结构
◎掌握准备功能代码的分类
◎掌握常用的准备功能代码
◎掌握常用的辅助功能代码
◎掌握 F、S、T 功能
◎掌握数控程序的编辑与输入

一、数控机床编程方法

数控机床程序的编制方法有两种：手工编程和自动编程（计算机编程）。

二、数控程序的结构

每一个完整的数控程序都是由程序号、程序内容和程序结束三部分组成的。其格式如下所示：

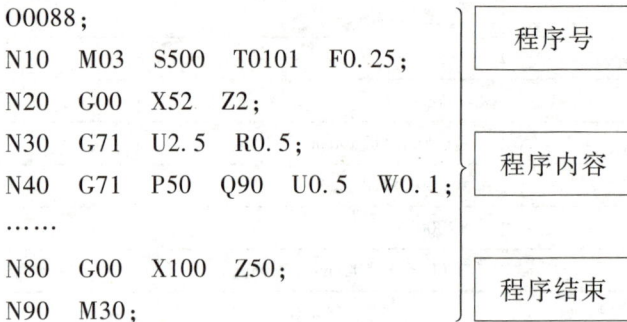

O0088；

N10　M03　S500　T0101　F0.25；————— 程序号

N20　G00　X52　Z2；

N30　G71　U2.5　R0.5；

N40　G71　P50　Q90　U0.5　W0.1；————— 程序内容

……

N80　G00　X100　Z50；

N90　M30；————— 程序结束

（一）程序号

以 FANUC 系列为例，程序号由字母 O 和后面接的 4 位数字（不能全为 0）组成，应单独占一行，如 O0008。在书写时，非零数字前面的零可以省略不写，如 O0008 可写成 O8。

注意：由于程序号是加工程序的识别标记，因此同一机床中的程序号不能重复。

（二）程序内容

程序内容是整个加工程序的核心，它由若干程序段组成，而每个程序段由一个或多个程序指令字组成。程序段的格式见表 1-3。

表 1-3　程序段的格式

格式	N_	G_	X(U)_	Y(V)_	Z(W)_	F_	M_	S_	T_
意义	程序段顺序号	准备功能	X轴移动指令	Y轴移动指令	Z轴移动指令	进给功能指令	辅助功能指令	主轴功能指令	刀具功能指令
举例	N3	G01	X10	Y20	Z-5	F0.3	M03	S800	T0101

（三）程序结束

程序结束部分由程序结束指令组成，它必须写在程序的最后，代表零件加工程序的结束。为了保证最后程序段的正常执行，通常要求单独占用一行。

三、程序指令字

一个程序指令字由指令字符（地址符）和带符号或不带符号的数字组成。程序中不同的指令字符及其数值确立了每个程序指令字的含义，在数控机床程序段中包含的主要指令字符见表 1-4。

表 1-4　指令字符一览表

序号	指令字符	功能	意义
1	O、P、%	零件程序号	程序编号（0~9999）
2	N	程序段号	程序段号（N0~N……）
3	G	准备功能	指令动作格式

（续）

序号	指令字符	功能	意义
4	X,Y,Z,U,V,W,A,B,C	尺寸字	坐标轴的移动
	R		圆弧半径、固定循环的参数
	I,J,K		圆弧终点坐标
5	F	进给速度	进给速度指定
6	S	主轴功能	主轴旋转速度指定
7	T	刀具功能	刀具编号选择
8	M	辅助功能	机床开、关及相关控制
9	P,X(U)	暂停	暂停时间指定
10	P	子程序号指定	子程序号指定
11	L	重复次数	子程序的重复次数
12	P,Q,R,U,W,I,K,C,A	参数	车削复合循环参数
13	C,R	倒角控制	自动倒角参数

程序指令字按照功能可以分为五种，分别是准备功能代码、辅助功能代码、主轴功能代码、刀具功能代码和进给功能代码。

（一）准备功能代码

准备功能又称 G 功能或 G 指令，由地址符 G 和后面的两位数字组成，它用来规定刀具和工件的相对运动轨迹、机床坐标系、坐标平面、刀具补偿、坐标偏置等多种加工操作。FANUC 0i 系统常用准备功能 G 代码见表 1-5。

G 功能根据功能的不同又分成若干组，其中 00 组的 G 功能称非模态 G 功能，其余组的 G 功能称模态 G 功能。同一组的模态功能代码具有相互注销的功能，这些功能代码一旦被执行，则一直有效，直到被同一组的其他功能代码注销为止。非模态功能代码（也称一次性代码）只在所规定的程序段中有效，程序段结束时被注销。

表 1-5 FANUC 0i 系统常用准备功能 G 代码

G 代码	组	功能	G 代码	组	功能
G00	01	快速定位	★G40	07	取消刀尖圆弧半径补偿
★G01		直线插补	G41		刀尖圆弧半径左补偿
G02		顺时针圆弧插补	G42		刀尖圆弧半径右补偿
G03		逆时针圆弧插补	G50	00	主轴最高速度限定
G04	00	暂停	G52		局部坐标系设定
G20	06	英制输入	G53	14	选择机床坐标系
★G21		公制输入	★G54		坐标系设定 1
G27	00	检查参考点返回	G55		坐标系设定 2
G28		返回机床参考点	G56		坐标系设定 3
G29		由参考点返回	G57		坐标系设定 4
G30		返回第二参考点	G58		坐标系设定 5
G32	01	螺纹切削	G59		坐标系设定 6

（续）

G 代码	组	功能	G 代码	组	功能
G70		精车循环	G90		单一形状内、外径切削循环
G71		内、外径粗车复合循环	G92	01	螺纹切削循环
G72		端面粗车复合循环	G94		端面切削循环
G73	00	固定形状粗加工复合循环	G96	02	恒线速控制
G74		端面深孔钻削循环	★G97		取消恒线速控制
G75		外径、内径切槽循环	G98	05	指定每分钟进给量
G76		螺纹切削复合循环	★G99		指定每转进给量

注：标记"★"号的代码为默认 G 代码，即在机床系统通电时被初始化为该功能。

不同组的多个 G 代码可以在同一程序段中指定且与顺序无关；如果同一组的多个 G 代码在同一程序段中指定，则最后一个 G 代码有效。不同系统的 G 代码并不一致，即使同型号的数控系统，也未必完全相同，编程时一定以系统的说明书所规定的代码进行编程。

1. 公、英制编程指令（G21/G20）

多数系统用准备功能字来选择坐标功能字是使用公制还是英制，如 FANUC 系统采用 G21/G20 指令来进行公、英制的切换，而 SIEMENS 系统和 A-B 系统则采用 G71/G70 指令来进行公、英制的切换。其中，G21 指令或 G71 指令表示公制，G20 指令或 G70 指令表示英制。

【例 1-1】 G91 G20 G01 X30.0；（表示刀具向 X 轴正方向移动 30in）

G91 G21 G01 X30.0；（表示刀具向 X 轴正方向移动 30mm）

公、英制对旋转轴无效，旋转轴的单位都是度（deg）。

2. 平面选择指令（G17/G18/G19）

当机床坐标系及工件坐标系确定后，对应地就确定了三个坐标平面，即 XY 平面、XZ 平面和 YZ 平面，可分别用 G 代码中的 G17（XY 平面）、G18（XZ 平面）和 G19（YZ 平面）表示这三个平面（见表 1-6）。

表 1-6 工作平面的选择

平面选择/G 功能代码	坐标平面/工作平面	进给轴/刀具轴	示意图
G17	XY 平面	Z	
G18	XZ 平面	Y	

（续）

平面选择/G 功能代码	坐标平面/工作平面	进给轴/刀具轴	示意图
G19	YZ 平面	X	

3. 快速定位指令（G00）

编程格式：G00 X __ Y __ Z __；

X、Y、Z 为刀具目标点坐标，当使用增量方式时，X、Y、Z 为目标点相对于起始点的增量坐标，没有增量值的坐标可以省略不写。G00 指令是模态指令。

说明：

1）刀具以各轴内定的速度由起始点（当前点）快速移动到目标点。

2）刀具运动轨迹与各轴快速移动速度有关。

3）刀具在起始点开始加速至预定的速度，到达目标点前减速定位。

【例 1-2】 加工轨迹如图 1-13 所示。用 G00 指令编写的程序段如下。

绝对值方式编程：

G90 G00 X40.0 Y30.0；

增量值方式编程：

G91 G00 X30.0 Y20.0；

采用 G00 指令编程时，移动速度无需指定，它由机床系统参数设定，并可通过机床面板上的按钮"F0""F25""F50"和"F100"进行调节。

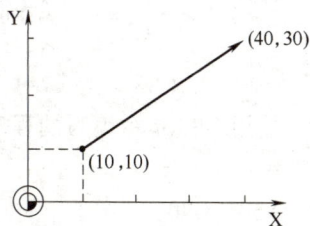

图 1-13 加工轨迹

4. 直线插补指令（G01）

G01 指令是直线运动指令，它命令刀具在两坐标或三坐标轴间以联动插补的方式按指定的进给速度做任意斜率的直线运动。G01 指令也是模态指令。

编程格式：G01 X __ Y __ Z __ F __；

X、Y、Z 为刀具目标点坐标，当使用增量方式时，X、Y、Z 为目标点相对于起始点的增量坐标，没有增量值的坐标可以不写。F 为刀具切削进给速度指令。

说明：

1）刀具按照 F 指令所规定的进给速度直线插补至目标点。

2）F 代码是模态代码，在没有新的 F 代码替代前一直有效。如果在 G01 程序段前的程序中没有指定 F 指令，而在 G01 程序段也没有 F 指令，则机床不运动，有的系统还会出现系统报警。

3）各轴实际的进给速度是 F 速度在该轴方向上的投影分量。

【例 1-3】 加工轨迹如图 1-13 所示。用 G01 编写的程序段如下。

绝对值方式编程：

G90 G01 X40.0 Y30.0 F300；

增量值方式编程：

G91 G01 X30.0 Y20.0 F300；

5. 绝对坐标与增量坐标指令（G90/G91）

绝对坐标指令用 G 代码中的 G90 表示。程序中坐标功能字后面的坐标以原点作为基准，表示刀具终点的绝对坐标。增量坐标（亦称为相对坐标）指令用 G 代码中的 G91 表示。程序中坐标功能字后面的坐标以刀具起始点作为基准，表示刀具终点相对于刀具起始点坐标值的增量。G90 与 G91 属于同组模态指令，系统默认指令是 G90。在实际编程时，可根据具体的零件及零件的标注来进行 G90 和 G91 指令的切换。

【例 1-4】 刀具轨迹如图 1-14 所示，分别用 G90 和 G91 指令编程的程序如下。

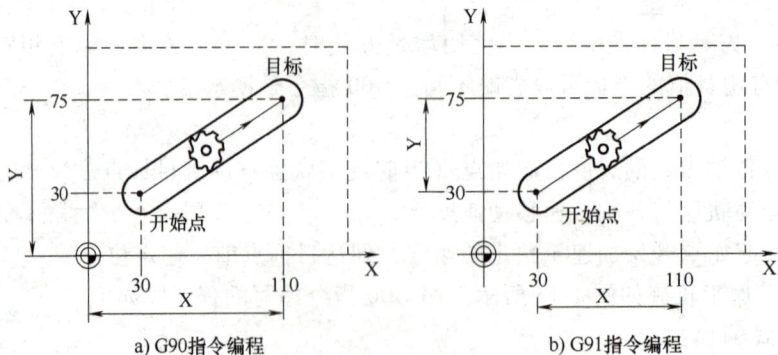

a) G90指令编程

b) G91指令编程

图 1-14 刀具轨迹

使用 G90 指令编写的程序：

......

N50　G90；

N60　G00　X0　Y0　Z10.0；

N70　G01　X30.0　Y30.0　F150；

N80　Z−5.0；

N90　X110.0　Y75.0；

N100　Z10.0；

N110　M30；

使用 G91 指令编写的程序：

......

N50　G90；

N60　G00　X0　Y0　Z10.0；

N70　G91　G01　X30.0　Y30.0　F150；

N80　Z−15.0；

N85　X80.0　Y45.0；

N90　Z15.0；

N95　G90；

N100　M30；

6. 返回参考点指令（G27/G28/G29）

对于机床的刀具返回参考点的动作，除了采用手动操作外，还可以通过编程指令来自动实现。常见的与返回参考点相关的编程指令主要有 G27、G28、G29，这三种指令均为非模态指令。

（1）返回参考点校验指令（G27）

编程格式：G27　X __　Y __　Z __；

X、Y、Z 为参考点在工件坐标系中的坐标值。

说明：

1）返回参考点校验指令 G27 用于检查刀具是否正确返回到程序中指定的参考点位置。

2）执行该指令时，如果刀具通过快速定位指令 G00 正确定位到参考点上，则对应轴的返回参考点指示灯亮，否则机床系统将发出报警。

3）当使用刀具补偿功能时，指示灯是不亮的，所以在取消刀具补偿功能后，才能使用 G27 指令。

4）当返回参考点校验功能程序段完成，需要使机械系统停止时，必须在下一个程序段后增加 M00 或 M01 等辅助功能代码或在单程序段情况下运行。

（2）自动返回参考点指令（G28）

编程格式：G28 X__ Y__ Z__；

X、Y、Z 为返回过程中经过的中间点的坐标值，该坐标值可以用增量值，也可以用绝对值，但需用 G91 指令或 G90 指令来指定。

说明：

1）执行这条指令，可以使刀具以点位方式经中间点返回到参考点，中间点的位置由该指令后的 X、Y、Z 值决定。

2）设定中间点的目的是防止刀具在返回参考点的过程中与工件或夹具发生干涉。

3）G28 指令一般用于自动换刀，所以使用 G28 指令时，应取消刀具的补偿功能。

【例 1-5】 G90 G28 X150.0 Y150.0 Z150.0；

刀具先快速定位到工件坐标系的中间点（150，150，150）处，再返回机床 X、Y、Z 轴的参考点。

（3）自动从参考点返回指令（G29）

编程格式：G29 X__ Y__ Z__；

X、Y、Z 为从参考点返回后刀具所到达的终点坐标。可用 G91、G90 指令来决定该值是增量值还是绝对值。如果是增量值，则该值指刀具终点相对于 G28 指令所指中间点的增量值。

说明：

1）执行这条指令，可以使刀具由机床参考点经过中间点到达目标点。

2）这条指令一般紧跟在 G28 指令后使用。指令中的 X、Y、Z 坐标值是执行完 G29 指令后，刀具应到达的坐标点。

3）G29 指令下的刀具的动作顺序是从参考点快速到达 G28 指令的中间点，再从中间点移动到 G29 指令的点定位，其动作与 G00 动作相同。由于在编写 G29 指令时有种种限制，而且在选择 G28 指令后，这条指令并不是必需的，所以建议用 G00 指令来代替 G29 指令。

【例 1-6】 G28 和 G29 指令的应用举例如图 1-15 所示。

G90 G28 X1300.0 Y700.0 Z0；（由 A 点经 B 点返回参考点）

T01 M06；（换刀）

G29 X1800.0 Y300.0 Z0；（从参考点经 B 点返回到 C 点）

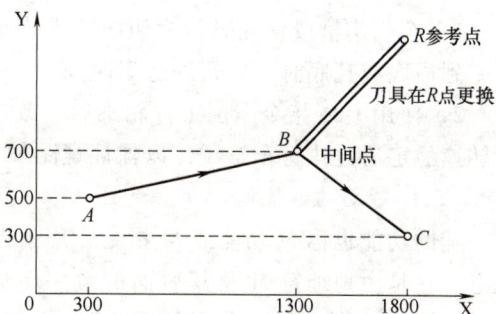

图 1-15 G28 和 G29 应用举例

或：

G91　G28　X1000.0　Y200.0　Z0;（由 A 点经 B 点返回参考点）

M06　T01（换刀）

G29　X500.0　Y-400.0　Z0;（从参考点经 B 点返回到 C 点）

7. 工件坐标系零点偏移及取消指令 （G54~G59/G53）

在编程时，可通过工件坐标系零点偏移指令 G54~G59 在程序中来选择对刀设定的不同的工件坐标系。工件坐标系零点偏移指令可通过 G53 指令来取消。工件坐标系零点偏移取消后，在程序中使用的坐标系为机床坐标系。

一般通过对刀以及对机床面板的操作，再输入不同的零点偏移数值，就可以设定 G54~G59 共 6 个不同的工件坐标系。在编程及加工过程中可以通过 G54~G59 指令来对不同的工件坐标系进行选择。

【例 1-7】　如图 1-16 所示，使用工件坐标系零点偏移指令来编程，要求刀具从当前点移动到 A 点，再从 A 点移动到 B 点。

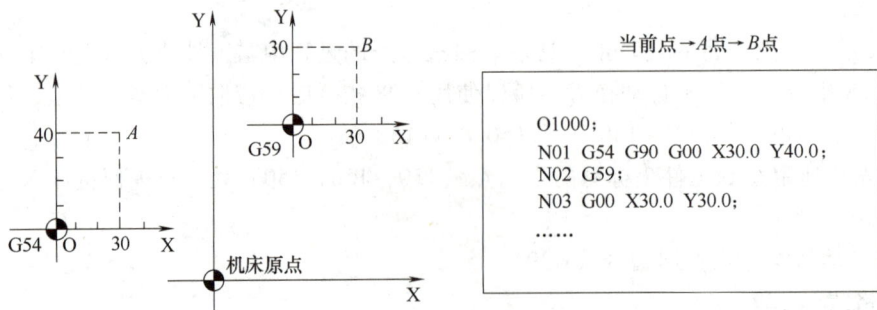

当前点→A点→B点

```
O1000;
N01 G54 G90 G00 X30.0 Y40.0;
N02 G59;
N03 G00 X30.0 Y30.0;
......
```

图 1-16　工件坐标系零点偏移指令举例

8. 暂停指令 （G04）

G04 暂停指令可使刀具做短时间无进给加工或机床空运转，从而增大加工表面的表面粗糙度值。因此，G04 指令一般用于车槽、铣平面、锪孔等光整加工。该指令为非模态指令。

编程格式：G04　X __;　或 G04　P __;

地址符 X 后面的数字允许带小数点，如 G04　X2.0 表示暂停时间为 2s，而 X2 则表示暂停时间为 2ms。地址 P 后面的数字不允许带小数点，单位为 ms，如 G04　P2000 表示暂停时间为 2s。

说明：

1）车削沟槽或钻孔时，为使槽底或孔底得到准确的尺寸精度及光滑的加工表面，则在加工到槽底或孔底时，应暂停适当时间。

2）使用 G96 指令车削工件轮廓后，改成 G97 指令车削螺纹时，可暂停适当时间，使主轴转速稳定后再执行车螺纹，以保证螺距加工精度要求。

（二）辅助功能代码

辅助功能也称 M 功能或 M 指令，用于控制零件程序的走向，以及指定机床辅助动作及状态。它是由地址符 M 及其后面的数字组成，其特点是靠继电器的通断来实现控制过程。FANUC 系统的辅助功能代码见表 1-7。

表 1-7 FANUC 系统的辅助功能代码表

代码	功能	代码	功能
M00	程序停止	M10	车螺纹斜退刀
M01	程序计划停止	M11	车螺纹直退刀
M02	程序结束	M12	误差检测
M03	主轴正转	M13	误差检测取消
M04	主轴反转	M19	主轴准停
M05	主轴停止转动	M30	程序结束并返回起点
M08	切削液打开（有些厂家设置为07）	M98	调用子程序
M09	切削液关闭	M99	子程序调用结束

1. 程序停止指令（M00）

执行 M00 指令后，机床暂停所有动作，只有当重新按下循环启动按钮后，才再继续执行 M00 指令后面的程序。

2. 程序计划停止指令（M01）

M01 指令的执行过程和 M00 指令类似，只有按下机床控制面板上的"选择停止"开关后，该指令才有效，否则机床继续执行后面的程序。

3. 程序结束指令（M02）

执行 M02 程序结束指令后，表示加工程序内的所有内容都已完成，执行光标停止在 M02 指令后。

4. 程序结束并返回起点指令（M30）

程序结束并返回起点指令 M30 的执行过程与 M02 指令相似。不同之处在于执行 M30 指令后，随即停止主轴的转动和切削液的流通等所有动作，并且执行光标返回到程序开头，为加工下一个工件做准备。

（三）主轴功能

主轴功能也称 S 功能或 S 指令，用于控制主轴转速，其后的数值表示主轴转速，单位为 r/min。在使用恒线速度功能（G96 表示恒线速切削，G97 表示取消恒线速切削）时，S 功能后的数值表示切削线速度，单位为 m/min。S 功能为模态指令，且只有在主轴速度可调节的数控机床上有效。S 功能所编程的主轴速度还可借助操作面板上的主轴倍率开关来修调。

（四）刀具功能

刀具功能也称 T 功能或 T 指令，用于选择刀具。它由地址符 T 和后面的数字组成，但有 T×× 和 T×××× 之分，具体对应关系由生产厂家确定，使用时应注意查阅厂家说明书。例如，T0102 表示选择 01 号刀具并调用 02 号刀具补偿值，T0000 表示取消刀具选择及刀具补偿。当一个程序段中同时指定 T 代码与刀具移动指令时，则先执行 T 代码指令，完成刀具的选择，后执行刀具移动指令。

（五）进给功能

进给功能也称 F 功能或 F 指令，表示工件被加工时刀具相对于工件的合成进给速度，它的单位取决于 G98 或 G99 指令（FANUC 系统）。G98 表示每分钟进给量，单位为 mm/min；G99 为每转进给量，单位为 mm/r。

F 指令为模态指令。在 G01、G02 或 G03 方式下，F 指令一直有效，直到被新的 F 指令取代或被 G00 指令注销。在 G00 指令工作方式下的快速定位速度是各轴的最高速度，由系统参数确定，与编程数值无关。

四、程序的输入与编辑

（一）新程序的建立

1）按编辑方式键 ◇，选择编辑操作方式。

2）按程序键 PROG，进入程序显示界面。

3）输入地址符 O，再输入程序号（如 O0001），然后按回车换行键 EOB E，再按插入键 INSERT，即可完成新程序号 "O0001" 的输入。

注意：在建立新程序时，新程序的程序号必须是存储器中没有的程序号。

（二）程序的调用

1）按编辑方式键 ◇，选择编辑操作方式。

2）按程序键 PROG。

3）输入预调用的程序号（如 O0001），再按向下移动键 ↓，即可完成程序 O0001 的调用。

注意：在调用程序时，调用的程序号必须是存储器中已有的程序号。

（三）程序的删除

1）按编辑方式键 ◇，选择编辑操作方式。

2）按程序键 PROG。

3）输入预删除的程序号（O0001），再按删除键 DELETE，即可完成单个程序 O0001 的删除。

（四）程序字的删除

1）按下编辑方式键 ◇，选择编辑操作方式。

2）按下程序键 PROG。

3）使用光标移动键，将光标移动到预删除的程序指令字（如 X25.0）的位置，按下删除键 DELETE，即可完成程序字 "X25.0" 的删除。

（五）程序字的插入

1）按下编辑方式键 ◇，选择编辑操作方式。

2）按下程序键 PROG。

3）使用光标移动键，将光标移动到预插入程序指令字的位置，然后输入预插入的程序指令字（如 X55.0），再按插入键 INSERT，即可完成程序字 "X55.0" 的插入。

（六）程序字的替换

1）按下编辑方式键 ◇，选择编辑操作方式。

2）按下程序键 PROG。

3）使用光标移动键，将光标移动到预替换的程序指令字（如 Z55.0）的位置，然后输入要替换的程序字（如 Z5.0），再按下替换键ALTER，即可完成程序字"Z5.0"的替换。

思考题：

1. 简述数控程序的结构。
2. 常用的准备功能代码有哪些？其作用是什么？
3. 准备功能代码有哪些分类？试举例。
4. 常用的辅助功能代码有哪些？其作用是什么？
5. 指令 M00 和 M01 的区别是什么？
6. 简述输入与编辑数控程序的操作步骤。

知识点三 机床坐标系与工件坐标系

学习目标

◎ 理解绝对坐标系和增量坐标系的含义
◎ 掌握绝对坐标系和增量坐标系的表示方法
◎ 掌握坐标和运动方向命名的原则
◎ 掌握标准坐标系的规定
◎ 掌握机床坐标轴的确定
◎ 掌握机床坐标系与工件坐标系的区别
◎ 掌握工件坐标系原点的原则
◎ 掌握数控机床参考点的作用
◎ 掌握对刀的作用

规定数控机床坐标轴及运动方向，是为了准确地描述机床的运动，简化程序的编制方法，并使所编程序有互换性。目前国际标准化组织已经统一了标准坐标系。我国机械工业部也颁布了《数字控制机床坐标和运动方向的命名》（JB3051—82 标准），对数控机床的坐标和运动方向做了明文规定。

一、数控机床坐标轴与运动方向

（一）坐标和运动方向命名的原则

数控机床的进给运动是相对的，有的是刀具相对于工件的运动（如数控车床），有的是工件相对于刀具的运动（如数控铣床、加工中心）。为了使编程人员在不知道是刀具移向工件，还是工件移向刀具的情况下，可以根据图样确定机床的加工过程。特规定：永远假定刀具相对于静止的工件坐标系而运动。

（二）标准坐标系的规定

在数控机床上加工零件，机床的动作是由数控系统发出的指令来控制的。为了确定机床的运动方向和移动距离，就要在机床上建立一个坐标系，这个坐标系就叫标准坐标系，也叫机床坐标系。在编制程序时，就可以以该坐标系来规定运动方向和距离。

数控机床上的坐标系是采用右手直角笛卡儿坐标系。如图 1-17 所示。在图中，大拇指的方向为 X 轴的正方向，食指的方向为 Y 轴的正方向，中指的方向为 Z 轴的正方向。

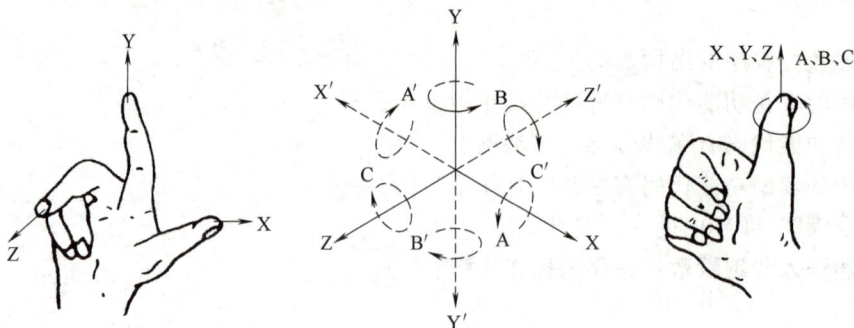

图 1-17　右手直角笛卡儿坐标系

（三）机床坐标轴的确定

确定机床坐标轴时，一般先确定 Z 轴，再确定 X 轴和 Y 轴。JB3051—82 中规定：机床某一部件运动的正方向，是增大工件和刀具之间距离的方向。

1. 沿 Z 轴的运动

沿 Z 轴的运动由传递切削力的主轴所决定，与主轴轴线平行的坐标轴为 Z 轴。对于工件旋转的机床，如车床、外圆磨床等，平行于工件轴线的坐标轴为 Z 轴，如图 1-18 所示；而对于刀具旋转的机床，如铣床、钻床、镗床等，则平行于旋转刀具轴线的坐标轴为 Z 轴，如图 1-19、图 1-20 所示。Z 轴的正方向为增大工

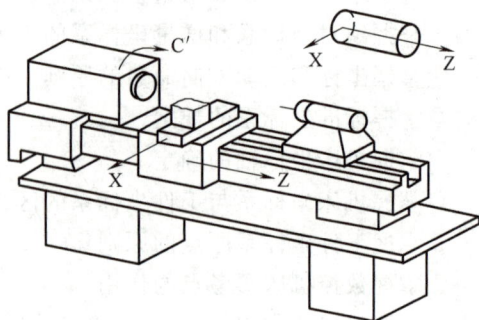

图 1-18　数控车床的坐标系

件与刀具之间距离的方向，如在钻镗加工中，钻入和镗入工件的方向为 Z 轴的负方向，而退出为正方向。

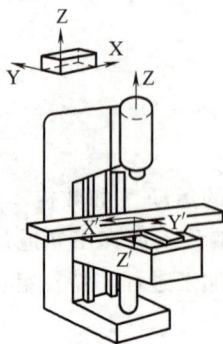

图 1-19　立式数控铣床的坐标系

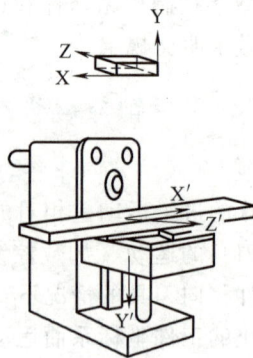

图 1-20　卧式数控铣床的坐标系

2. 沿 X 轴的运动

规定 X 轴为水平方向，且垂直于 Z 轴并平行于工件的装夹面。X 坐标是在刀具或工件

定位平面内运动的主要坐标。对于工件旋转的机床（如车床、磨床等），X 轴的方向在工件的径向上且平行于横滑座，刀具离开工件旋转中心的方向为 X 轴正方向，如图 1-18 所示。对于刀具旋转的机床（如铣床、镗床、钻床等），如果 Z 轴是垂直的，则当面对刀具主轴向立柱看时，X 轴的正方向指向右，如图 1-19 所示；如果 Z 轴是水平的，则当从主轴后端向工件看时，X 轴的正方向指向右，如图 1-20 所示。

3. 沿 Y 轴的运动

Y 轴垂直于 X、Z 轴，其正方向可根据 X 轴和 Z 轴的正方向，按照右手直角笛卡儿坐标系来判断。

4. 旋转运动坐标 A、B、C

如图 1-16 所示，A、B、C 相应地表示其轴线平行于 X、Y、Z 轴的旋转运动坐标。根据右手螺旋定则，大拇指的指向为 X、Y 和 Z 轴正方向，则其余四指的旋转方向为旋转坐标 A、B、C 的正方向。

5. 附加坐标

如果在 X、Y、Z 主要坐标轴以外，还有平行于它们的坐标，可分别指定为 U、V、W 轴。如果还有第三组坐标轴，可分别指定为 P、Q、R 轴。

6. 主轴旋转运动的方向

主轴的顺时针旋转运动方向（正转）是按照右旋螺纹旋入工件的方向。

二、绝对坐标系与增量坐标系

（一）绝对坐标系

如果刀具运动轨迹的坐标值是相对于固定的坐标原点 O_p 给出的，则这种坐标值称为绝对坐标，该坐标系为绝对坐标系，如图 1-21 所示。

（二）增量坐标系

如果刀具运动轨迹的坐标值是相对于前一位置（起点）来计算的，则这种坐标值称为增量坐标，该坐标系称为增量坐标系，如图 1-22 所示。

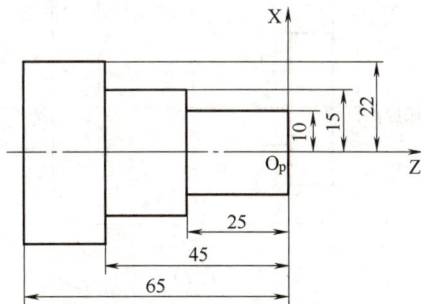

图 1-21 绝对坐标系

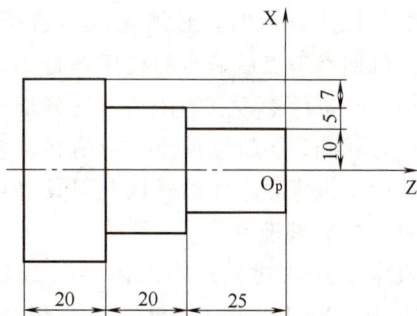

图 1-22 增量坐标系

三、机床坐标系与工件坐标系

（一）机床坐标系、机床原点与机床参考点

1. 机床坐标系

机床坐标系是机床上固有的坐标系，建立在机床原点上。它是用来确定工件坐标系的基

本坐标系，是确定刀具（刀架）或工件（工作台）位置的参考系。

2. 机床原点

机床原点是机床坐标系原点。它是机床制造商设置在机床上的一个物理位置，在机床装配、调试时就已确定下来，是机床上的一个固定点。机床原点是数控机床进行加工运动的基准参考点，其作用是使机床与控制系统同步，建立测量机床运动坐标的起始点。

在数控车床上，机床原点一般为卡盘后端面与主轴中心线的交点，如图 1-23 所示；通过设置参数的方法，也可将机床原点设定在 X、Z 坐标的正方向极限位置上。在数控铣床上，机床原点一般设定在 X、Y、Z 坐标的正方向极限位置上，如图 1-24 所示。

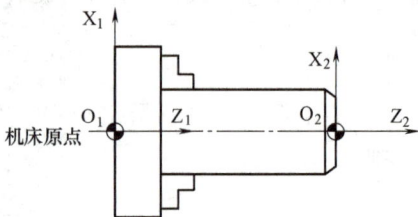

图 1-23　数控车床的机床原点

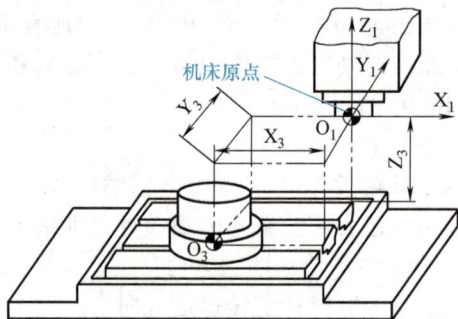

图 1-24　数控铣床的机床原点

3. 机床参考点

机床参考点是用于对机床运动进行检测和控制的固定位置点，其位置是由机床制造厂家在每个进给轴上用限位开关精确调整好的，而且其坐标值已输入数控系统中。因此，参考点相对机床原点的坐标是已知的。数控车床的机床参考点通常是离机床原点最远的极限点，如图 1-25 所示。而数控铣床（加工中心）的机床原点和机床参考点是重合的。

数控机床开机时，必须先确定机床原点。机床开机回参考点后显示的机床系标系的值为机床原点与机床参考点的距离，这样通过确认参考点，就确定了机床原点。只有机床参考点被确认后，机床原点才被确认，刀具（或工作台）移动才有基准。

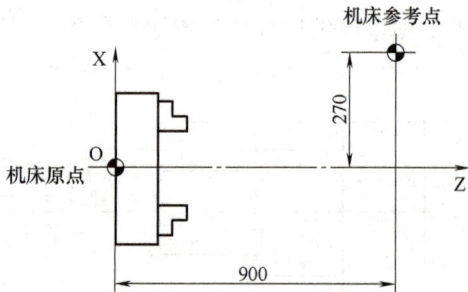

图 1-25　数控车床的机床参考点

机床原点的建立：使用回零（或回参考点）方法，当刀架带动挡铁压下行程开关时，相应机床坐标清零，指示灯亮，完成机床原点的建立。回零（或回参考点）的实质是建立机床坐标系。

（二）工件坐标系、工件坐标系原点与对刀

1. 工件坐标系

工件坐标系是编程人员在编程时设定的坐标系，也称为编程坐标系。工件坐标系一旦建立便一直有效，直到被新的工件坐标系所取代。

2. 工件坐标系原点

工件坐标系的原点，称为程序原点或编程原点，是编程人员选择的工件上的某一已知点。它是零件图上最重要的基准点，一般用 G92 或 G54～G59 指定。工件坐标系原点的选择原则为：

1）应尽量选择在工件的设计基准或工艺基准上。

2）尽可能选在尺寸精度高、粗糙度低的表面上。

3）最好选择在工件的对称中心上。

工件坐标系的坐标轴方向与机床坐标系的坐标轴方向保持一致。在数控车床中，如图 1-26 所示，原点 O_p 一般设定在工件的右端面与主轴轴线的交点上。在数控铣床中，如图 1-27 所示，Z 轴的原点一般设定在工件的上表面，对于非对称工件，X、Y 轴的原点一般设定在工件的左前角上；对于对称工件，X、Y 轴的原点一般设定在工件的对称中心。

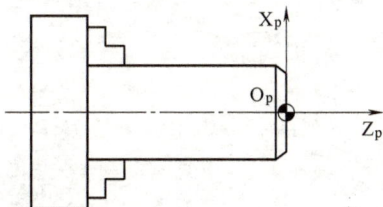

图 1-26　数控车床的工件坐标系原点　　　　图 1-27　数控铣床的工件坐标系原点

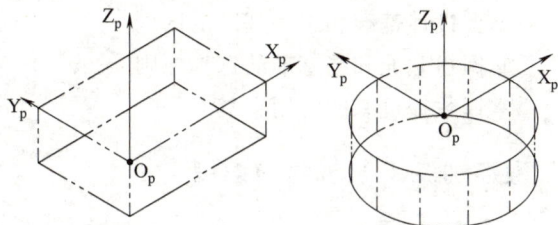

3. 对刀

对刀是指零件被装夹到机床上之后，用某种方法获得工件坐标系原点在机床坐标系中的位置（即工件坐标系原点的机床坐标值），从而建立工件坐标系与机床坐标系的关系的操作。对于编程人员来说，在编制程序时，只要根据零件图样就可以选定编程原点、建立编程坐标系、计算坐标数值，而不必考虑工件毛坯装夹的实际位置。对于加工人员来说，则应在装夹工件、调试程序时，将编程原点转换为加工原点，并确定加工原点的位置，在数控系统中给出原点设定值，然后就可以使机床自动加工了。

当工件在机床上固定以后，工件坐标系原点与机床原点也就有了确定的位置关系，即两坐标原点的偏差就已确定。然后就需要测量工件坐标系原点与机床原点之间的偏差。这个偏差值通常是由机床操作者在手动操作下，通过工件测量头或试切的方式测量的。该测量值可以预存在数控系统内或编写在加工程序中。在加工时，工件坐标系原点与机床原点的偏差值便自动叠加到工件坐标系上，使数控系统能够确定工件在机床坐标系中的坐标值，实现对工件的自动加工。

思考题：

1. 坐标和运动方向命名的原则是什么？

2. 右手笛卡儿坐标系是如何规定的？

3. 数控车床坐标轴是如何确定的？

4. 画图说明在数控车床上机床坐标系的位置。

5. 在数控机床上如何确定工件坐标系？

6. 简述绝对坐标系与增量坐标系的区别？

7. 在数控机床上，对刀的作用是什么？

知识点四　数控机床加工工艺基础

学习目标

◎了解工艺规程的内容、作用以及工艺文件的格式

◎掌握制订工艺规程的原则及步骤

◎掌握基准的分类及其定义

◎掌握工艺基准的分类及其定义

◎掌握设计基准和工序基准的区别

◎掌握粗基准和精基准的选择原则

◎掌握数控机床的常用夹具

一、数控加工工艺规程的编制

1. 工艺规程的内容

（1）定义　机械加工工艺规程是指规定产品或零部件制造工艺过程和操作方法等的工艺文件。

（2）内容　工艺规程的内容包括毛坯类型和材料定额、工件的加工工艺路线、所经过的车间和工段、各工序的内容要求及采用的机床和工艺装备、工件质量的检验项目及检验方法、切削用量、工时定额及工人技术等级等。

2. 工艺规程的作用

1）工艺规程是指导生产的主要技术文件。对于大批量生产工件的工厂，只有生产组织严密、分工细致、要求工艺规程比较详细，才能便于组织和指挥生产。对于单件小批生产工件的工厂，工艺规程可以简单些。但无论生产规模大小，都必须有工艺规程，否则生产调度、技术准备、关键技术研究、设备配置等都无法安排，生产将陷入混乱。同时，工艺规程也是处理生产问题的依据，如出现产品质量问题时，可按工艺规程来明确各生产单位的责任。按照工艺规程进行生产，便于保证产品质量、获得较高的生产效率和经济效益。

2）工艺规程是生产组织和管理工作的基本依据。一方面，有了工艺规程，在新产品投入生产之前，就可以进行有关生产前的技术准备工作。例如，为零件的加工准备机床，设计专用的工、夹、量具等。另一方面，工厂的设计和调度部门可以根据工艺规程，安排各零件的投料时间和数量，调整设备负荷，各工作地也能按工时定额有节奏地进行生产，使整个企业的车间、工段和工作地紧密配合，保证均衡地完成生产计划。

3）工艺规程是新建或改（扩）建工厂或车间的基本资料。在新建或改（扩）建工厂或车间时，只有依据工艺规程才能确定生产所需要的机床和其他设备的种类、数量和规格，车间的面积，机床的布局，生产工人的工种、技术等级及数量，以及辅助部门的安排。

3. 工艺文件的格式

将工艺规程的内容填入一定格式的卡片，即成为工艺文件。常用的工艺文件的格式有以下三种。

（1）机械加工工艺过程卡片　机械加工工艺过程卡以工序为单位，简要列出了整个零件加工所经过的工艺路线，包括毛坯制造、机械加工和热处理等。它是制订其他工艺文件的基础，是生产技术准备、编制作业计划和组织生产的依据。小批量生产中常以此卡片指导生产。

（2）数控加工工艺卡片　数控加工工艺卡片是一种以工序为单位，详细说明整个工艺过程的工艺文件。

（3）机械加工工序卡片　机械加工工序卡片更详细地说明了零件的各个工序应如何加工。以此工艺卡片为依据，可对每一个工序分别编制。

二、制订工艺规程的原则、原始资料及步骤

（一）制订工艺规程的原则

原则是：在一定的生产条件下，以最少的劳动消耗、最低的费用，按规定的速度，最可靠地加工出符合图样要求的零件。

应注意的问题：

1）技术上的先进性。

2）经济上的合理性。

3）有良好的劳动条件。

（二）需要的原始资料

1）产品的装配图和零件图。

2）产品验收的质量标准。

3）产品的生产纲领。

4）毛坯资料。

5）现场设备和工艺装备。

6）国内外生产技术的发展情况。

7）有关的工艺手册及图册。

（三）制订工艺规程的步骤

1）分析研究产品的装配图和零件图。

2）按零件批量的大小确定生产类型。

3）确定毛坯的种类和尺寸，画出毛坯的草图，作出材料预算。

4）拟定工艺路线。

5）确定各工序的加工余量，计算工序尺寸和公差。

6）确定各工序的设备、刀具、夹具、量具和辅助工具。

7）确定切削用量和工时定额。

8）编写零件加工程序单。

9）确定各主要工序的技术要求及检验方法。

10）填写工艺文件。

三、定位基准的选择

（一）基准的概念与分类

基准：用来确定生产对象上几何要素间的几何关系所依据的那些点、线、面。

1. 设计基准

设计基准是指设计图样上所采用的基准。如图 1-28 所示，A 面是 B 面和 C 面的设计基准。

2. 工艺基准

工艺基准是指零件在加工工艺过程中所采用的基准。

根据用途不同，工艺基准可分为工序基准、定位基准、测量基准和装配基准。

（1）工序基准　在工序图上用来确定本工序所加工表面加工后的尺寸、形状、位置的基准，称为工序基准，如图 1-28 所示，端面 A 也是端面 B 和端面 C 的工序基准。

（2）定位基准　在加工中用以确定工件在机床或夹具上正确位置的基准，称为定位基准，如图 1-28 所示，将零件的内孔套在心轴上来加工 $\phi 30mm$、$\phi 40mm$ 外圆时，$\phi 20mm$ 内孔为定位基准。

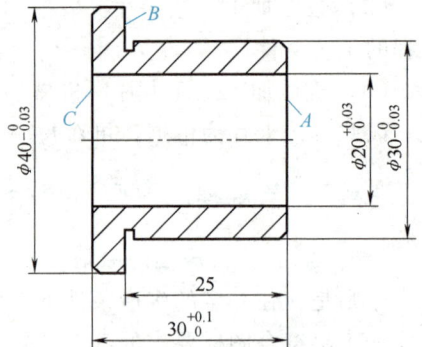

图 1-28　基准示例图

（3）测量基准　零件检验时用以测量已加工表面尺寸及位置的基准，称为测量基准，如图 1-28 所示，检测长度尺寸 25mm、30mm 时，端面 A 是测量基准。

（4）装配基准　在机器装配时，用来确定零件或部件在产品中的相对位置所采用的基准，称为装配基准。

3. 基准的分析

1）作为基准的点、线、面在工件上不一定存在（如球心、轴线、中心平面等），通常由某些具体表面来体现，这些表面称为基面。

2）各表面间的位置精度（如平行度、垂直度）也有基准关系。

（二）定位基准的选择

定位基准分为粗基准和精基准。粗基准是指在最初的工序中的定位基准，只能选择未经加工的毛坯表面（如铸造、锻造表面等）作为粗基准；精基准是指在中间工序和最终工序中的定位基准，应采用已加工过的表面作为精基准。

1. 精基准的选择

（1）基准重合原则　设计基准与工序基准重合，定位基准与设计基准重合。应尽可能选用设计基准作为精基准，这样可以避免由于基准不重合而引起的误差。

（2）基准统一原则　同一个零件的多道工序尽可能选用同一个定位基准，称为基准统一原则。轴类零件常使用两顶尖孔作统一基准，箱体类零件常使用一面两孔（一个较大的平面和两个距离较远的销孔）作统一基准，盘套类零件常使用止口面（一端面和一短圆孔）作统一基准，套类零件常使用一长孔和一止推面作统一基准。采用统一基准原则的好处是有利于保证各加工表面之间的位置精度，可以简化夹具设计，减少工件搬动和翻转次数。

注意： 采用统一基准原则常常会带来基准不重合问题。此时，需针对具体问题进行具体分析，根据实际情况选择精基准。

（3）自为基准原则 有些精加工工序要求加工余量小而均匀，这时常选用加工面本身作为基准。如精磨车床床身导轨面时，因加工余量小（通常不超过 0.5mm），所以往往以导轨面本身来找正。

（4）互为基准原则 当两个表面相互位置精度以及它们自身的尺寸与形状精度的要求都很高时，可以采取互为基准的原则，使两个被加工表面互相作为精基准，反复多次进行精加工，如机床主轴（轴承定位平面与外圆）、精密齿轮（内孔与齿面）。

2. 粗基准的选择

1）选择不加工表面作粗基准，以保证工件上加工表面与不加工表面之间的位置要求。

2）选择重要表面作粗基准，以保证重要表面具有均匀的加工余量。如：在车床床身的加工中，最重要的表面是导轨面，它精度要求高，且要求导轨表面有均匀的金相组织和较高的耐磨性，所以在加工时，要求在导轨表面上切除较少且留有均匀的加工余量，为此应选择导轨面作为粗基准。先加工床身的底平面，再以床身的底平面为精基准加工导轨面。

3）作为粗基准的表面，应面积大、平整、光洁，没有浇口、冒口、坡口或飞边等缺陷，以便定位和夹紧可靠。

4）粗基准原则上在同一尺寸方向上只能使用一次，以避免产生较大的定位误差。因为粗基准都是些毛坯面，精度低，表面粗糙，重复使用不能保证工件与刀具的相对位置一致，因而影响加工精度。

3. 附加基准

零件上根据机械加工工艺需要而专门设计的定位基准，称为附加基准，如用作轴类零件定位的顶尖孔、用作箱体类零件定位的工艺孔或工艺凸台等。

四、数控机床常用夹具

（一）数控车床常用夹具

数控车床常用夹具有自定心卡盘、单动卡盘、顶尖等。

1. 自定心卡盘

自定心卡盘是数控车床上最常用的夹具，其外形如图 1-29 所示。用自定心卡盘装夹工件能实现自动定心，装夹方便，但定心精度不高（一般为 0.05~0.08mm），夹紧力较小。自定心卡盘适用于装夹截面为圆形、正三角形、正六方形的轴类和盘类工件中的小型工件。

2. 单动卡盘

单动卡盘是数控车床上常用的夹具之一，其外形如图 1-30 所示。它的四个卡爪可分别通过四个调整螺钉来调整。用单动卡盘装夹工件的特点是：夹紧可靠，用途广泛，但不能自动定心，需要与划线盘、百分表配合来找正安装工件。找正后的工件安装精度较高，夹紧可靠。单动卡盘适合方形、长方形、椭圆形及各种不规则形状的零件的

图 1-29 自定心卡盘

装夹，也用于偏心轴零件的装夹。

3. 顶尖

较长的轴类零件在加工时常用两顶尖装夹，如图 1-31 所示。工件支承在前、后两顶尖之间，工件的一端用鸡心夹头夹紧，由安装在主轴上的拨盘带动旋转。这种方法定位精度高，能保证轴类零件的同轴度。另外，还可用一夹一顶的方法装夹，将工件一端用主轴上的自定心卡盘或单动卡盘夹持，另一端用尾座上的顶尖支承，这种方法夹紧力较大，适于轴类零件的粗加工和半精加工。但工件调头安装时一夹一顶的方法不能保证同轴度，因此精加工时应改用两顶尖装夹。

图 1-30 单动卡盘

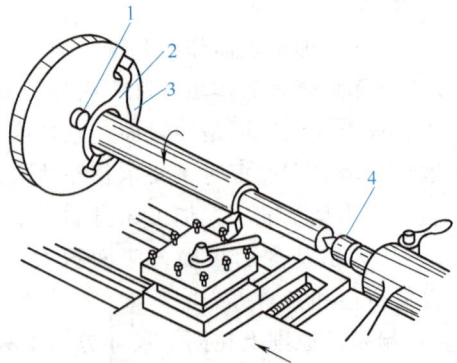

图 1-31 用两顶尖装夹工件

1—前顶尖 2—鸡心夹 3—拨盘 4—后顶尖

顶尖的结构有两种，一种是固定顶尖，另一种是回转顶尖，如图 1-32 所示。固定顶尖刚性好，定心准确，但与中心孔间因产生滑动摩擦而发热过多，容易将中心孔或顶尖"烧坏"，因此只适用于低速加工精度要求较高的工件。回转顶尖将顶尖与中心孔间的滑动摩擦改成了顶尖内部轴承的滚动摩擦，使其能在很高的转速下正常工作，克服了固定顶尖的缺点，应用很广泛。但回转顶尖存在一定的装配误差，以及当滚动轴承磨损后，会使顶尖产生跳动，从而降低加工精度。

顶尖头部带有 60°锥形尖端，用来顶在工件的中心孔内以支承工件；莫氏锥体的尾部安装在主轴孔或尾座的锥孔内，用顶尖安装工件时，需在工件两端用中心钻加工出中心孔，如图 1-33 所示。在用固定顶尖安装工件时，中心孔内应加入润滑脂，以减少因滑动摩擦发热而烧伤顶尖或中心孔的情况发生。

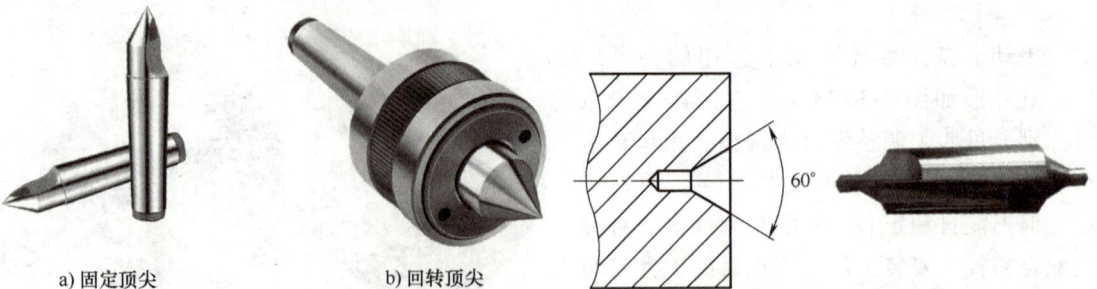

a) 固定顶尖

b) 回转顶尖

图 1-32 顶尖

图 1-33 顶尖孔

（二）数控铣床（加工中心）常用夹具

数控铣床（加工中心）常用夹具有通用螺钉压板、机用平口钳、分度头和自定心卡盘等。

1. 螺钉压板

利用T形槽螺栓和压板将工件固定在机床工作台上即可。装夹工件时，需根据工件装夹精度要求，用百分表等找正工件。用压板装夹工件时，应使压板、垫铁的高度略高于工件，以保证夹紧效果；压板螺栓应尽量靠近工件，以增大压紧力；压紧力要适中，或在压板与工件表面安装软材料垫片，以防工件变形或工件表面受到损伤；不能在工作台面上拖动工件，以免划伤工作台面。

2. 机用平口钳

铣削形状比较规则的零件时，常用机用平口钳装夹。该装夹方法方便灵活，适应性广。当加工精度要求一般、夹紧力要求不高的零件时，常使用机械式机用平口钳，如图1-34a所示，它靠丝杠与螺母之间的相对运动来夹紧工件；当加工精度要求较高、需要较大的夹紧力的零件时，可采用较高精度的液压式机用平口钳，如图1-34b所示。

a）机械式机用平口钳　　　　　　　　　b）液压式机用平口钳

图1-34　机用平口钳

在数控铣床（加工中心）工作台上安装平口钳时，要根据加工精度要求控制钳口与X或Y轴的平行度。用机用平口钳装夹工件时，一定要根据工件的切削高度在机用平口钳内垫上合适的高精度平行垫铁，以保证工件在切削过程中不会产生受力移动。

3. 卡盘和分度头

当需要在数控铣床（加工中心）上加工回转体零件时，可以采用自定心卡盘装夹，如图1-35所示，对于非回转零件可采用单动卡盘装夹。在数控铣床（加工中心）上使用卡盘的方法与数控车床上的卡盘的使用方法相似，使用T形槽螺栓将卡盘固定在机床工作台上即可。

在数控铣床上加工花键、离合器、齿轮等机械零件时，常采用分度头分度的方法来等分每一个齿槽，从而加工出合格的零件。分度头是数控铣床的主要部件。常用的分度头有万能分度头、简单分度头等，如图1-36所示，但这些分度头的分度精度不是很高。因此，在数控机床上还采用投影光学分度头和数显分度头等对精密零件进行分度以保证分度的精度。

图 1-35　铣床用卡盘

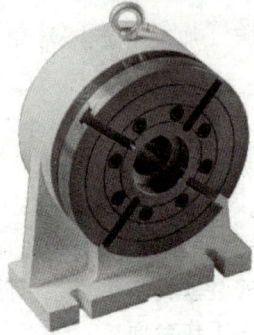

图 1-36　四轴五轴分度头

思考题：

1. 工艺规程包括哪些内容？
2. 工艺规程有何作用？
3. 制订工艺规程的原则是什么？
4. 如何制订工艺规程？
5. 何谓基准？
6. 基准的分类有哪些？
7. 工艺基准有哪些分类？
8. 粗基准和精基准的选择原则是什么？
9. 数控机床常用的夹具有哪些？

模块二

数控车床编程与加工

项目一　轴类零件的车削编程与加工

项目目标

◎ 了解台阶轴的加工工艺
◎ 了解台阶轴的装夹方案及定位方法
◎ 了解可转位刀具的结构
◎ 掌握 G70、G71 指令的编程格式及参数的含义
◎ 掌握 G70、G71 指令的应用
◎ 掌握台阶轴数控程序及加工工艺的编制
◎ 具备台阶轴数控仿真加工能力
◎ 具备台阶轴实操加工及尺寸检测能力

项目导入

完成如图 2-1 所示的台阶轴的数控程序编制与加工，毛坯尺寸为 $\phi60\text{mm}\times120\text{mm}$，材料为 45 钢。

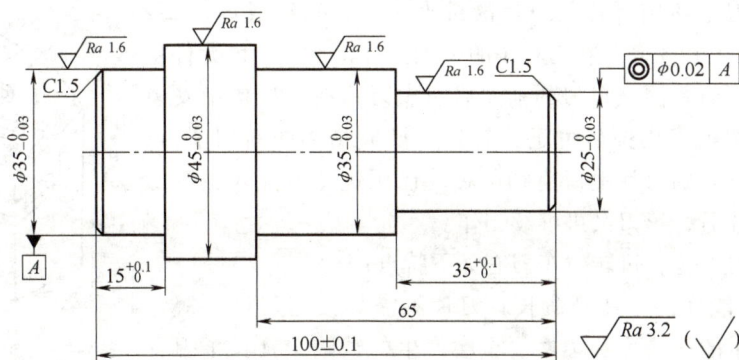

图 2-1　台阶轴

项目分析

本项目典型零件是台阶轴，属于典型的轴类零件。零件由四个圆柱组成，零件尺寸精度高，且有位置精度要求。通过本项目的实施，学习外圆刀具的选择和安装，台阶轴的加工方法，台阶轴加工切削用量的选择，台阶轴加工工艺的编制，粗、精车复合循环指令格式及其参数的含义，台阶轴加工程序的编制与应用，以及台阶轴的加工与检测等方面的知识。

相关知识

一、台阶轴车削工艺

1. 台阶轴类零件的结构特点

台阶轴类零件是机器中经常遇到的典型零件之一。它主要用来支承传动零部件，传递转矩和承受载荷。台阶轴是旋转体零件，其长度大于直径，一般由同心轴的外圆柱面、圆锥面及相应的端面所组成。

台阶轴可根据使用要求、生产类型、设备条件及结构，选用棒料、锻件等毛坯形式。对于外圆直径相差不大的轴，常选用棒料毛坯；而对于外圆直径相差大的阶梯轴或重要的轴，常选用锻件毛坯，这样既节约材料又减少机械加工的工作量，还可以改善零件的力学性能。

2. 台阶轴的装夹及定位方法

轴类零件的定位基准，最常采用的是两中心孔。采用两中心孔作为定位基准不但能在一次装夹中加工出多处外圆和端面，而且可满足各外圆轴线的同轴度以及端面与轴线的垂直度要求，符合基准统一的原则。因此，应尽量采用中心孔定位。对于大型的长轴零件，为提高零件的装夹刚度，常采用一夹一顶方式，即主轴的一端外圆使用卡盘加紧，另一端使用尾座顶尖顶住中心孔。

3. 加工路线的确定

加工台阶轴时，切除大量的金属后会引起残余应力重新分布而导致台阶轴变形。因此在安排工序时，应将粗、精加工分开，先完成各表面的粗加工，再完成各表面的半精加工和精加工，并将主要表面的精加工放在最后进行。

4. 刀具的选择

可转位车刀是使用可转位刀片的机夹车刀，其组成如图2-2所示。刀垫2、刀片3套装在刀杆1的夹固元件4上，由该元件将刀片压向支承面而紧固。车刀的前、后角靠刀片在刀杆槽中安装后获得。一条切削刃用钝后可迅速转位，换成相邻的新切削刃，即可继续工作，直到刀片上所有切削刃均已用钝，刀片才报废回收。更换新刀片后，车刀又可继续工作。

与焊接车刀相比，可转位车刀有如下特点：

1）切削性能好，刀具寿命长。刀片不需焊接与刃磨，避免了由于焊接产生的内应力和刃磨、重磨产生的缺陷，延长了刀具寿命。各种型号的刀片几何参数一致，卷屑、断屑稳定。刀片转位或更换新刀片后，切削刃与工件相对位置改变很小，重复定位

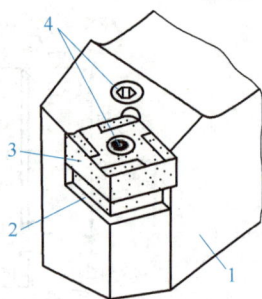

图2-2 可转位车刀的组成

1—刀杆 2—刀垫 3—刀片
4—夹固元件

精度高。

2）生产效率和经济效益高。由于机床操作工人不再磨刀，可大大减少停机换刀等辅助时间。实践证明，可转位车刀比焊接车刀可提高效率 0.5~1 倍。一把可转位车刀刀杆可使用 80~200 个刀片，刀杆材料消耗仅为焊接车刀的 3%~5%。虽然可转位车刀刀杆的制造成本较高，但每把刀具的使用成本也仅为焊接车刀的 30%。

3）简化工具管理。由于刀杆可重复利用，因此储备量可大大减少，有利于刀具的标准化、系列化。

4）有利于推广新技术、新工艺。可转位车刀有利于推广涂层、陶瓷等新型刀具材料的使用。

车刀的角度会影响零件的加工效率和加工质量，可转位车刀基本角度的选择和作用如下：

（1）前角　前角的大小影响切削刃锋利程度及强度。增大前角可使刃口锋利，切削力减小，切削温度降低，但过大的前角，会使刃口强度降低，容易造成刃口损坏。前角的取值范围为 $-8°~+15°$。选择前角的一般原则是：前角数值的大小与刀具切削部分材料、被加工材料、工作条件等都有关系。刀具切削部分材料脆、强度低时，前角应取较小值。工件材料强度和硬度低时，前角可选取较大值。在重切削和有冲击的工作条件时，前角只能取较小值，有时甚至取负值。一般是在保证刀具刃口强度的条件下，尽量选大前角。如硬质合金车刀加工钢材料时，前角值可选 5°~15°。

（2）主后角　主后角的作用为减小后刀面与工件之间的摩擦。它也影响切削刃的强度和锋利程度，其选择原则与前角相似，一般取 2°~8°。

（3）主偏角　主偏角影响切削刃工作长度、吃刀抗力、刀尖强度和散热条件。主偏角越小，则吃刀抗力越大，切削刃工作长度越长，散热条件越好。它的选择原则是：工件粗大刚性好时，可取较小值；车削细长轴时，为了减少径向切削抗力，以免工件弯曲，宜选取较大的值，常取 15°~90°。

（4）副偏角　副偏角影响已加工表面的粗糙度，减小副偏角可使被加工表面光洁。它的选择原则是：精加工时，为提高已加工表面的质量，应选取较小的值，一般取 5°~10°。

（5）刃倾角　刃倾角影响切屑流动方向和刀尖的强度。以刀柄底面为基准，主切削刃与刀柄底面平行时，刃倾角为零度，切屑沿垂直于主切削刃的方向流出。当刀尖为切削刃最低点时，刃倾角为负值，切屑流向已加工表面。当刀尖为主切削刃最高点时，刃倾角为正值，切屑流向待加工表面。刃倾角一般取 $-5°~10°$。精加工时，为避免切屑划伤已加工表面，应取正值或零度。粗加工或切削较硬的材料时，为提高刀头强度可取负值。

5. 切削液的选择

车削台阶轴时，为了减少工件因升温而引起的热变形，必须合理选择刀具，保持刀具锋利，同时加注切削液使刀具充分冷却。

二、编程指令

1. 粗车复合循环指令（G71）

该指令只需指定精加工路线，系统会自动给出粗加工路线，适于车削圆棒料毛坯。使用

G71 指令后形成的粗车复合循环轨迹如图 2-3 所示。

编程格式：

G71　U(Δd)　R(e)；

G71　P(ns)　Q(nf)　U(Δu)　W(Δw)

F(f)　S(s)　T(t)；

N(ns)……；

N(nf)……；

……；

说明：

Δd：X 向每次的切削深度。

e：退刀量。

ns：零件轮廓精加工程序的第一程序段的

段号。

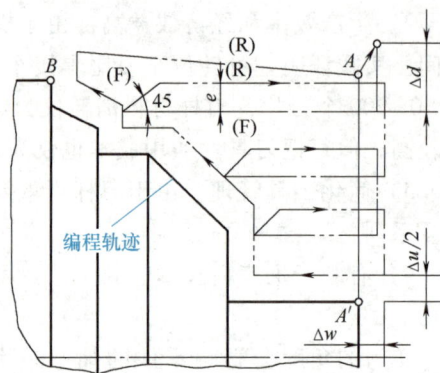

图 2-3　G71 粗车复合循环轨迹

nf：零件轮廓精加工程序的最后一程序段的段号。

Δu：X 方向上的精加工余量。

Δw：Z 方向上的精加工余量。

f，s，t：G71 指令粗加工的 F、S、T 功能，只在粗加工时 G71 循环中的 ns 到 nf 程序段有效。

注意：

1）FANUC0i 数控系统的 G71 指令有 A 和 B 型两种加工方式。A 型要求刀具运动轨迹在 X 和 Z 方向必须逐渐增加（即外圆加工），否则机床将不执行 G71 指令或报警。B 型则可以加工有凹凸轮廓的零件。

2）G71 指令循环结束后，刀具将快速回到循环起点。

【例 2-1】　零件如图 2-4 所示，毛坯为 φ60mm×80mm 的棒料，材料为 45 钢。分析零件的加工工艺，设定工件坐标系原点，编写零件的加工程序。

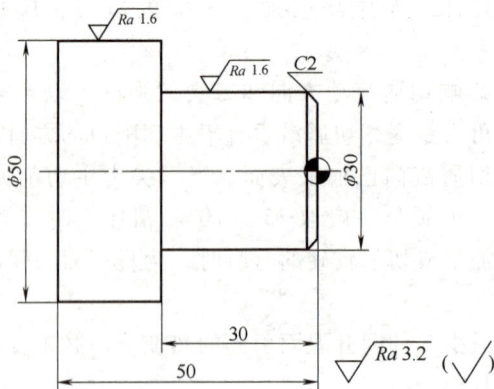

图 2-4　简单台阶轴

加工程序：

O0001；

N15　G01　Z0；

N16　X30.0　Z-2.0；

……

N11　G00　X62.0　Z2.0；

N12　G71　U3.0　R0.5；

N13　G71　P14　Q19　U0.4　W0　F0.3；

N14　G00　X26.0；

N17　Z−30.0；

N18　X50.0；

N19　Z−50.0；

N20　G00　X100.0　Z100.0；

……

【例 2-2】　零件如图 2-5 所示，用指令 G71 编制加工程序，毛坯为 ϕ40mm×60mm 的棒料，材料为 45 钢。分析零件的加工工艺，设定工件坐标系原点，编写零件的加工程序。

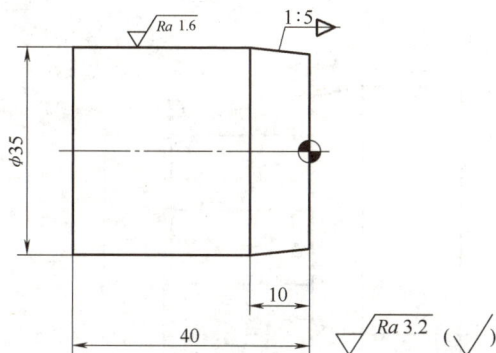

图 2-5　锥度轴

加工程序：

O0001；

……

N11　G00　X42.0　Z2.0；

N12　G71　U3.0　R0.5；

N13　G71　P14　Q17　U0.4　W0　F0.3；……

N14　G00　X33.0；

N15　G01　Z0　F0.1；

N16　X35.0　Z−10.0；

N17　Z−40.0；

N18　G00　X100.0　Z100.0；

2. 精车复合循环指令（G70）

粗车加工完毕后，可用 G70 指令，使刀具对工件进行精加工。

编程格式：G70　P（ns）　Q（nf）

说明：

ns：零件轮廓精加工程序的第一程序段的段号。

nf：零件轮廓精加工程序的最后一程序段的段号。

注意：

1）G70 指令的走刀轨迹为零件轮廓。

2）G70 指令循环结束后，刀具快速回到循环起点。

【例 2-3】　零件如图 2-6 所示，用 G71、G70 指令编制加工程序，毛坯设定为 ϕ60mm×80mm。

加工程序：

O0001；

……

N20　G00　X62.0　Z2.0；

N30　G71　U1.5　R0.5；

N40　G71　P50　Q110　U0.2　W0　F0.3；

N50　G00　X28.0；

N60　G01　Z0　F0.1；

N70   X30.0 Z-1.0;

N80   Z-30.0;

N90   X48.0;

N100   X50.0 Z-40.0;

N110   Z-60.0;

N120   G00 X100.0 Z100.0;

N130   M05;

N140   T0202;

N150   M03 S1000;

N160   G00 X62.0 Z2.0;

N170   G70 P50 Q110;

N180   G00 X100.0 Z100.0;

……

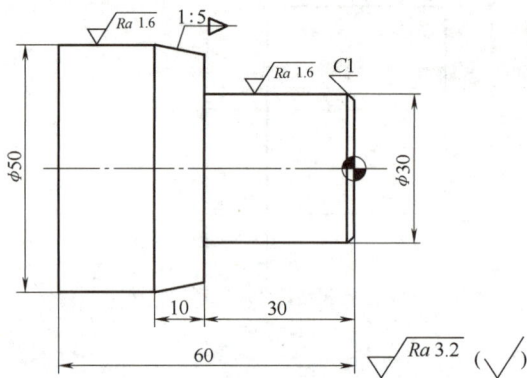

图 2-6   G71、G70 指令的应用示例

项目实施

任务一   台阶轴数控加工工艺编制

1. 分析零件图

如图 2-1 所示，台阶轴形状较复杂，结构尺寸较多，由 $\phi25\text{mm}$ 圆柱、两处 $\phi35\text{mm}$ 圆柱、$\phi45\text{mm}$ 圆柱、两处 $C1.5$ 倒角组成。径向尺寸 $\phi25\text{mm}$、$\phi35\text{mm}$、$\phi45\text{mm}$ 的公差值较小，加工精度高。轴向尺寸分别是 15mm、35mm、65mm、100mm，其中尺寸 15mm、35mm、100mm 的公差值小，加工精度高，其他尺寸是自由尺寸，公差值较大，加工较容易。$\phi25\text{mm}$ 圆柱与 $\phi35\text{mm}$ 圆柱有同轴度要求。$\phi25\text{mm}$、$\phi35\text{mm}$、$\phi45\text{mm}$ 圆柱面的表面粗糙度为 $Ra1.6\mu\text{m}$，其他表面均为 $Ra3.2\mu\text{m}$。

2. 确定装夹方案

装夹方案要按照尽量选用通用夹具，尽量减少装夹次数，在一次装夹中尽可能完成多个表面加工，以及夹紧力的作用点应布置在零件结构强度高和刚性好的位置等原则来选取。此零件为回转类工件，毛坯尺寸为 $\phi60\text{mm}\times120\text{mm}$，零件的总长为 100mm。采用自定心卡盘夹持毛坯的左端（按图 2-1 所示的零件方位，以下相同），车削工件的右端各部分。为保证工件两端的同轴度，选用软爪装夹工件的右端，以工件外圆定位，车削工件的左端各部分。

3. 选择刀具及切削用量

刀具及切削用量参数见表 2-1。

表 2-1 刀具及切削用量参数

序 号	刀具号	刀具类型	加工表面	切削用量	
				主轴转速 n /（r/min）	进给速度 v_f /（mm/r）
1	T0101	93°菱形外圆车刀	粗车外轮廓	800	0.25
2	T0202	93°菱形外圆车刀	精车外轮廓	1500	0.1

4. 确定加工方案

根据先粗后精、先近后远的加工原则确定加工顺序。为保证台阶轴的尺寸精度和位置精度，先夹持毛坯的左端，完成工件 $\phi25mm$ 外圆、$\phi35mm$ 外圆及 $C1.5$ 倒角等的车削；再调头夹持 $\phi25mm$ 的外圆，车削工件左端端面，完成工件 $\phi35mm$ 外圆、$\phi45mm$ 外圆及 $C1.5$ 倒角等的车削，并控制工件总长。

（1）工序一

1）工步一：车削工件右端面。

2）工步二：粗车 $\phi25mm$、$\phi35mm$ 外圆，以及 $C1.5$ 倒角。

3）工步三：精车 $\phi25mm$、$\phi35mm$ 外圆，以及 $C1.5$ 倒角。

（2）工序二

1）工步一：调头，车削工件左端面。

2）工步二：粗车 $\phi35mm$、$\phi45mm$ 外圆，以及 $C1.5$ 倒角。

3）工步三：精车 $\phi35mm$、$\phi45mm$ 外圆，以及 $C1.5$ 倒角。

5. 填写工序卡

台阶轴数控加工工序卡见表 2-2、表 2-3。

表 2-2 数控加工工序卡（1）

数控加工工序卡（1）		工序卡编号		零件名称	零件材料		零件号
				台阶轴	45 钢		
工序号	程序号	设备名称		工位号	夹具	夹具编号	车间
01	O0001	CA6150			自定心卡盘		
工步号	工步内容	切削用量			刀具	量具名称	备注
		主轴转速/（r/min）	进给速度/（mm/r）	背吃刀量/mm	编号	名称	
1	车削工件右端面	800	0.25	1~2	T0101	外圆车刀	游标卡尺	
2	粗车 $\phi25mm$、$\phi35mm$ 外圆,倒角	800	0.25	1.5	T0101	外圆车刀	外径千分尺	
3	精车 $\phi25mm$、$\phi35mm$ 外圆,倒角	1500	0.1	0.2	T0202	外圆车刀	外径千分尺	
编制		审核			日期	共 1 页	第 1 页

表2-3　数控加工工序卡（2）

数控加工工序卡(2)		工序卡编号		零件名称	零件材料	零件号
				台阶轴	45钢	
工序号	程序号	设备名称	工位号	夹具	夹具编号	车间
02	O0002	CA6150		自定心卡盘(软爪)		
工步号	工步内容	切削用量			刀具		量具名称	备注
		主轴转速/ （r/min）	进给速度/ （mm/r）	背吃刀量 /mm	编号	名称		
1	车削工件左端面	800	0.25	1~2	T0101	外圆车刀	游标 卡尺	控总长
2	粗车φ35mm、φ45mm 外圆，倒角	800	0.25	1.5	T0101	外圆车刀	外径千 分尺	
3	精车φ35mm、φ45mm 外圆，倒角	1500	0.1	0.2	T0202	外圆车刀	外径千 分尺	
编制		审核			日期		共1页	第1页

任务二　台阶轴数控车削程序编制

如图2-1所示零件的数控加工程序见表2-4、表2-5。

表2-4　数控加工程序（1）

零件名称	零件编号	零件材料	数控系统
台阶轴		45钢	FANUC 0i Mate-TC
程序内容		说明	
O0001;		程序名	
N10　T0101;		换1号外圆车刀	
N11　M03　S800;		主轴正转，转速800r/min	
N12　G00　X62.0　Z2.0;		快速定位到循环起点	
N13　G71　U1.5　R0.5;		X向每次吃刀量为1.5mm，退刀量为0.5mm	
N14　G71　P15　Q21　U0.4　W0.1　F0.25;		循环程序段15~21	
N15　G00　X22.0;		垂直移动到最低处	
N16　G01　Z0　F0.1;		移至倒角处	
N17　X25.0　Z-1.5;		车削倒角	
N18　Z-35.0;		车削φ25mm外圆	
N19　X35.0;		车削到φ35mm处	
N20　Z-65.0;		车削φ35mm外圆	
N21　X62.0;		车削到φ62mm处	
N22　G00　X100.0　Z100.0;		快速退刀	
N23　M05;		主轴停止	

（续）

程序内容	说明
N24 T0202;	换 2 号外圆车刀
N25 M03 S1500;	主轴正转,转速 1500r/min
N26 G00 X62.0 Z2.0;	快速定位到循环起点
N27 G70 P15 Q21;	精车
N28 G00 X100.0 Z100.0;	快速退刀
N29 M30;	程序结束

表 2-5 数控加工程序（2）

零件名称	零件编号	零件材料	数控系统
台阶轴		45 钢	FANUC 0i Mate-TC
程序内容		说明	
O0002;		程序名	
N10 T0101;		换 1 号外圆车刀	
N11 M03 S800;		主轴正转,转速 800r/min	
N12 G00 X62.0 Z2.0;		快速定位到循环起点	
N13 G71 U1.5 R0.5;		X 向每次吃刀量为 1.5mm,退刀量为 0.5mm	
N14 G71 P15 Q20 U0.4 W0.1 F0.25;		循环程序段 15~20	
N15 G00 X32.0;		垂直移动到最低处	
N16 G01 Z0 F0.1;		移至倒角处	
N17 X35.0 Z-1.5;		车削倒角	
N18 Z-15.0;		车削 ϕ35mm 外圆	
N19 X45.0;		车削到 ϕ45mm 处	
N20 Z-35.0;		车削 ϕ45mm 外圆	
N21 G00 X100.0 Z100.0;		快速退刀	
N22 M05;		主轴停止	
N23 T0202;		换 2 号外圆车刀	
N24 M03 S1500;		主轴正转,转速 1500r/min	
N25 G00 X62.0 Z2.0;		快速定位到循环起点	
N26 G70 P15 Q20;		精车	
N27 G00 X100.0 Z100.0;		快速退刀	
N28 M30;		程序结束	

任务三 台阶轴数控车削仿真加工

1. 仿真软件准备

打开仿真软件,单击"选择机床" （见图 2-7a）,然后在弹出的对话框中完成"控制系统"和"机床类型"的设置后,单击"确定"按钮,进入操作状态,如图 2-7b 所示。

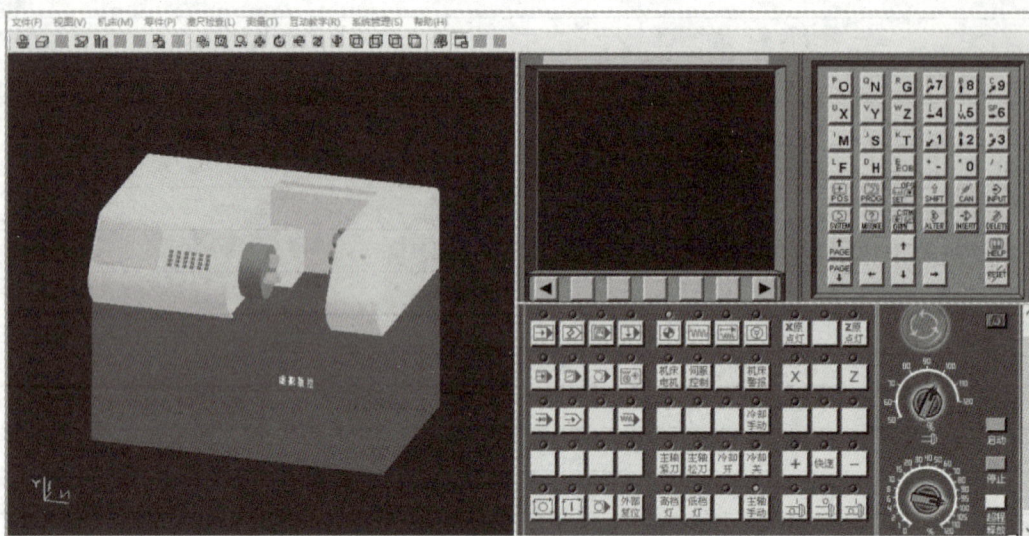

a) 选择机床

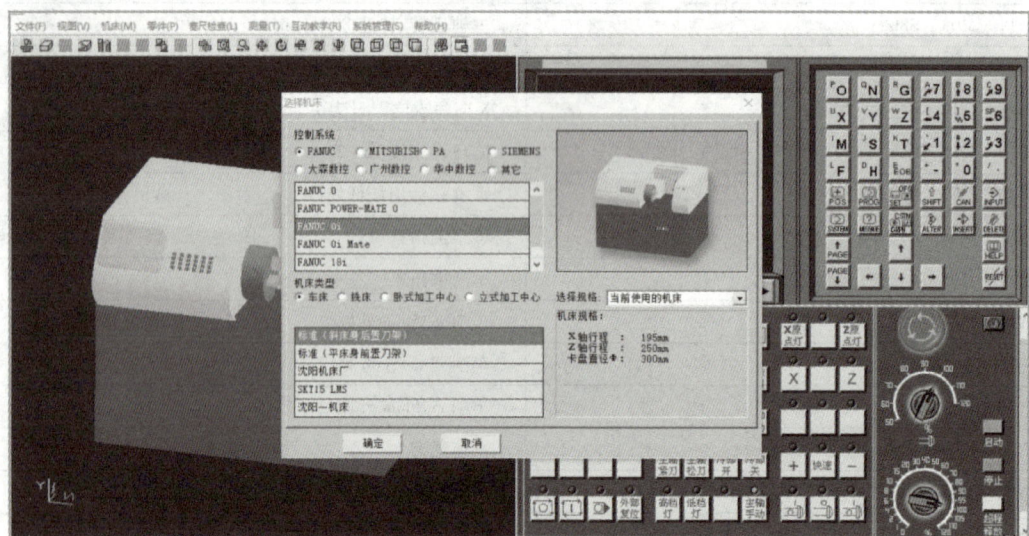

b) 选择控制系统和机床类型

图 2-7　仿真软件准备

2. 激活机床

检查急停按钮是否松开至 ⬤ 状态，若未松开，按急停按钮 ⬤ ，将其松开。然后按 ▪ 键启动电源，如图 2-8 所示。

3. 回参考点

按 ◉ 键，进入"回参考点"模式，按 X 键选择 X 轴，按住正向移动键 ＋ 来移动 X 坐标；再按 Z 键选择 Z 轴，按住正向移动键 ＋ 来移动 Z 坐标，使机床回参考点，如图 2-9 所示。

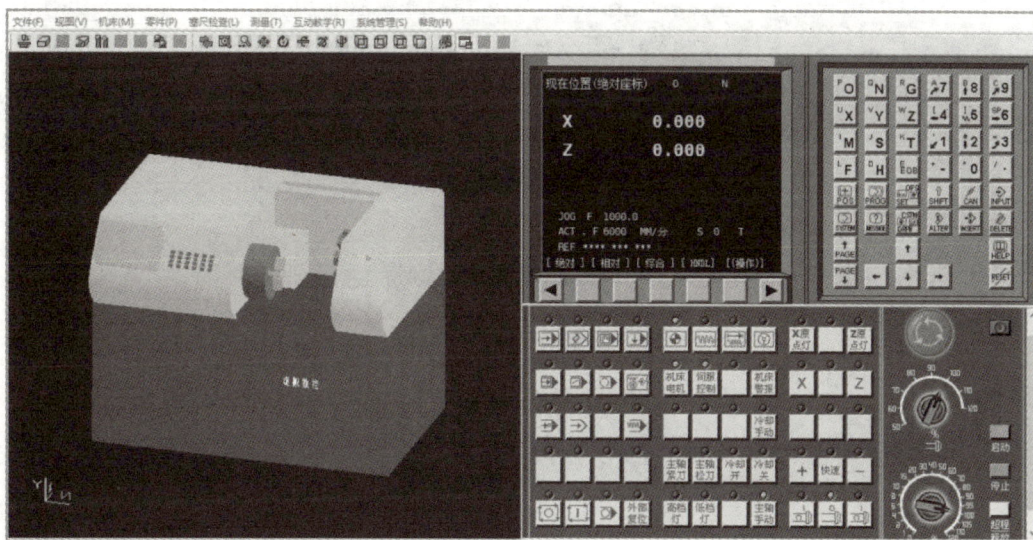

图 2-8 激活机床

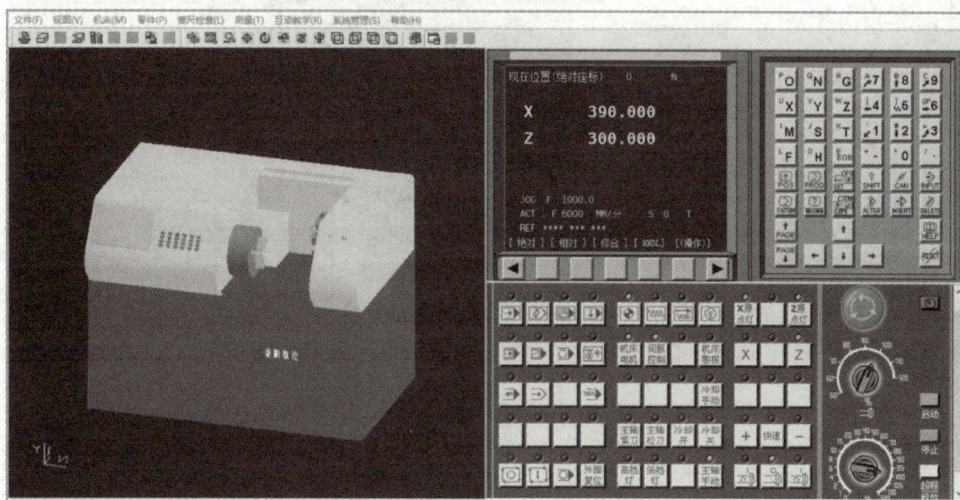

图 2-9 机床回参考点

4. 毛坯的选择和安装

选择毛坯：依次单击菜单栏中的"零件"→"定义毛坯"，或在工具条上选择▱，如图 2-10a 所示。安装毛坯：依次单击菜单栏中的"零件"→"放置零件"，或者在工具栏中单击图标▱，系统将弹出"选择零件"对话框，选择定义的毛坯，如图 2-10b 所示。

5. 刀具的选择和安装

单击菜单栏中的"机床"→"选择刀具"，或在工具条上单击图标▦，系统将弹出"刀具选择"对话框，选择刀具并安装刀具，如图 2-11 所示。

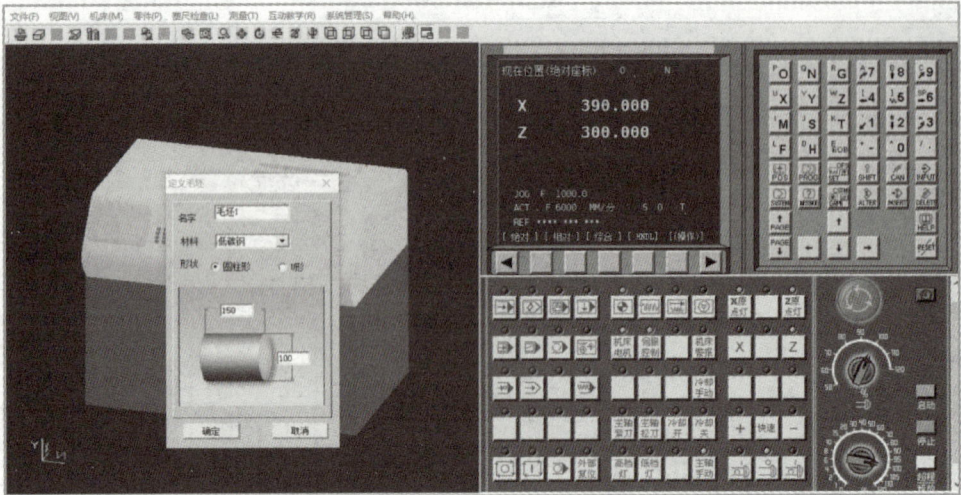

a) 定义毛坯

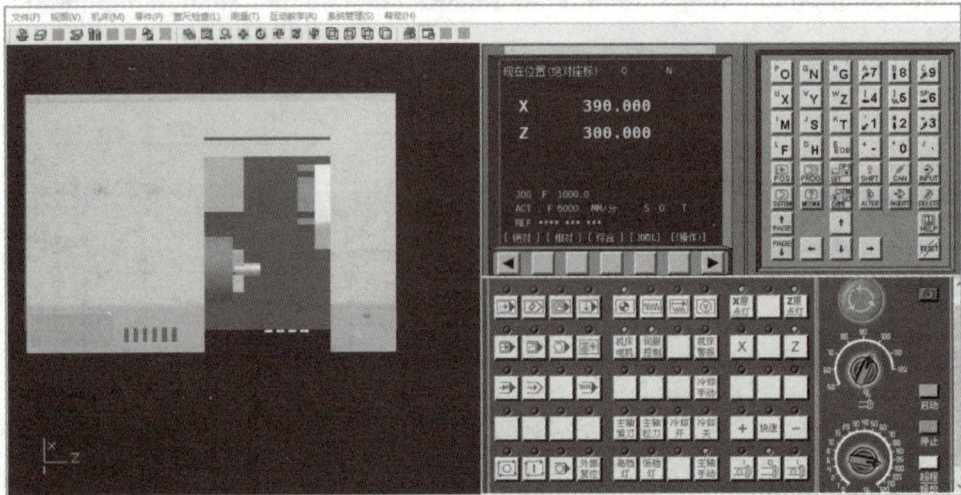

b) 安装毛坯

图 2-10　毛坯的选择和安装

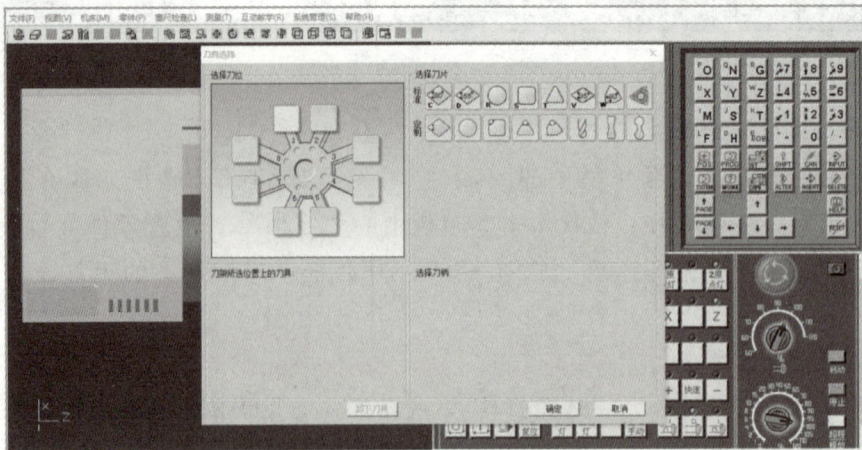

图 2-11　安装刀具

6. 对刀操作

按操作面板中![](键，切换到手动状态，然后按轴移动键，使刀具移动到切削零件的大致位置。

X 轴方向对刀：按轴移动键，用所选刀具沿 Z 轴方向试切工件外圆，X 轴不移动。切削完毕后，把刀具沿 Z 轴正方向退至工件外部，再按操作面板上的![]键，使主轴停止转动。依次单击菜单栏中的"测量"→"剖面图测量"，然后单击刀具试切外圆时所切线段（选中的线段由红色变为黄色），记下对话框中对应的 X 值，如图 2-12a 所示。按![]OFFSET SETTING 键，进入参数显示界面，再单击[形状]，把光标移动至切削刀具的刀补位置，然后输入 X 值，完成后单击[测量]，系统将自动计算，并将计算结果自动输入在 X 偏置栏中，如图 2-12b 所示。

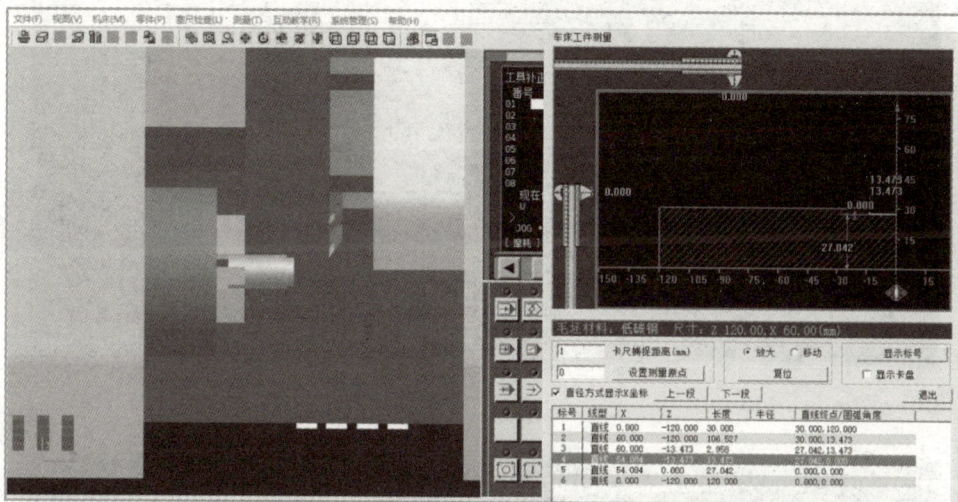

a) 测量工件

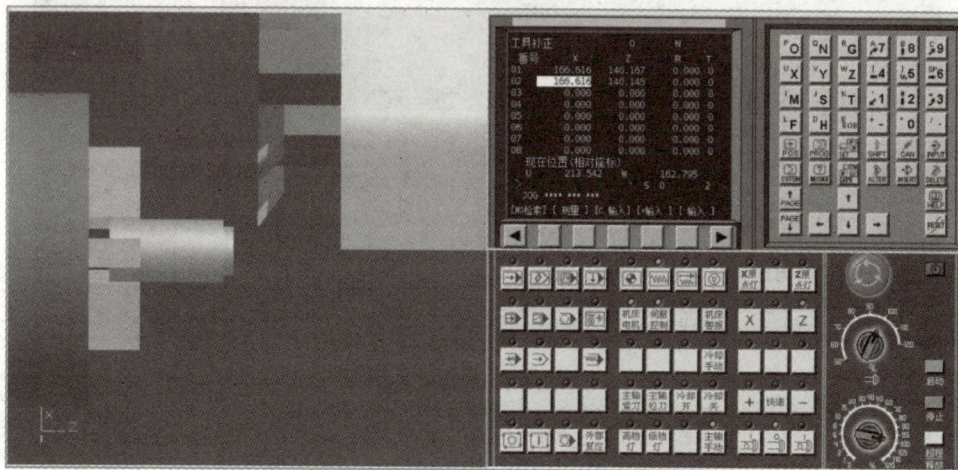

b) 输入对刀值

图 2-12 对刀

Z 轴方向对刀：将刀具移动到可切削零件的大致位置，按轴移动键，使刀具沿 X 轴方向试切工件端面，Z 轴不移动。切削完毕后，把刀具沿 X 轴方向退至工件外部。按操作面板上

的 ![key] 键，使主轴停止转动；按 ![OFFSET SETTING] 键，再单击 [形状]，进入刀补显示界面，将光标移动至切削刀具的刀补位置，然后输入 "Z0"，完成后单击 [测量]，系统将自动计算，并将计算结果自动输入在 Z 偏置栏中，如图 2-12b 所示。

7. 程序输入与校验

在操作面板上按模式选择键 ![key]，进入编辑模式，在系统面板上按 ![PROG] 键，进入程序显示界面。在操作面板上按模式选择键 ![key]，切换到自动模式，在系统面板上按 ![CUSTOM GRAPH] 键，系统进入轨迹检查界面。按循环启动键 ![key] 开始模拟执行程序，如图 2-13、图 2-14 所示。

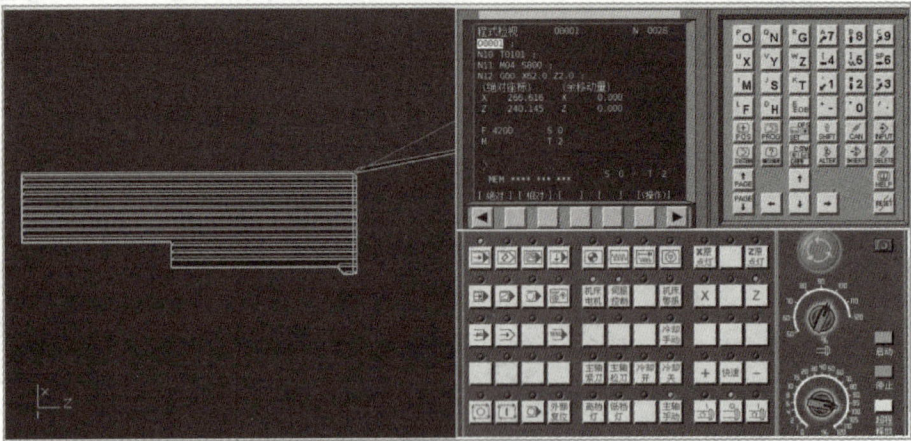

图 2-13　零件右侧程序校验

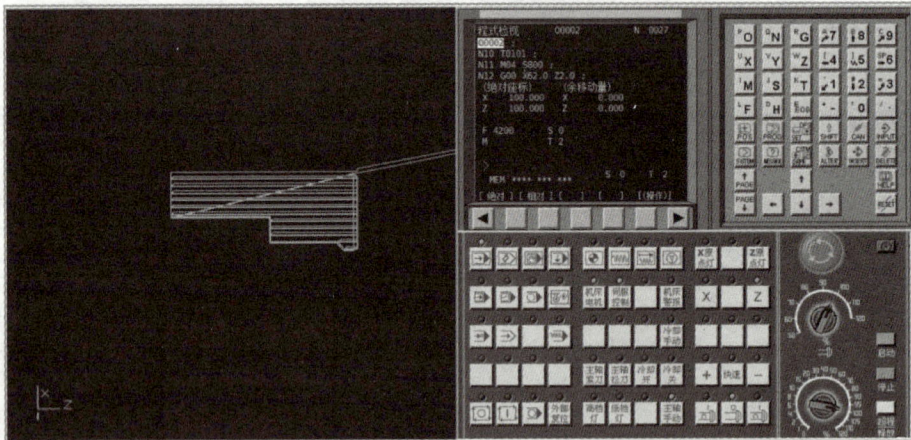

图 2-14　零件左侧程序校验

8. 仿真加工

仿真加工如图 2-15 所示。

9. 零件测量

零件加工完成后，依次单击菜单中的 "测量"→"剖面图测量"，进入 "测量" 对话框，完成零件的测量，如图 2-16 所示。

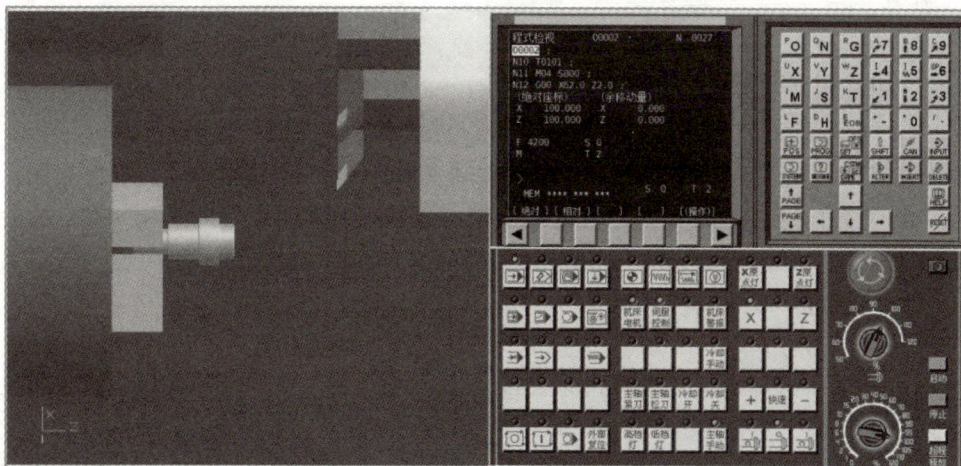

图 2-15　仿真加工

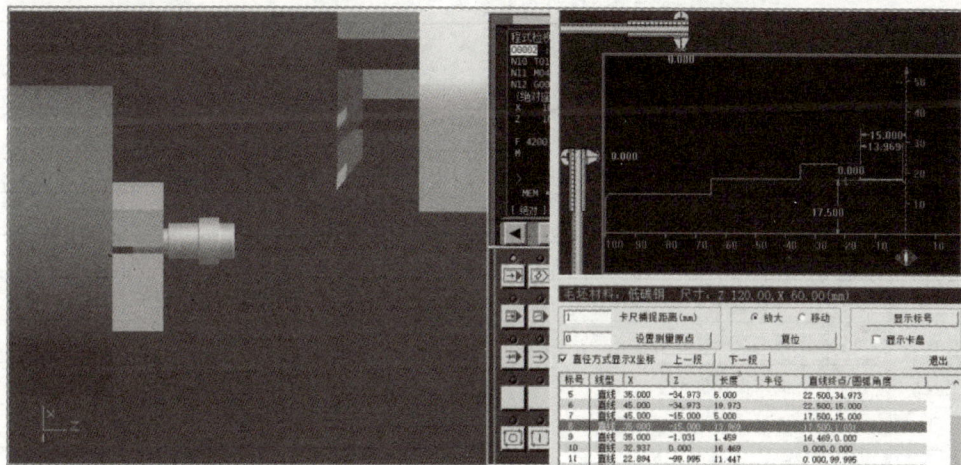

图 2-16　测量零件

10. 优化零件程序

根据零件的仿真加工，优化零件加工程序。

任务四　台阶轴数控实操加工与检测

1. 毛坯、刀具、工具准备

2. 程序输入与编辑

1）开机。

2）回参考点。

3）输入程序。

4）检查程序。

3. 零件加工

1）启动机床主轴转动。

2）对刀。

① X 向对刀。在手动 JOG 方式下，车削外圆，车削完毕后沿 +Z 方向退刀，按下"主轴停止"键，测量切削的外圆直径；按"OFFSET/SETTING"键，移动光标到相应刀号的位置，输入测量的外圆直径值，再按"测量"键，完成 X 方向对刀。

② Z 向对刀。在手动 JOG 方式下，按"主轴正转"键，使主轴转动，车削端面。车削完毕后，沿 +X 方向退刀，按下"主轴停止"键，再按"OFFSET/SETTING"键，然后移动光标到相应刀号的位置，输入 Z0，再按"测量"键，完成 Z 方向对刀。同理，根据上述步骤完成其他刀具的对刀。

3）调出加工程序。

4）自动加工。选择机床工作模式为"自动运行"模式，按"循环启动"键，使机床进行自动加工。

4. 零件检测与评分

成绩评分标准见表 2-6。

表 2-6 台阶轴的编程与加工评分表

工件编号		技术要求	配分	总得分		
项目与比重	序号			评分标准	检测记录	得分
程序与工艺（25%）	1	程序段格式规范	5	不规范每处扣 2 分		
	2	程序正确完整	10	每错一处扣 2 分		
	3	切削用量合理	5	不合理每处扣 2 分		
	4	工艺规程规范、合理	5	不合理每处扣 2 分		
机床操作（20%）	5	刀具选择安装正确	5	不正确每次扣 2 分		
	6	对刀及坐标系设定正确	5	不正确每次扣 2 分		
	7	机床操作规范	5	不规范每次扣 2 分		
	8	工件加工不出错	5	出错全扣		
工件质量（35%）	9	$\phi25$mm、两处 $\phi35$mm、$\phi45$mm 外圆尺寸精度符合要求	16	不合格每处扣 4 分		
	10	15mm、35mm 长度尺寸（公差要求）精度符合要求	6	不合格每处扣 3 分		
	11	100mm、65mm 长度尺寸精度符合要求	4	不合格每处扣 2 分		
	12	位置公差（同轴度）精度符合要求	4	不合格全扣		
	13	表面粗糙度 $Ra1.6\mu m$、$Ra3.2\mu m$	3	不合格每处扣 1 分		
	14	倒角 $C1.5$	2	不合格每处扣 1 分		
文明生产（20%）	15	安全操作	10	出错全扣		
	16	机床维护与保养	5	不合格全扣		
	17	工作场所整理	5	不合格全扣		

思考题：

1. 轴类零件的加工阶段是如何划分的？

2. 为保证轴类零件的两端同轴度的要求，其装夹方法有哪些？

3. 说明粗车复合循环指令 G71 的格式及其参数的含义。

4. 说明精车复合循环指令 G70 的格式及其参数的含义。

5. 加工如图 2-17 所示的零件，试分别用 G71、G70 指令编写加工程序，毛坯：ϕ40mm×50mm。

6. 加工如图 2-18 所示的零件，试分别用 G71、G70 指令编写加工程序，毛坯：ϕ50mm×100mm。

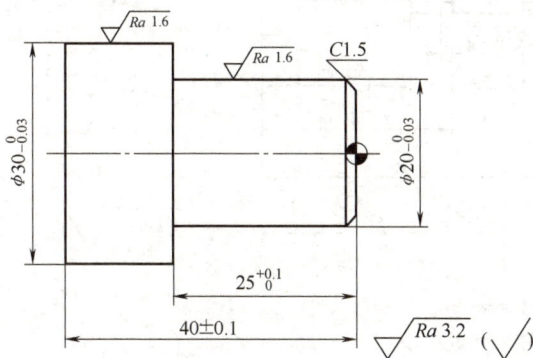

图 2-17　零件图 1

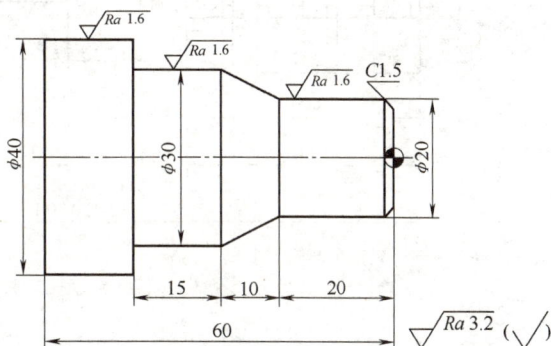

图 2-18　零件图 2

项目二　槽类零件的车削编程与加工

项目目标

◎了解槽的种类及车削工艺

◎了解等距多槽零件的车削加工方法

◎了解等距多槽零件的装夹方案及定位方法

◎掌握 G75 指令的编程格式及参数的含义

◎具备使用 G01、G75 指令编制沟槽车削程序的能力

◎掌握沟槽轴数控程序及加工工艺的编制

◎具备沟槽轴数控仿真加工能力

◎具备沟槽轴实操加工及尺寸检测能力

项目导入

完成如图 2-19 所示沟槽轴的编程与加工，毛坯尺寸为 ϕ55mm×140mm，材料为 45 钢。

项目分析

本项目典型零件是沟槽轴，属于典型的槽类零件。零件由四个圆柱、七个沟槽组成，零件结构复杂，尺寸精度高。通过本项目的实施，学习切槽刀的选择和安装、沟槽的加工方法、沟槽加工切削用量的选择、沟槽加工工艺的编制、沟槽编程指令格式及其参数的含义、沟槽轴车削程序编制与应用以及沟槽轴的加工与检测等方面的知识。

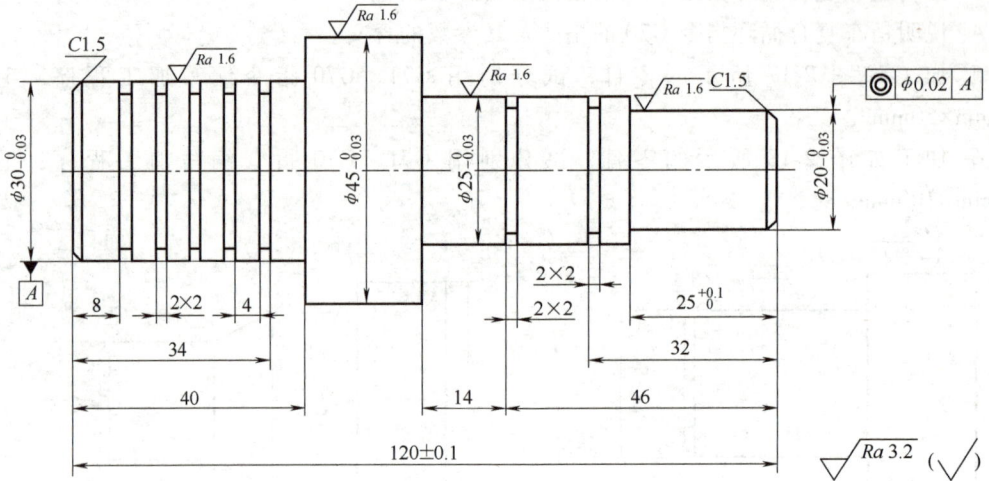

图 2-19　沟槽轴

一、沟槽轴车削工艺

1. 槽的种类

在零件上车削出的多种形状的槽叫车沟槽。零件外沟槽主要有两种：外圆沟槽和平面沟槽。常用的矩形外圆沟槽的作用如下：

1）能够使装配在轴上的零件有正确的轴向位置。

2）能够作为螺纹加工、插齿加工时的退刀槽或磨削加工时的砂轮越程槽使用。

2. 零件的装夹

根据槽的宽度等条件的不同，槽的加工方法也不同。对于宽度比较小的工件，经常采用直接成型法，槽的宽度就是切槽刀的宽度，也就等于背吃刀量 a_p。对于宽度比较大的工件，一般采用多次接刀法（左右车削法）。使用直接成型法车槽时会产生较大的切削力，另外，大多数槽位于零件的外表面上，切槽时主切削力的方向与工件的轴线垂直，会影响到工件的装夹稳定性。因此，在数控车床上进行槽加工时一般可采用下面两种装夹方式：

1）利用软爪，并适当增加夹持面的长度，以保证定位准确、装夹稳固。

2）利用尾座及顶尖做辅助支承，采用一夹一顶方式装夹，最大限度地保证零件装夹的稳定。

3. 加工路线的确定

1）在加工较窄的、精度不高的沟槽时，可以正确选择刀头的宽度进行横向直进切削，如图 2-20 所示。精度较高时可采用粗车、精车二次进给车成，第一次用刀宽窄于槽宽的槽刀粗车，并在槽底和两壁留有一定的加工余量；第二次用等宽刀修整，并使刀具在槽底暂停几秒钟，以提高槽底的表面质量，如图 2-21 所示。

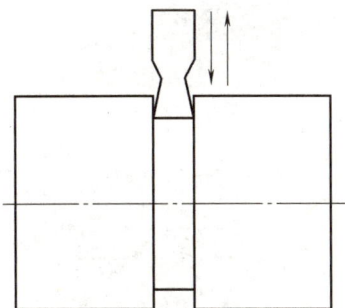

图 2-20　较窄的、精度不高
的沟槽加工路线

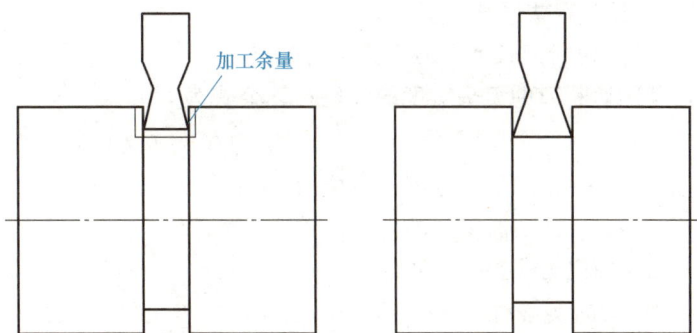

a) 粗车高精度沟槽　　　　b) 精车高精度沟槽

图 2-21　较窄高精度沟槽的加工路线

2）在加工较宽外圆沟槽时，可以分几次进给，要求每次粗车切削时要留有重叠的部分，并在槽底和两壁留有一定的加工余量来进行精车高精度沟槽，如图 2-22 所示。

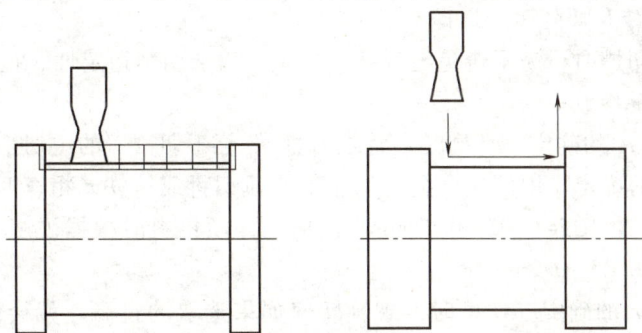

a) 粗车高精度沟槽　　　　　　　　b) 精车高精度沟槽

图 2-22　较宽外圆沟槽的加工路线

3）切槽刀或切断刀退刀时要注意合理安排退刀的路线。一般应先退 X 方向，再退 Z 方向，否则很容易使车刀与工件外台阶碰撞，造成车刀的损坏，严重时会影响机床的精度。

4. 刀具的选择

切矩形外圆沟槽的切槽刀和切断刀的形状基本相同，如图 2-23 所示，只是刀头部分的

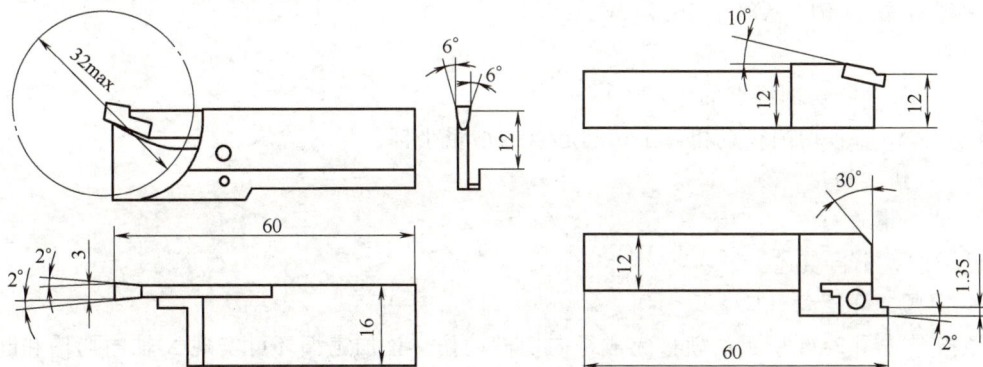

图 2-23　切槽刀和切断刀

宽度和长度有些区别。

（1）切断刀长度和刀头宽度的确定

1）切断刀的刀头宽度的经验计算公式为

$$a \approx (0.5 \sim 0.6)\sqrt{D}$$

式中　a——主切削刃宽度，单位为 mm；

　　　D——被切断工件的直径，单位为 mm。

2）确定刀头部分的长度。

① 切断实心材料　$L = D/2 + (2 \sim 3)$

② 切断空心材料　$L = h + (2 \sim 3)$

式中　L——刀头部分的长度，单位为 mm；

　　　h——被切工件的壁厚，单位为 mm。

（2）切槽刀长度和刀头宽度的确定

1）切槽刀的刀头宽度一般根据工件的槽宽、机床功率和刀具的强度综合考虑而确定。

2）切槽刀的长度为 $L = $ 槽深 $+ (2 \sim 3)$。

5. 切削用量参数及切削液的选择

在数控车床上切槽时，为了避免出现扎刀现象，增加切削稳定性，提高切削效率，必须选择合理的切削用量参数。

（1）背吃刀量 a_p 的确定　切槽时，背吃刀量 a_p 等于切槽刀的主切削刃宽度。

（2）进给量 f 的确定　用硬质合金刀具加工普通钢料或铸铁，粗车时，一般取 $f = 0.1 \sim 0.3 \text{mm/r}$；精车时，常取 $f = 0.05 \sim 0.15 \text{mm/r}$；加工淬硬钢料时根据硬度不同而选取不同的进给量，一般取 $f = 0.05 \sim 0.2 \text{mm/r}$。

（3）主轴转速 n 的确定　切槽时，主轴转速如果选取的过高，就会使机床容易产生振动现象，如果选取的过低，就会影响生产加工效率。但由于数控车床的刚性及抗振性远高于普通车床，因此，在主轴转速的选取上可以选择相对较高的速度。

切槽过程中，为了解决切槽刀刀头面积小、散热条件差、易产生高温而降低刀片切削性能等问题，可以选择冷却性能较好的乳化类切削液进行喷注，使刀具充分冷却。

二、编程指令

1. 直线插补指令（G01）

编程格式：G01　X（U）__　Z（W）__　F __；

说明

X __　Z __：切削终点的绝对坐标。

U __　W __：切削终点相对于切削起点的增量坐标。

F __：进给速度。

2. 暂停指令 G04

已详述，不再赘述。

3. 切槽循环指令（G75）

该指令按图 2-24 所示的轨迹完成径向切槽动作。该加工循环可实现 X 轴向切槽和断屑，也可实现 X 轴向钻孔和排屑（此时，忽略 Z、W 和 Q）。

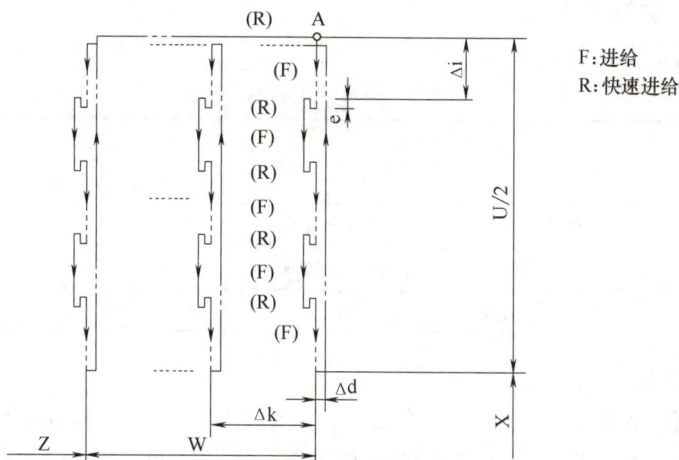

图 2-24　G75 指令加工路线及参数

编程格式：

G75　R(e)＿；

G75　X(U)＿＿　Z(W)＿＿　P(Δi)＿＿　Q(Δk)＿＿　R(Δd)＿＿　F(f)＿＿；

说明：

e：每次沿 X 方向切削后的退刀量。

X(U)、Z(W)：X、Z 方向的槽总宽和槽深的绝对坐标值，U、W 为增量坐标。

Δi：X 方向的每次切入深度，取半径量，单位为 μm。

Δk：Z 方向的每次移动间距，单位为 μm。

Δd：切削到终点时 Z 方向的退刀量，通常不指定。

f：进给速度。

项目实施

任务一　沟槽轴数控加工工艺编制

1. 分析零件图

如图 2-19 所示，沟槽轴由 φ20mm 圆柱、φ25mm 圆柱、φ30mm 圆柱、φ45mm 圆柱、两处 C1.5 倒角、五处 φ26mm 沟槽及两处 φ21mm 沟槽组成。φ20mm、φ25mm、φ30mm、φ45mm 外圆尺寸以及轴向尺寸 25mm、120mm 的公差值小，加工精度高；其他尺寸是自由尺寸，公差值大，加工较容易。φ20mm、φ25mm、φ30mm、φ45mm 圆柱面的表面粗糙度为 Ra1.6μm，其他表面均为 Ra3.2μm。

2. 确定装夹方案

装夹方案要按照尽量选用通用夹具，尽量减少装夹次数，在一次装夹中尽可能完成多个表面加工，以及夹紧力的作用点应布置在零件结构强度高和刚性好的位置等原则来选取。此零件为回转类工件，毛坯尺寸为 φ55mm×140mm，零件的总长为 120mm。根据零件的结构特征，采取一夹一顶的装夹方式。用自定心卡盘分别夹持零件的左、右两端（按图 2-19 所示零件方位，以下相同），后顶尖相应地顶持零件的左、右端面，并完成零件的车削加工。

3. 选择刀具及切削用量

刀具及切削用量参数见表 2-7。

表 2-7　刀具及切削用量参数

序号	刀具号	刀具类型	加工表面	切削用量	
				主轴转速 n/(r/min)	进给速度 v_f/(mm/r)
1	T0101	93°菱形外圆车刀	粗车外轮廓	800	0.25
2	T0202	93°菱形外圆车刀	精车外轮廓	1500	0.1
3	T0303	刀宽 2mm 切槽刀	车槽	300	0.1

4. 确定加工方案

根据先粗后精、先近后远的加工原则确定加工顺序。为保证沟槽轴的尺寸精度和位置精度，先夹持工件的左端，后顶尖顶持工件的右端面，完成工件 $\phi20$mm 外圆、$\phi25$mm 外圆、$C1.5$ 倒角及沟槽等的车削。调头夹持 $\phi25$mm 外圆，后顶尖顶持工件的左端面，完成工件 $\phi30$mm 外圆、$\phi45$mm 外圆、$C1.5$ 倒角及沟槽等的车削，并控制工件总长。

（1）工序一

1）工步一：车削工件右端面。

2）工步二：钻中心孔。

3）工步三：粗车 $\phi20$mm、$\phi25$mm 外圆，以及 $C1.5$ 倒角。

4）工步四：精车 $\phi20$mm、$\phi25$mm 外圆，以及 $C1.5$ 倒角。

5）工步五：车削两处 2mm×2mm 沟槽。

（2）工序二

1）工步一：调头，车削工件左端面，控制工件总长。

2）工步二：钻中心孔。

3）工步三：粗车 $\phi30$mm、$\phi45$mm 外圆，以及 $C1.5$ 倒角。

4）工步四：精车 $\phi30$mm、$\phi45$mm 外圆，以及 $C1.5$ 倒角。

5）工步五：车削五处 2mm×2mm 沟槽。

5. 填写工序卡

沟槽轴数控加工工序卡，见表 2-8、表 2-9。

表 2-8　数控加工工序卡（1）

数控加工工序卡（1）		工序卡编号	零件名称	零件材料		零件号
			沟槽轴	45 钢		
工序号	程序号	设备名称	工位号	夹具	夹具编号	车间
01	O0001	CA6150		自定心卡盘、后顶尖		
工步号	工步内容	切削用量			刀具		量具名称	备注
		主轴转速/(r/min)	进给速度/(mm/r)	背吃刀量/mm	编号	名称		
1	车削工件右端面	800	0.25	1~2	T0101	外圆车刀	游标卡尺	

（续）

数控加工工序卡（1）		工序卡编号	零件名称	零件材料	零件号
			沟槽轴	45 钢	
工序号	程序号	设备名称	工位号	夹具	夹具编号	车间
01	O0001	CA6150		自定心卡盘、后顶尖		
工步号	工步内容	切削用量			刀具		量具名称	备注
		主轴转速/（r/min）	进给速度/（mm/r）	背吃刀量/mm	编号	名称		
2	钻中心孔	800	—	—	—	—	—	
3	粗车 $\phi20mm$、$\phi25mm$ 外圆，倒角	800	0.25	1.5	T0101	外圆车刀	外径千分尺	
4	精车 $\phi20mm$、$\phi25mm$ 外圆，倒角	1500	0.1	0.2	T0202	外圆车刀	外径千分尺	
5	车槽	300	0.1	2	T0303	车槽刀	游标卡尺	
编制		审核			日期		共1页	第1页

表 2-9　数控加工工序卡（2）

数控加工工序卡（2）		工序卡编号	零件名称	零件材料	零件号
			沟槽轴	45 钢	
工序号	程序号	设备名称	工位号	夹具	夹具编号	车间
02	O0002	CA6150		自定心卡盘（软爪）		
工步号	工步内容	切削用量			刀具		量具名称	备注
		主轴转速/（r/min）	进给速度/（mm/r）	背吃刀量/mm	编号	名称		
1	车削工件左端面	800	0.25	1~2	T0101	外圆车刀	游标卡尺	控总长
2	钻中心孔	800	—	—	—	—	—	
3	粗车 $\phi30mm$、$\phi45mm$ 外圆，倒角	800	0.25	1.5	T0101	外圆车刀	外径千分尺	
4	精车 $\phi30mm$、$\phi45mm$ 外圆，倒角	1500	0.1	0.2	T0202	外圆车刀	外径千分尺	
5	车槽	300	0.1	2	T0303	车槽刀	游标卡尺	
编制		审核			日期		共1页	第1页

任务二　沟槽轴数控车削程序编制

如图 2-19 所示零件的数控加工程序见表 2-10、表 2-11。

表 2-10　数控加工程序（1）

零件名称	零件编号		零件材料	数控系统
沟槽轴			45 钢	FANUC 0i Mate-TC
程序内容			说明	
O0001;			程序名	
N10　T0101;			换 1 号外圆车刀	
N11　M03　S800;			主轴正转,转速 800r/min	
N12　G00　X57.0　Z2.0;			快速定位到循环起点	
N13　G71　U1.5　R0.5;			X 向每次吃刀量为 1.5mm,退刀量为 0.5mm	
N14　G71　P15　Q21　U0.4　W0.1　F0.25;			循环程序段 15~21	
N15　G00　X17.0;			垂直移动到最低处	
N16　G01　Z0　F0.1;			移至倒角处	
N17　X20.0　Z-1.5;			车削倒角	
N18　Z-25.0;			车削 φ20mm 外圆	
N19　X25.0;			车削到 φ25mm 处	
N20　Z-60.0;			车削 φ25mm 外圆	
N21　X57.0;			车削到 φ57mm 处	
N22　G00　X100.0　Z10.0;			快速退刀	
N23　M05;			主轴停止	
N24　T0202;			换 2 号外圆车刀	
N25　M03　S1500;			主轴正转,转速 1500r/min	
N26　G00　X57.0　Z2.0;			快速定位到循环起点	
N27　G70　P15　Q21;			精车	
N28　G00　X100.0　Z10.0;			快速退刀	
N29　M05;			主轴停止	
N30　T0303;			换 3 号车槽刀	
N31　M03　S300;			主轴正转,转速 300r/min	
N32　G00　X27.0　Z-32.0;			刀具快速移动到加工槽的位置	
N33　G01　X21.0　F0.15;			加工槽	
N34　X27.0　F0.3;			退刀	
N35　G00　Z-46.0;			刀具快速移动到 Z-46 的位置	
N36　G01　X21.0　F0.15;			加工槽	
N37　X27.0　F0.3;			退刀	
N38　G00　X100.0　Z10.0;			快速退刀	
N39　M30;			程序结束	

表 2-11 数控加工程序（2）

零件名称	零件编号	零件材料	数控系统
沟槽轴		45 钢	FANUC 0i Mate-TC

程序内容	说明
O0002;	程序名
N10 T0101;	换 1 号外圆车刀
N11 M03 S800;	主轴正转，转速 800r/min
N12 G00 X57.0 Z2.0;	快速定位到循环起点
N13 G71 U1.5 R0.5;	X 向每次吃刀量为 1.5mm，退刀量为 0.5mm
N14 G71 P15 Q21 U0.4 W0.1 F0.25;	循环程序段 15~21
N15 G00 X27.0;	垂直移动到最低处
N16 G01 Z0 F0.1;	移至倒角处
N17 X30.0 Z-1.5;	车削倒角
N18 Z-40.0;	车削 ϕ30mm 外圆
N19 X45.0;	车削到 ϕ45mm 处
N20 Z-60.0;	车削 ϕ45mm 外圆
N21 X55.0;	车削到 ϕ55mm 处
N22 G00 X100.0 Z10.0;	快速退刀
N23 M05;	主轴停止
N24 T0202;	换 2 号外圆车刀
N25 M03 S1500;	主轴正转，转速 1500r/min
N26 G00 X57.0 Z2.0;	快速定位到循环起点
N27 G70 P15 Q21;	精车
N28 G00 X100.0 Z10.0;	快速退刀
N29 M05;	主轴停止
N30 T0303;	换 3 号车槽刀
N31 M03 S300;	主轴正转，转速 300r/min
N32 G00 X32.0 Z-10.0;	快速定位到第一个槽的位置
N33 G75 R0.5;	切槽循环指令，退刀量为 0.5mm
N34 G75 X26.0 Z-34.0 P2000 Q6000 F0.15;	循环切槽
N35 G00 X100.0 Z10.0;	快速退刀
N36 M30;	程序结束

任务三 沟槽轴数控车削仿真加工

1. 仿真软件准备

打开仿真软件，单击"选择机床" 🖥 （见图 2-25a），然后在弹出的对话框中完成"控制系统"和"机床类型"的设置后，单击"确定"按钮，进入操作状态，如图 2-25b 所示。

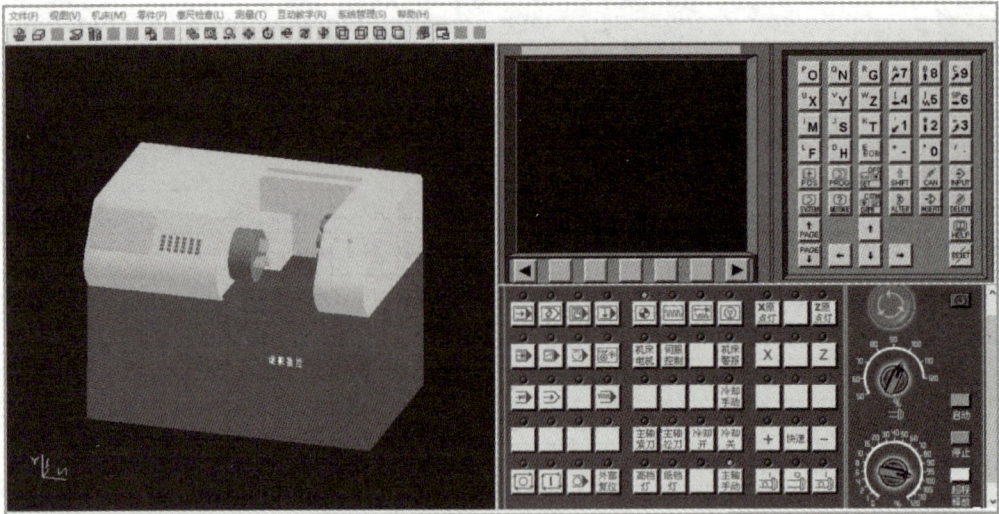

a) 选择机床

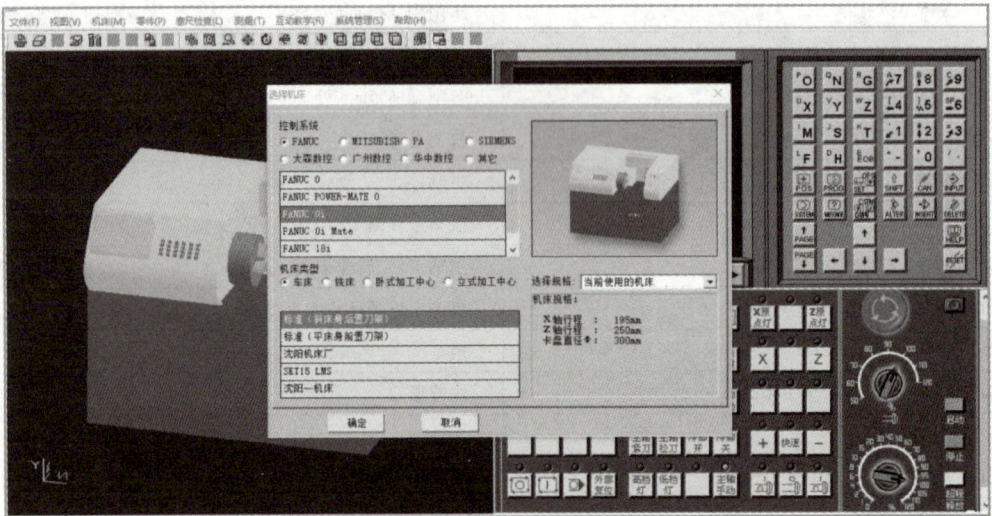

b) 选择控制系统和机床类型

图 2-25 仿真软件准备

2. 激活机床

检查急停按钮是否松开至 状态，若未松开，按急停按钮 ，将其松开。然后按 键启动电源，如图 2-26 所示。

3. 回参考点

按 键，进入"回参考点"模式，按 键选择 X 轴，按住正向移动键 来移动 X 坐标；再按 键选择 Z 轴，按住正向移动键 来移动 Z 坐标，使机床回参考点，如图 2-27 所示。

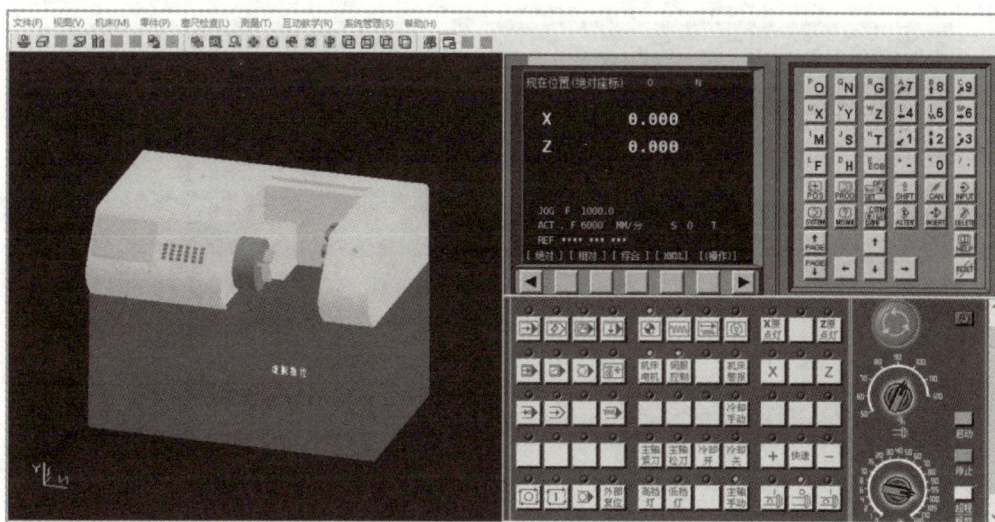

图 2-26　激活机床

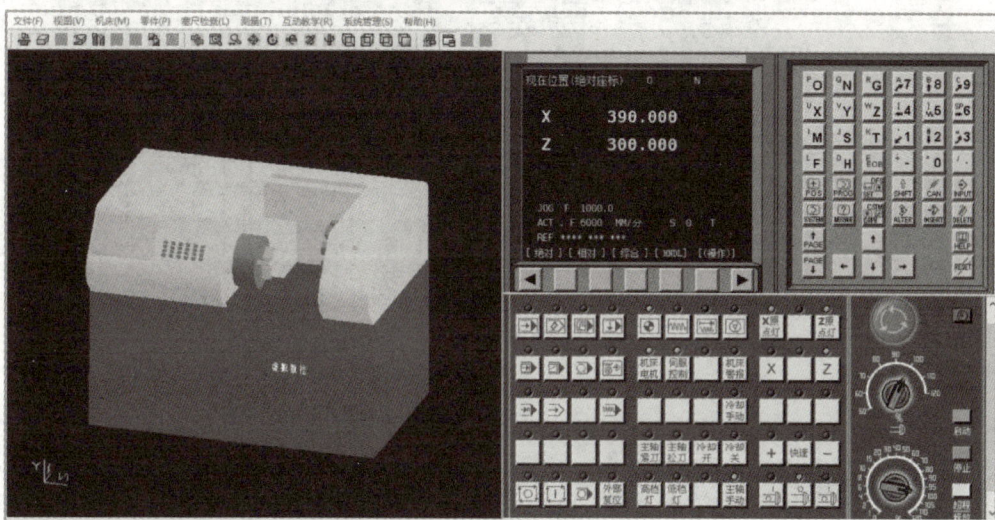

图 2-27　机床回参考点

4. 毛坯的选择和安装

选择毛坯：依次单击菜单栏中的"零件"→"定义毛坯"，或在工具条上选择 ⬚，如图2-28a 所示。安装毛坯：依次单击菜单栏中的"零件"→"放置零件"，或者在工具栏中单击图标 ⬚，系统将弹出"选择零件"对话框，选择定义的毛坯，如图 2-28b 所示。

5. 刀具的选择和安装

单击菜单栏中的"机床"→"选择刀具"，或在工具条上单击图标 ⬚，系统将弹出"刀具选择"对话框，选择刀具并安装刀具，如图 2-29 所示。

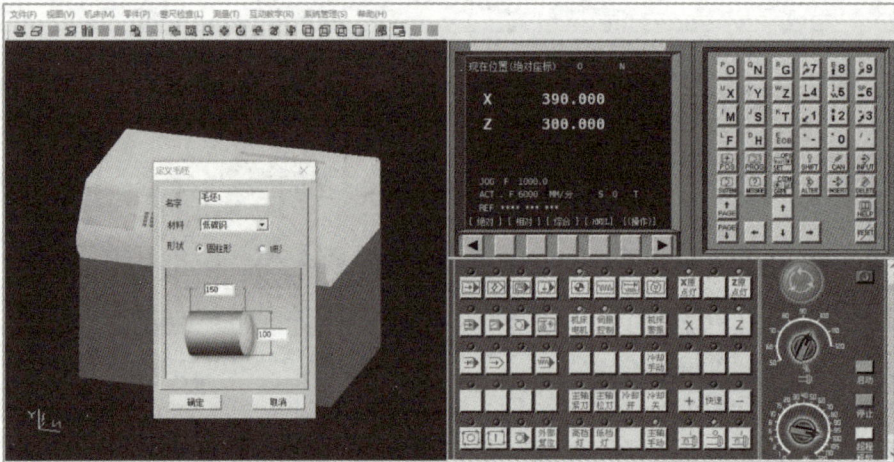

a) 定义毛坯

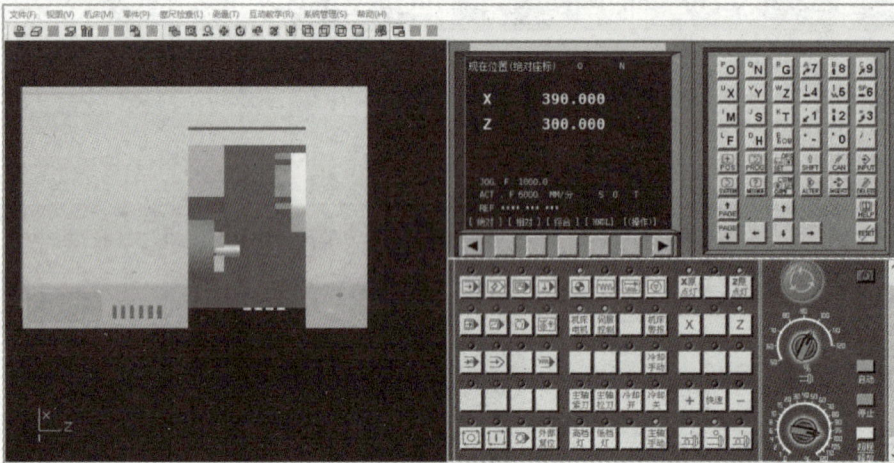

b) 安装毛坯

图 2-28　毛坯的选择和安装

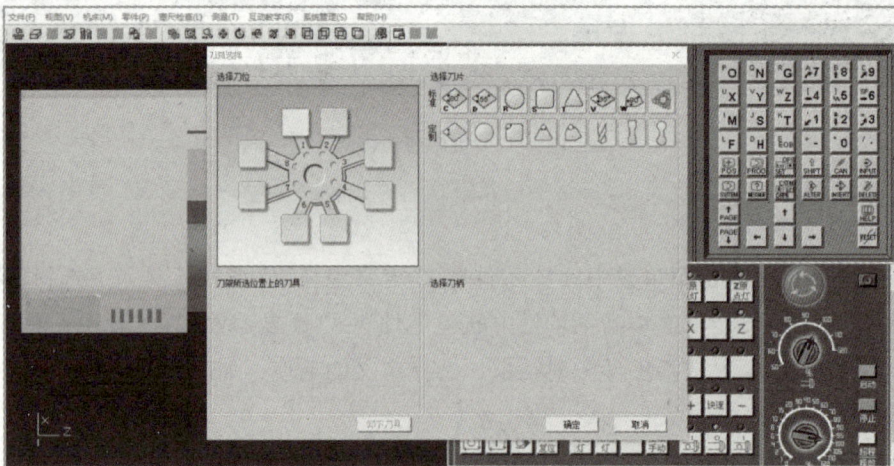

图 2-29　安装刀具

6. 对刀操作

按操作面板中 <kbd>WWW</kbd> 键，切换到手动状态，然后按轴移动键，使刀具移动到切削零件的大致位置。

X轴方向对刀：按轴移动键，用所选刀具沿Z轴方向试切工件外圆，X轴不移动。切削完毕后，把刀具沿Z轴正方向退至工件外部，再按操作面板上的 <kbd>○</kbd> 键，使主轴停止转动。依次单击菜单栏中的"测量"→"剖面图测量"，然后单击刀具试切外圆时所切线段（选中的线段由红色变为黄色），记下对话框中对应的X值，如图2-30a所示。按 <kbd>OFFSET SETTING</kbd> 键，进入参数显示界面，再单击 [形状]，把光标移动至切削刀具的刀补位置，然后输入X值，完成后单击 [测量]，系统将自动计算，并将计算结果自动输入在X偏置栏中，如图2-30b所示。

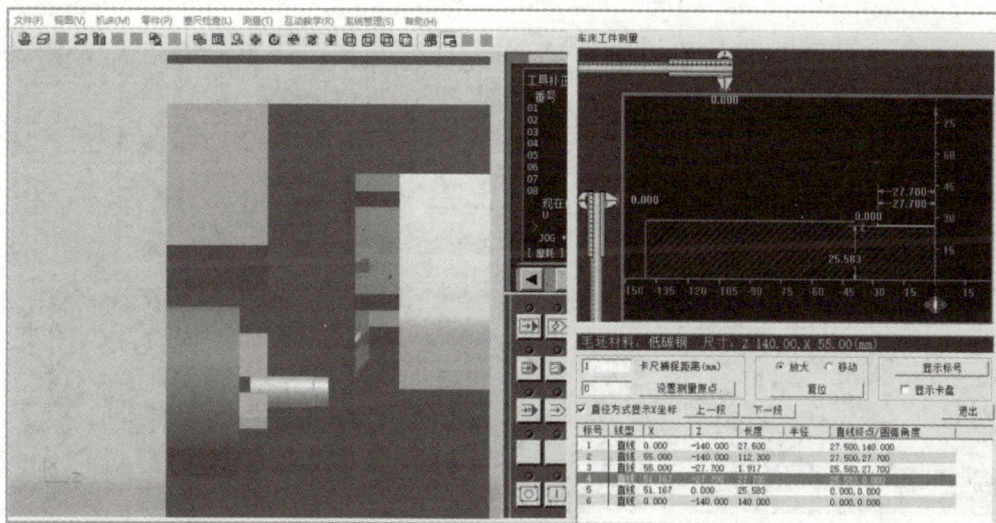

a) 测量工件

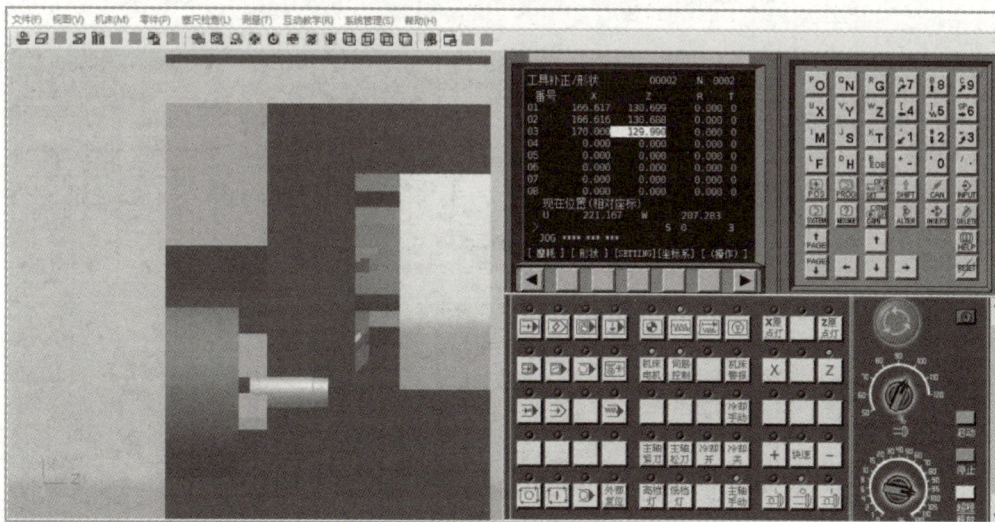

b) 输入对刀值

图 2-30　对刀

Z 轴方向对刀：将刀具移动到可切削零件的大致位置，按轴移动键，使刀具沿 X 轴方向试切工件端面，Z 轴不移动。切削完毕后，把刀具沿 X 轴方向退至工件外部。按操作面板上的 键，使主轴停止转动；按 OFFSET SETTING 键，再单击 [形状]，进入刀补显示界面，将光标移动至切削刀具的刀补位置，然后输入 Z0，完成后单击 [测量]，系统将自动计算，并将计算结果自动输入在 Z 偏置栏中，如图 2-30b 所示。

7. 程序输入与校验

在操作面板上按模式选择键 ，进入编辑模式，在系统面板上按 PROG 键，进入程序显示界面。在操作面板上按模式选择键 ，切换到自动模式，在系统面板上按 CUSTOM GRAPH 键，系统进入轨迹检查界面。按循环启动键 开始模拟执行程序，如图 2-31、图 2-32 所示。

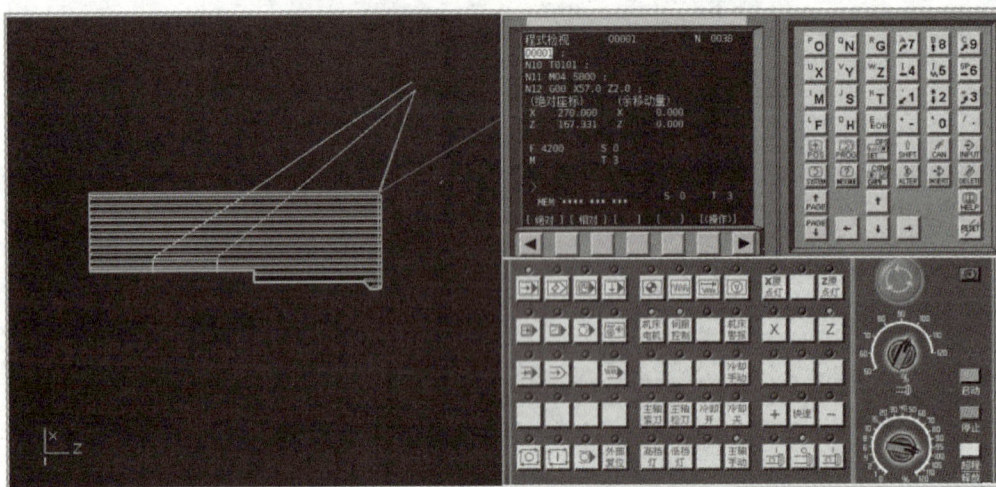

图 2-31　零件右侧程序校验

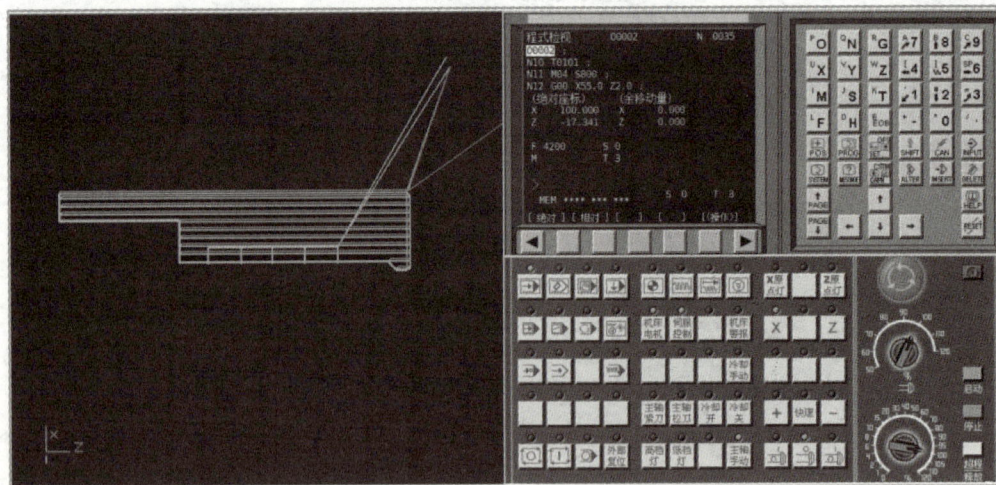

图 2-32　零件左侧程序校验

8. 仿真加工

仿真加工，如图 2-33 所示。

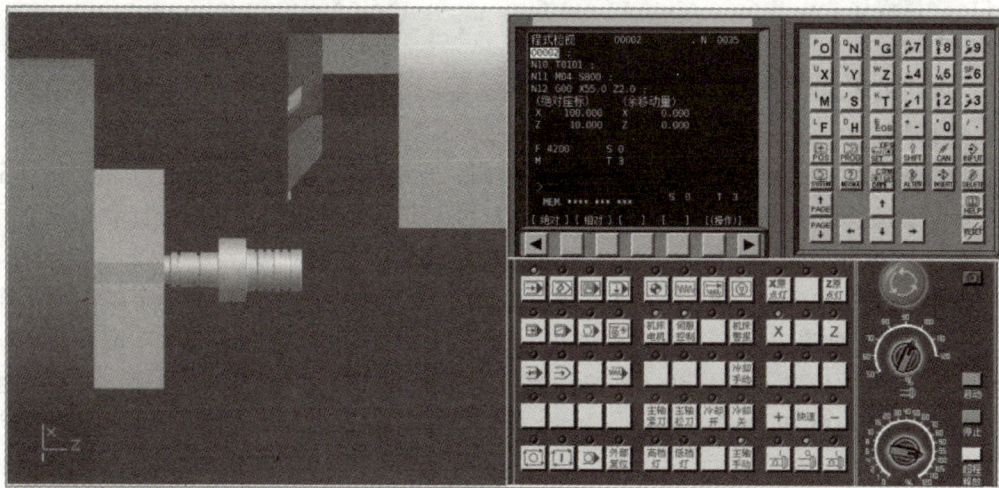

图 2-33　仿真加工

9. 零件测量

零件加工完成后，依次单击菜单中的"测量"→"剖面图测量"，进入"测量"对话框，如图 2-34 所示。

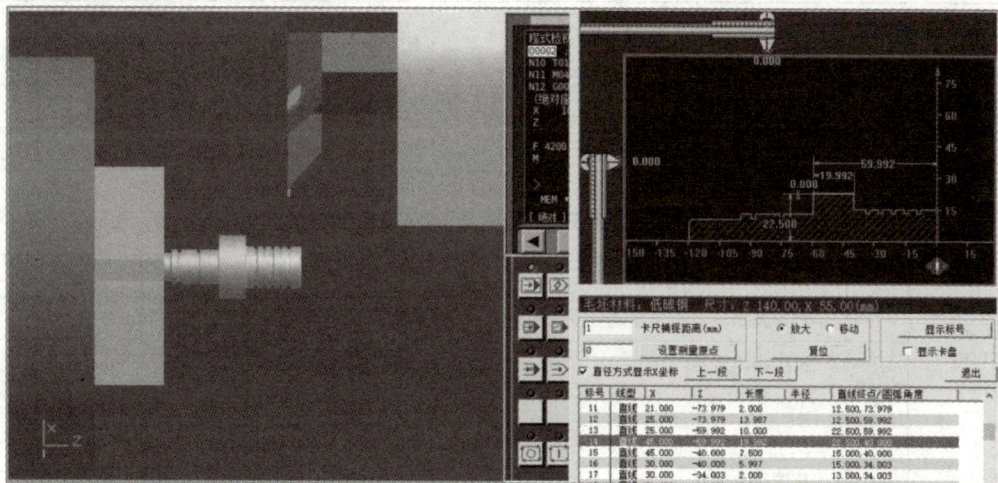

图 2-34　测量零件

10. 优化零件程序

根据零件的仿真加工，优化零件加工程序。

任务四　沟槽轴数控实操加工与检测

1. 毛坯、刀具、工具准备

2. 程序输入与编辑

1）开机。

2）回参考点。

3）输入程序。

4）检查程序。

3. 零件加工

1）启动机床主轴转动。

2）对刀。

① X 向对刀。在手动 JOG 方式下，车削外圆，车削完毕后沿+Z 方向退刀，按下"主轴停止"键，测量切削外圆的直径；按"OFFSET/SETTING"键，然后移动光标到相应刀号的位置，输入测量的外圆直径值，再按"测量"键，完成 X 方向对刀。

② Z 向对刀。在手动 JOG 方式下，按"主轴正转"键，使主轴转动，车削端面。车削完毕后，沿+X 方向退刀，按下"主轴停止"键，再按"OFFSET/SETTING"键，然后移动光标到相应刀号的位置，输入 Z0，再按"测量"键，完成 Z 方向对刀。同理，根据上述步骤完成其他刀具的对刀。

3）调出加工程序。

4）自动加工。选择机床工作模式为"自动运行"模式，按"循环启动"键，使机床进行自动加工。

4. 沟槽轴尺寸检测与评分

成绩评分标准见表 2-12。

表 2-12　沟槽轴编程与加工评分表

工件编号				总得分			
项目与比重	序号	技术要求	配分	评分标准	检测记录	得分	
程序与工艺（25%）	1	程序段格式规范	5	不规范每处扣 2 分			
	2	程序正确完整	10	每错一处扣 2 分			
	3	切削用量合理	5	不合理每处扣 2 分			
	4	工艺规程规范、合理	5	不合理每处扣 2 分			
机床操作（20%）	5	刀具选择、安装正确	5	不正确每次扣 2 分			
	6	对刀及坐标系设定正确	5	不正确每次扣 2 分			
	7	机床操作规范	5	不规范每次扣 2 分			
	8	工件加工不出错	5	出错全扣			
工件质量（35%）	9	$\phi20mm$、$\phi25mm$、$\phi30mm$、$\phi45mm$ 外圆尺寸精度符合要求	8	不合格每处扣 2 分			
	10	8mm、14mm、32mm、34mm、40mm、46mm 长度尺寸精度符合要求	6	不合格每处扣 1 分			
	11	25mm、120mm 长度尺寸（公差要求）精度符合要求	3	不合格每处扣 1.5 分			
	12	位置公差（同轴度）精度符合要求	4	不合格全扣			
	13	沟槽尺寸精度符合要求	7	不合格每处扣 1 分			
	14	表面粗糙度 $Ra1.6\mu m$、$Ra3.2\mu m$	5	不合格每处扣 1 分			
	15	倒角 $C1.5$	2	不合格每处扣 1 分			

（续）

工件编号		技术要求	配分	总得分		
项目与比重	序号	技术要求	配分	评分标准	检测记录	得分
文明生产 （20%）	16	安全操作	10	出错全扣		
	17	机床维护与保养	5	不合格全扣		
	18	工作场所整理	5	不合格全扣		

思考题：

1. 简述暂停指令 G04 的格式及其参数的含义，并说明 G04 指令的作用。

2. 数控程序如下：

N1　G91　G00　X120.0　Y80.0；

N2　G43　Z-32.0　H01；

N3　G01　Z-21.0　F120；

N4　G04　P1000；

N5　G00　Z21.0；

N6　X30.0　Y-50.0；

N7　G01　Z-41.0　F120；

N8　G04　X2.0；

N9　G49　G00　Z55.0；

N10　M02；

执行以上程序后，累计暂停进给时间是多少？

3. 简述切槽循环指令 G75 的格式及其参数的含义。

4. 可以利用切槽循环指令 G75 编写宽槽加工程序吗？

5. 加工如图 2-35 所示的零件，试用子程序编程，毛坯尺寸为 $\phi45mm×60mm$，材料为 45 钢，切断刀的宽度为 3mm。分析零件的加工工艺，设定工件坐标系原点，编写零件的加工程序。

6. 加工如图 2-36 所示的零件，试用 G01 指令编写加工程序，毛坯尺寸为 $\phi40mm×60mm$。

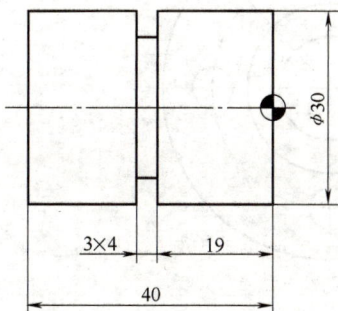

图 2-35　单槽轴

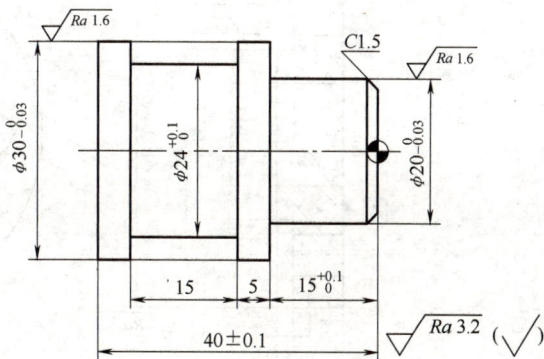

图 2-36　宽槽轴

7. 零件如图 2-37 所示，工件材料为 45 钢，切槽刀的宽度为 4mm，分析零件的加工工艺，确定工件坐标系原点，试用切槽循环指令 G75 编制加工程序。

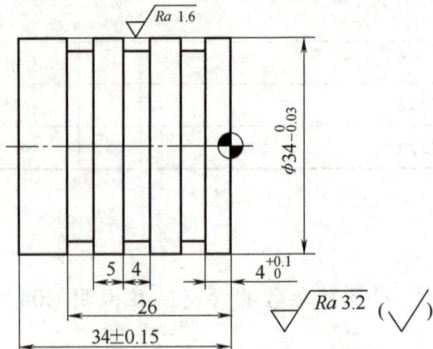

图 2-37　多槽轴

项目三　盘类零件的车削编程与加工

项目目标

◎了解盘类零件的车削加工方法

◎了解盘类零件的装夹方案及定位方法

◎掌握连接盘的加工工艺

◎掌握指令 G72 的编程格式及其各参数的含义

◎掌握使用指令 G72 编制连接盘的车削程序

◎具备连接盘数控仿真加工能力

◎具备连接盘实操加工与尺寸检测能力

项目导入

完成如图 2-38 所示连接盘的编程与加工，毛坯尺寸为 $\phi120mm \times 40mm$，材料为 45 钢。

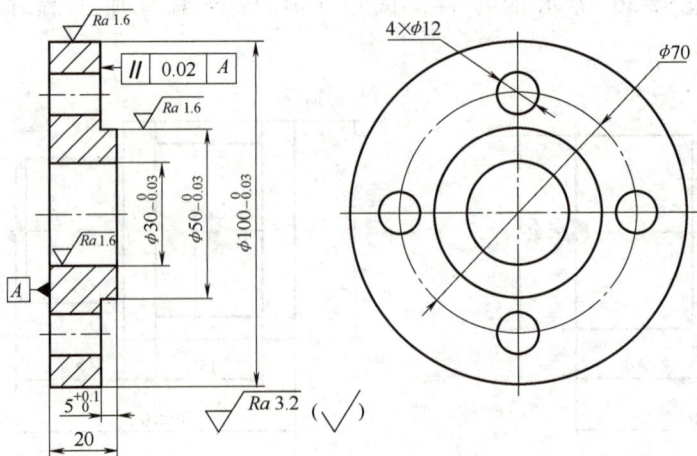

图 2-38　连接盘

项目分析

本项目典型零件是连接盘，属于典型的盘类零件。该零件的径向尺寸较大，轴向尺寸小，并且两端面有平行度要求，因此在装夹时，对零件的定位精度要求高。该零件不同部分的径向尺寸差距大，零件的加工余量大，因此在加工时，要注意刀具的安装方式和切削用量的选择。通过本项目的实施，学习端面切削刀具的选择和安装、盘类零件的加工方法、盘类零件加工切削用量的选择、盘类零件的加工工艺编制、端面复合循环指令的含义与应用以及连接盘的加工与检测等方面的知识。

相关知识

一、盘类零件车削工艺

1. 盘类零件的种类及特点

盘类零件一般需承受交变载荷，工作时处于复杂应力状态，这便要求其材料应具有良好的综合力学性能。因此，常用 45 钢或 40Cr 钢先做锻件，并进行调质处理，较少直接用圆钢做毛坯。但对于承受载荷较小圆盘类零件或主要用来传递运动的齿轮，也可以直接用铸件或采用圆钢、有色金属件和非金属件毛坯。

盘类零件是机械加工中常见的典型零件之一。它的应用范围很广，如支承传动轴的各种形式的轴承、夹具上的导向套、气缸套等。盘类零件通常起支承和导向作用，不同的盘类零件也有很多的相同点，如主要表面基本上都是圆柱形的，尺寸精度、形状精度和表面质量要求较高，同轴度要求高等。

2. 加工盘类零件的刀具

在数控车床上，加工盘类零件与加工轴类零件均使用 90° 外圆偏刀，只是二者的刀具的安装方式不一样，如图 2-39 所示。

3. 定位基准与装夹方法

提高盘类零件内孔、端面的尺寸精度、形位精度，并减小其表面粗糙度是盘类零件加工的主要技术要求和需要解决的主要问题。加工盘类零件时，通常以其内孔、端面定位或外圆、端面定位，并使用专用心轴（一种带孔工件的夹具）或卡盘装夹工件。

4. 切削用量及测量工具的选择

加工盘类零件时，由于零件的直径较大，易产生很高的切削速度。为避免刀具过快磨损和减小零件的尺寸误差，不宜选取过高的机床转速。尤其是在加工强度、硬度很高的材料时，更应该注意机床转速的选择。切削深度和

图 2-39 加工盘类零件的刀具

进给量的选择原则是：粗加工时，以提高生产加工效率为主，在能满足刀具强度的前提下，尽可能增加切削深度和进给量；精加工时，以满足零件的加工质量为主，根据刀具和工件材料，适当选择切削深度和进给量。

盘类常用游标卡尺、千分尺及外卡钳等量具进行测量。盘类零件的内径常用游标卡尺、内测千分尺及内卡钳等量具进行测量。

二、编程指令

1. 粗车复合循环指令 G71

指令已详述，不再赘述。

2. 精车复合循环指令 G70

指令已详述，不再赘述。

【例 2-4】 零件如图 2-40 所示，毛坯为 $\phi80mm\times30mm$ 的棒料，材料为 45 钢。分析零件的加工工艺，设定工件坐标系原点，编写零件的加工程序。

加工程序：

O0001；

N10 T0101；

N11 M03 S400；

N12 G00 X82.0 Z2.0；

N13 G71 U3.0 R0.5；

N14 G71 P15 Q18 U0.2 W0.05 F0.3；

N15 G00 X50.0；

N16 G01 Z-5.0；

N17 X60.0；

N18 Z-15.0；

N19 G00 X100.0 Z100.0；

N20 M05；

N21 T0202；

N22 M03 S1000；

N23 G00 X82.0 Z2.0；

N24 G70 P15 Q18 F0.1；

N25 G00 X100.0 Z100.0；

N26 M30；

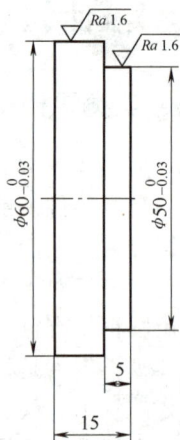

图 2-40 连接盘类零件（1）

注意： 对于径向尺寸相差较小的盘类零件，适合用 G71 指令编写粗加工程序，以提高生产加工效率。

3. 端面复合循环指令（G72）

对于径向尺寸相差较大的盘类零件，适合用 G72 指令编写粗加工程序，其走刀路线如图 2-41 所示。

编程格式：

G00 X __ Z __；

G72 W（Δd） R（e）；

G72 P（ns） Q（nf） U（Δu） W（Δw） F（f）；

说明：

Δd：每次循环 Z 向的吃刀深度。

e：退刀量。

ns：零件轮廓精加工程序的第一程序段的段号。

nf：零件轮廓精加工程序的最后一程序段的段号。

Δu：X方向上的精加工余量。

Δw：Z方向上的精加工余量。

f：进给量。

【例2-5】　零件如图2-42所示，毛坯为φ80mm×30mm的棒料，材料为45钢。分析零件的加工工艺，设定工件坐标系原点，编写零件的加工程序。

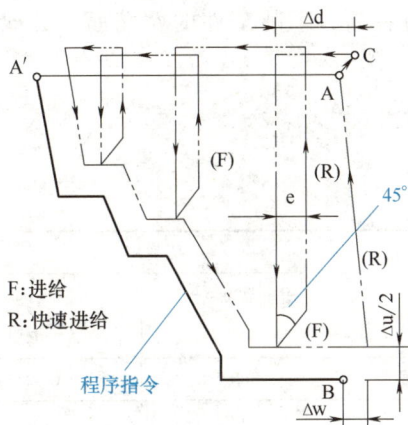

图2-41　G72指令粗车循环轨迹

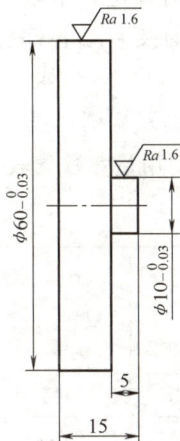

图2-42　连接盘类零件（2）

加工程序：

O0001；

N10　T0101；

N11　M03　S400；

N12　G00　X82.0　Z2.0；

N13　G72　W3.0　R0.5；

N14　G72　P15　Q19　U0.2　W0.05

F0.3；

N15　G00　Z-15.0；

N16　G01　X60.0　F0.15；

N17　Z-5.0；

N18　X10.0；

N19　Z0；

N20　G00　X100.0　Z100.0；

N21　M05；

N22　T0202；

N23　M03　S800；

N24　G00　X82.0　Z2.0；

N25　G70　P15　Q19；

N26　G00　X100.0　Z100.0；

N27　M30；

注意：对于径向尺寸相差较大的盘类零件，适合用G72指令粗加工程序时，以提高生产加工效率。

项目实施

任务一　连接盘数控加工工艺编制

1. 分析零件图

如图2-38所示，该连接盘由两个台阶圆柱组成，径向尺寸φ30mm（本次不加工）、

$\phi50mm$、$\phi100mm$，以及轴向尺寸5mm有公差要求，并且公差值小，加工精度高；其他尺寸是自由尺寸，公差值较大，加工较容易。$\phi50mm$、$\phi100mm$圆柱面的表面粗糙度为$Ra1.6\mu m$，其他表面均为$Ra3.2\mu m$。连接盘左、右端面有平行度的要求。

2. 确定装夹方案

装夹方案要按照尽量选用通用夹具，尽量减少装夹次数，在一次装夹中尽可能完成多个表面加工，以及夹紧力的作用点应布置在零件结构强度高和刚性好的位置等原则来选取，此零件为回转类工件，毛坯尺寸为$\phi120mm\times40mm$，零件的总长为20mm。根据零件的结构特征，用自定心卡盘夹持毛坯的左端（按图2-38所示零件方位，以下相同），车削工件的右端面及右端各部分；用软爪夹持工件的右端，车削工件的左端面，并保证工件的总长。

3. 选择刀具及切削用量

刀具及切削用量参数见表2-13。

表 2-13　刀具及切削用量参数

序号	刀具号	刀具类型	加工表面	切削用量	
				主轴转速 n/（r/min）	进给速度 v_f/（mm/r）
1	T0101	93°菱形外圆车刀	粗车外轮廓	800	0.25
2	T0202	93°菱形外圆车刀	精车外轮廓	1500	0.1

4. 确定加工方案

根据先粗后精、先近后远的加工原则确定加工顺序。为保证连接盘的尺寸精度和位置精度，先夹持毛坯的左端，完成零件$\phi50mm$、$\phi100mm$外圆等的车削。然后调头夹持$\phi50mm$外圆，完成零件左端面等的车削，并控制工件总长。

（1）工序一

1）工步一：车削工件右端面。

2）工步二：粗车$\phi50mm$、$\phi100mm$外圆。

3）工步三：精车$\phi50mm$、$\phi100mm$外圆。

4）工步四：去毛刺。

（2）工序二

1）工步一：调头，车削工件左端面，控制工件总长。

2）工步二：去毛刺。

5. 填写工序卡

连接盘数控加工工序卡见表2-14、表2-15。

表 2-14　数控加工工序卡 （1）

数控加工工序卡（1）		工序卡编号	零件名称	零件材料	零件号
			连接盘	45钢	
工序号	程序号	设备名称	工位号	夹具	夹具编号	车间
01	O0001	CA6150		自定心卡盘		

（续）

工步号	工步内容	切削用量			刀具		量具名称	备注
		主轴转速/(r/min)	进给速度/(mm/r)	背吃刀量/mm	编号	名称		
1	车削工件右端面	800	0.25	1~2	T0101	外圆车刀	游标卡尺	
2	粗车φ50mm、φ100mm外圆	800	0.25	1.5	T0101	外圆车刀	外径千分尺	
3	精车φ50mm、φ100mm外圆	1500	0.1	0.1	T0202	外圆车刀	外径千分尺	
4	去毛刺	800	—	—	—	—	—	
编制		审核			日期		共1页	第1页

表2-15　数控加工工序卡（2）

数控加工工序卡(2)		工序卡编号	零件名称	零件材料		零件号
			连接轴	45钢		
工序号	程序号	设备名称	工位号	夹具	夹具编号	车间
02		CA6150		自定心卡盘(软爪)		
工步号	工步内容	切削用量			刀具		量具名称	备注
		主轴转速/(r/min)	进给速度/(mm/r)	背吃刀量/mm	编号	名称		
1	车削工件左端面	800	0.25	1~2	T0101	外圆车刀	游标卡尺	控总长
2	去毛刺	800	—	—	—	—	—	
编制		审核			日期		共1页	第1页

任务二　连接盘数控车削程序编制

如图2-38所示连接盘的数控加工程序见表2-16。

表2-16　数控加工程序

零件名称	零件编号	零件材料	数控系统
连接盘		45钢	FANUC 0i Mate-TC
程序内容		说明	
O0001;		程序名	
N10　T0101;		换1号外圆车刀	
N11　M03　S800;		主轴正转,转速800r/min	
N12　G00　X122.0　Z2.0;		快速定位循环起点	
N13　G72　W2.0　R0.5;		Z向每次吃刀量为2mm	
N14　G72　P15　Q19　U0.2　W0.05　F0.25;		循环程序段15~19	
N15　G00　Z-20.0;		快速移动到加工处	
N16　G01　X100.0　F0.1;		移至φ100mm外圆处	
N17　Z-5.0;		车削φ100mm外圆	
N18　X50.0;		车削φ100mm外圆的右端面	
N19　Z0;		车削φ50mm的外圆	
N20　G00　X100.0　Z100.0;		快速退刀	
N21　M05;		主轴停止	
N22　T0202;		换2号外圆车刀	
N23　M03　S1500;		主轴正转,转速1500r/min	

（续）

程序内容	说明
N24　G00　X122.0　Z2.0;	快速定位到循环起点
N25　G70　P15　Q19;	精加工
N26　G00　X100.0　Z100.0;	快速退刀
N27　M30;	程序结束

任务三　连接盘数控车削仿真加工

1. 仿真软件准备

打开仿真软件，单击"选择机床" （见图 2-43a），然后在弹出的对话框中完成"控制系统"和"机床类型"的设置后，单击"确定"按钮，进入操作状态，如图 2-43b 所示。

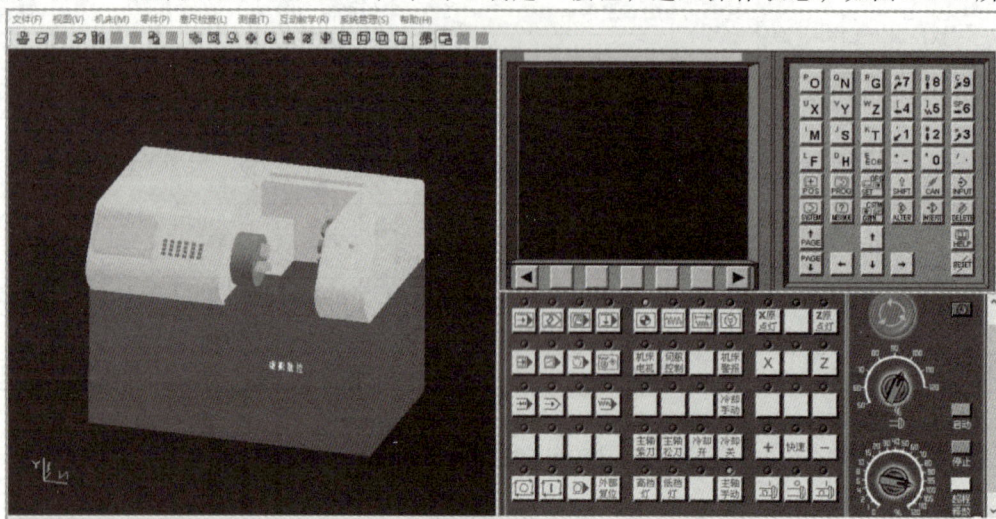

a) 选择机床

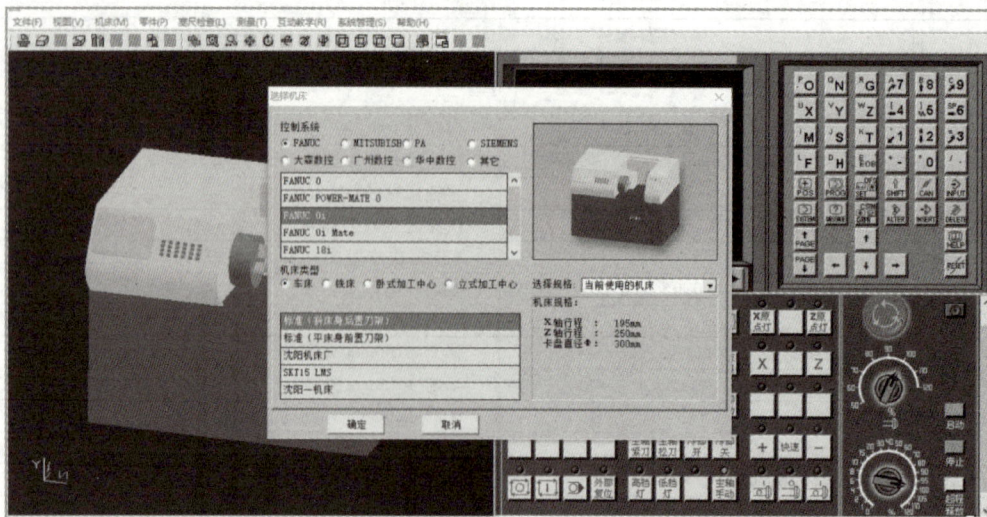

b) 选择控制系统和机床类型

图 2-43　仿真软件准备

2. 激活机床

检查急停按钮是否松开至 ⊙ 状态，若未松开，按急停按钮 ⊙，将其松开。然后按 键启动电源，如图 2-44 所示。

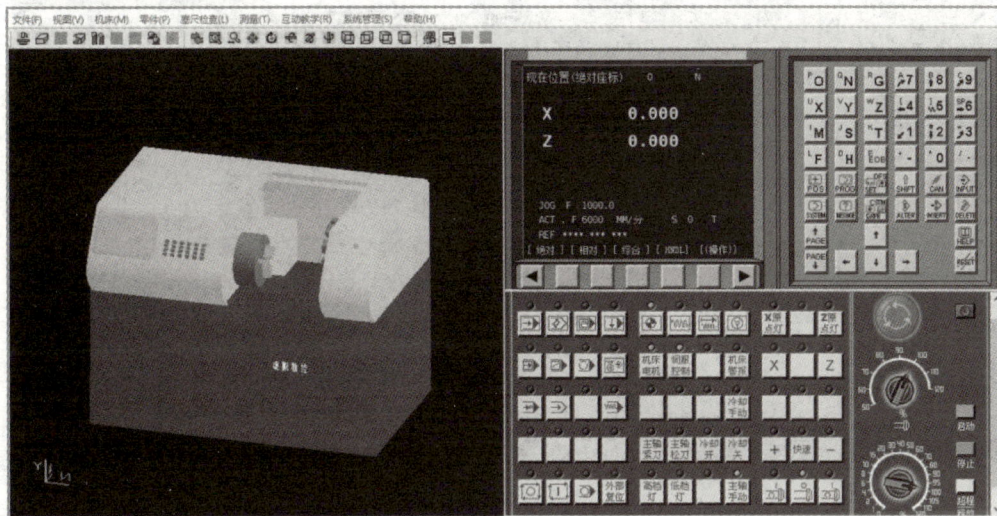

图 2-44　激活机床

3. 回参考点

按 键，进入"回参考点"模式，按 X 键选择 X 轴，按住正向移动键 + 来移动 X 坐标；再按 Z 键选择 Z 轴，按住正向移动键 + 来移动 Z 坐标，使机床回参考点，如图 2-45 所示。

图 2-45　机床回参考点

4. 毛坯的选择和安装

选择毛坯：依次单击菜单栏中的"零件"→"定义毛坯"，或在工具条上选择 ，如图

2-46a 所示。安装毛坯：依次单击菜单栏中的"零件"→"放置零件"，或者在工具栏中单击图标 ⬛ ，系统将弹出"选择零件"对话框，选择定义的毛坯，如图 2-46b 所示。

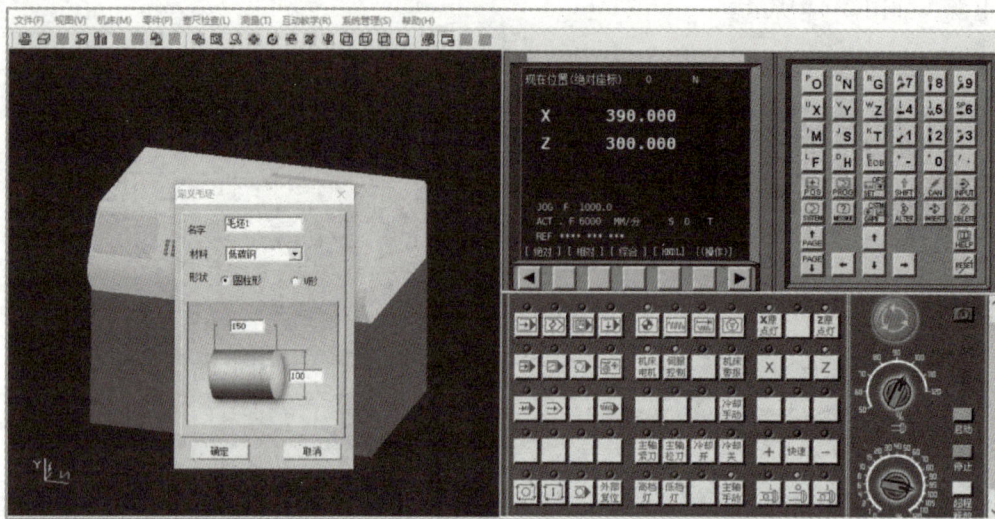

a) 定义毛坯

b) 安装毛坯

图 2-46 毛坯的选择和安装

5. 刀具的选择和安装

单击菜单栏中的"机床"→"选择刀具"，或在工具条上单击图标 🔧 ，系统将弹出"刀具选择"对话框，选择刀具并安装刀具，如图 2-47 所示。

6. 对刀

按操作面板中 ⬛ 键，切换到手动状态，然后按轴移动键，使刀具移动到切削零件的大致位置。

X 轴方向对刀：按轴移动键，用所选刀具沿 Z 轴方向试切工件外圆，X 轴不移动。切削

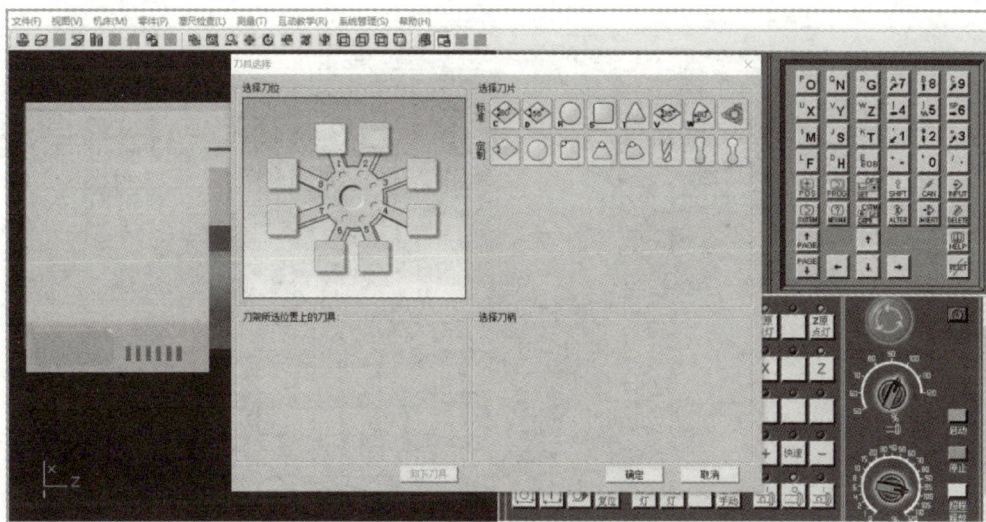

图 2-47 安装刀具

完毕后，把刀具沿 Z 轴正方向退至工件外部，再按操作面板上的 键，使主轴停止转动。依次单击菜单栏中的"测量"→"剖面图测量"，然后单击刀具试切外圆时所切线段（选中的线段由红色变为黄色），记下对话框中对应的 X 值，如图 2-48a 所示。按 键，进入参数显示界面，再单击 [形状]，把光标移动至切削刀具的刀补位置，然后输入 X 值，完成后单击 [测量]，系统将自动计算，并将计算结果自动输入在 X 偏置栏中，如图 2-48b 所示。

　　Z 轴方向对刀：将刀具移动到可切削零件的大致位置，按轴移动键，使刀具沿 X 轴方向试切工件端面，Z 轴不移动。切削完毕后，把刀具沿 X 轴方向退至工件外部。按操作面板上的 键，使主轴停止转动；按 键，再单击 [形状]，进入刀补显示界面，将光标移动至

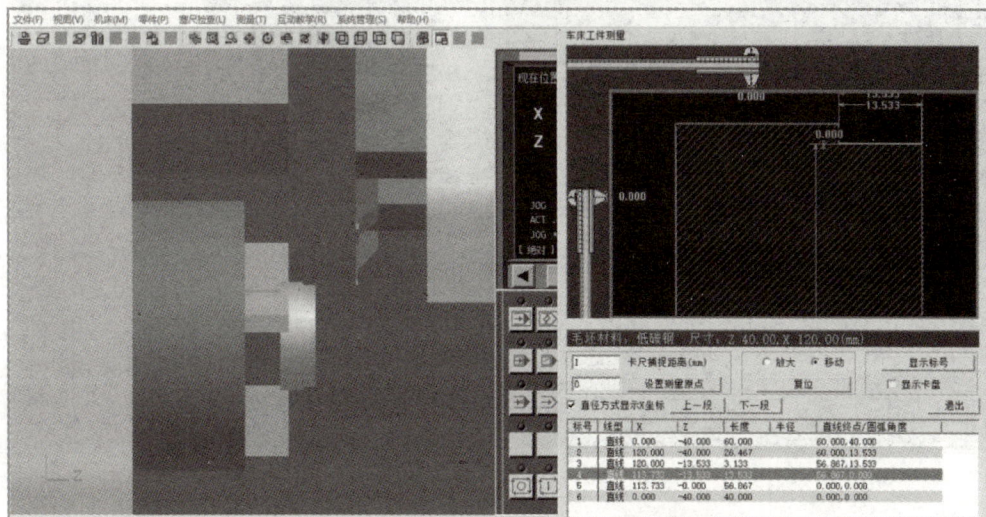

a) 测量工件

图 2-48 对刀

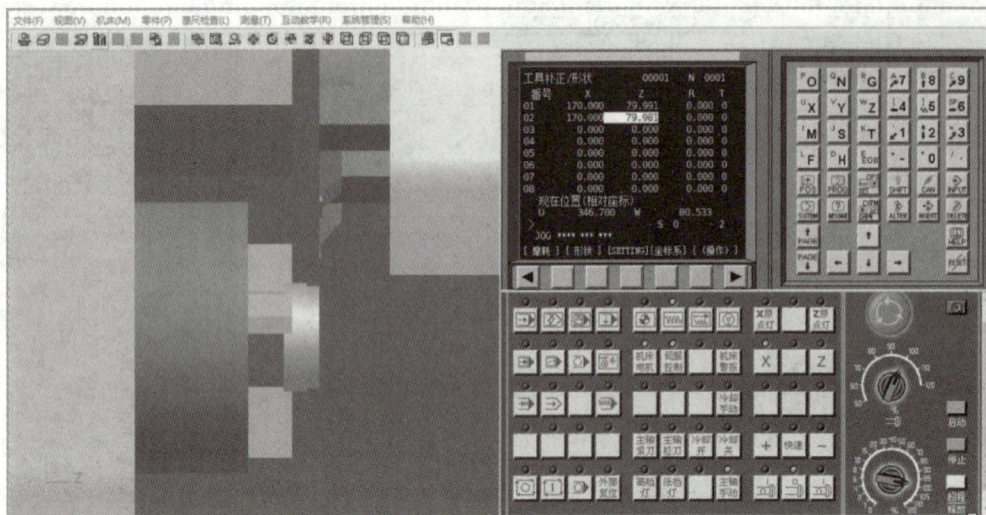

b) 输入对刀值

图 2-48　对刀（续）

切削刀具的刀补位置，然后输入"Z0"，完成后单击 [测量]，系统将自动计算，并将计算结果自动输入在 Z 偏置栏中，如图 2-48b 所示。

7. 程序输入与校验

在操作面板上按模式选择键 ⬦，进入编辑模式，在系统面板上按 PROG 键，进入程序显示界面。在操作面板上按模式选择键 ➡，切换到自动模式，在系统面板上按 CUSTOM GRAPH 键，系统进入轨迹检查界面。按循环启动键 Ⅰ 开始模拟执行程序，如图 2-49 所示。

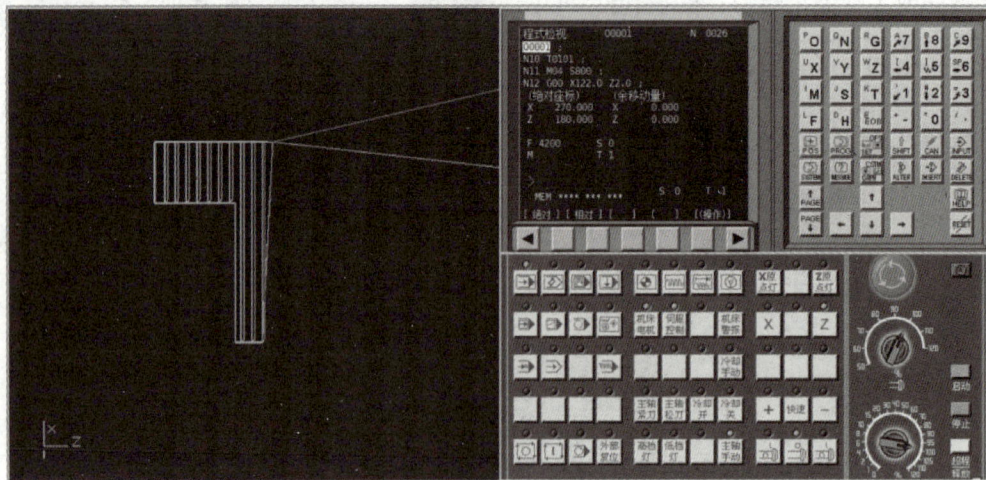

图 2-49　程序校验

8. 仿真加工

仿真加工，如图 2-50 所示。

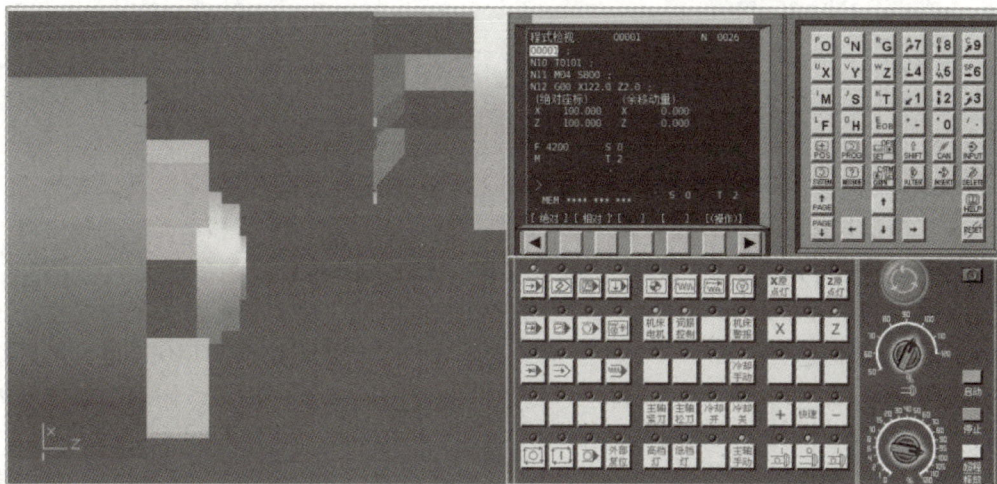

图 2-50 仿真加工

9. 零件测量

零件加工完成后，依次单击菜单中的"测量"→"剖面图测量"，进入"测量"对话框，如图 2-51 所示。

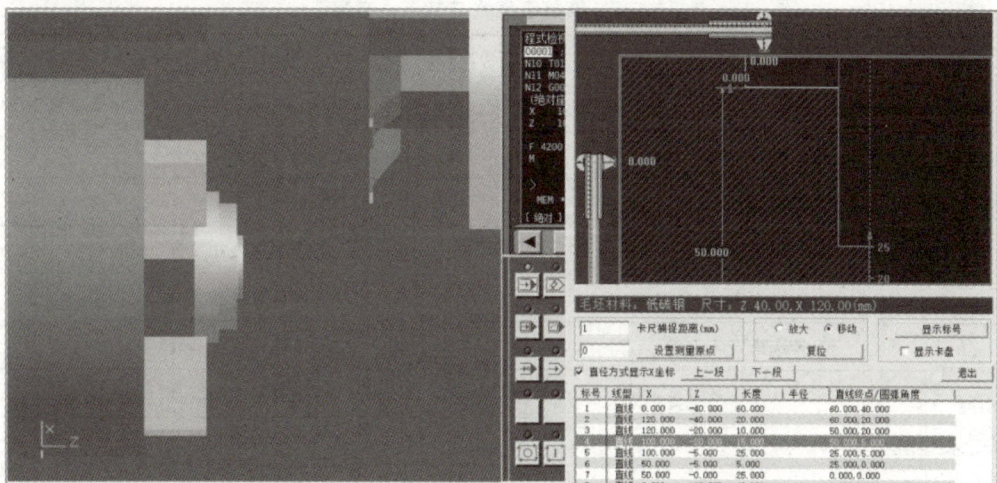

图 2-51 测量零件

10. 优化零件程序

根据零件的仿真加工，优化零件加工程序。

任务四 连接盘数控实操加工与检测

1. 毛坯、刀具、工具准备
2. 程序输入与编辑

1）开机。

2）回参考点。

3）输入程序。

4）检查程序。

3. 零件加工

1）启动机床主轴转动。

2）对刀。

① X 向对刀。在手动 JOG 方式下，车削外圆，车削完毕后沿 +Z 方向退刀，按下"主轴停止"键，测量切削外圆的直径；按"OFFSET/SETTING"键，然后移动光标到相应刀号的位置，输入测量的外圆直径值，再按"测量"键，完成 X 方向对刀。

② Z 向对刀。在手动 JOG 方式下，按"主轴正转"键，使主轴转动，车削端面。车削完毕后，沿 +X 方向退刀，按下"主轴停止"键，再按"OFFSET/SETTING"键，然后移动光标到相应刀号的位置，输入 Z0，再按"测量"键，完成 Z 方向对刀。同理，根据上述步骤完成其他刀具的对刀。

3）调出加工程序。

4）自动加工。选择机床工作模式为"自动运行"模式，按"循环启动"键，使机床进行自动加工。

4. 连接盘尺寸检测与评分

成绩评分标准见表 2-17。

表 2-17 连接盘编程与加工评分表

工件编号		技术要求	配分	总得分		
项目与比重	序号			评分标准	检测记录	得分
程序与工艺 （25%）	1	程序段格式规范	5	不规范每处扣 2 分		
	2	程序正确完整	10	每错一处扣 2 分		
	3	切削用量合理	5	不合理每处扣 2 分		
	4	工艺规程规范、合理	5	不合理每处扣 2 分		
机床操作 （20%）	5	刀具选择安装正确	5	不正确每次扣 2 分		
	6	对刀及坐标系设定正确	5	不正确每次扣 2 分		
	7	机床操作规范	5	不规范每次扣 2 分		
	8	工件加工不出错	5	出错全扣		
工件质量 （35%）	9	ϕ50mm、ϕ100mm 外圆尺寸精度符合要求	12	不合格每处扣 6 分		
	10	5mm 长度尺寸精度符合要求	4	不合格全扣		
	11	20mm 长度尺寸（公差要求）精度符合要求	3	不合格全扣		
	12	位置公差（平行度）精度符合要求	8	不合格全扣		
	13	表面粗糙度 Ra1.6μm、Ra3.2μm	6	不合格每处扣 1 分		
	14	去毛刺	2	不合格每处扣 1 分		
文明生产 （20%）	15	安全操作	10	出错全扣		
	16	机床维护与保养	5	不合格全扣		
	17	工作场所整理	5	不合格全扣		

思考题：

1. 复合盘类零件的加工特点有哪些？

2. 车削复合盘类零件的刀具有哪些？

3. 简述端面复合循环指令 G72 的格式及其参数的含义。

4. 用 G72 指令编写零件加工程序时，试说明精车运动轨迹。

5. G71 指令和 G72 指令的运动轨迹有何区别？

6. 零件如图 2-52 所示，毛坯为 $\phi80mm \times 30mm$ 的棒料，材料为 45 钢。分析零件的加工工艺，设定工件坐标系原点，编写零件的加工程序。

7. 设计盘类零件，并编写其数控车削程序。

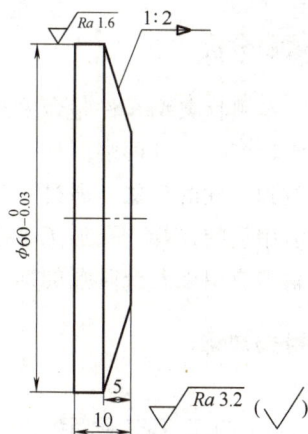

图 2-52 连接盘类零件（3）

项目四 套类零件的车削编程与加工

项目目标

◎了解零件内孔的车削加工方法
◎了解内孔零件的装夹方案及定位方法
◎掌握内孔刀具的选择和安装
◎掌握台阶孔的加工工艺
◎掌握台阶孔车削程序的编制
◎具备台阶孔数控仿真加工能力
◎具备台阶孔实操加工与尺寸检测能力

项目导入

完成如图 2-53 所示台阶孔的编程与加工，毛坯尺寸为 $\phi60mm \times 60mm$，材料为 45 钢。

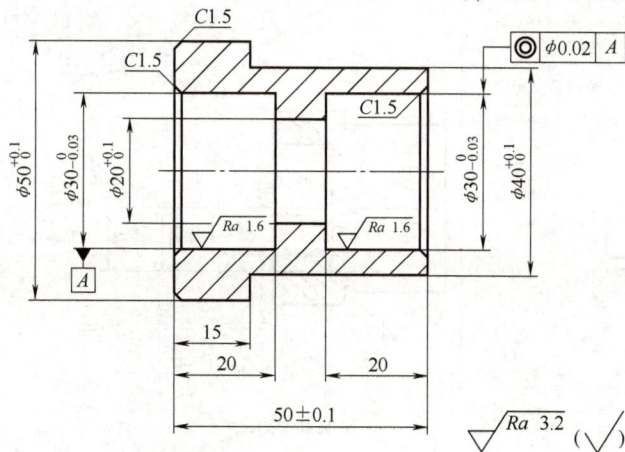

图 2-53 台阶孔

项目分析

本项目典型零件是台阶孔，属于典型的套类零件。零件的内部由三个圆柱孔组成，且精度比较高，零件两端圆柱孔有位置精度要求。选择刀具时，要考虑刀杆的尺寸，不能出现刀具碰到工件的现象。通过本项目的实施，学习内孔刀具的选择和安装、孔加工方法、孔加工切削用量的选择、孔加工工艺的编制、孔加工编程指令格式与其参数的含义、孔加工程序的编制与应用以及台阶孔的加工与检测等方面的知识。

相关知识

一、孔加工工艺确定

1. 孔加工方法的选择

在数控车床上，常用孔加工的方法有钻孔、扩孔、铰孔、车孔等。通常情况下，在数控车床上能较方便地加工出 IT7~IT9 级精度的孔，对于这些孔的推荐加工方法见表 2-18。

表 2-18　孔的推荐加工方法选择表

孔的精度	有无预孔	孔尺寸				
		0~12mm	12~20mm	20~30mm	30~60mm	60~80mm
IT9~IT11	无	钻→铰	钻→扩		钻→扩（或粗车）→精车	
	有	粗扩→精扩；或粗车→精车（余量少可一次性扩孔或车孔）				
IT8	无	钻→扩→铰	钻→扩→铰（或精车）		钻→粗车→半精车→精车	
	有	粗车→半精车→精车（或精铰）				
IT7	无	钻→粗铰→精铰	钻→扩→粗铰→精铰		钻→粗车→半精车→精车	
	有	粗车→半精车→精车				

2. 孔加工刀具

根据不同的加工情况，常用孔加工刀具有麻花钻、扩孔钻、铰刀、内孔车刀等。其中内孔车刀可分为通孔车刀和盲孔车刀两种，如图 2-54 所示。

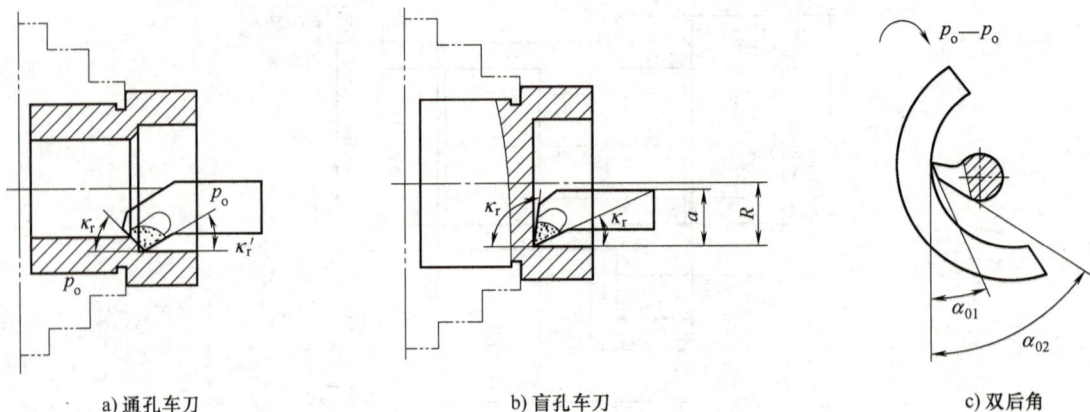

a) 通孔车刀　　　　　　　　b) 盲孔车刀　　　　　　　　c) 双后角

图 2-54　内孔车刀

（1）通孔车刀 车削直通孔时采用的内孔车刀为直通孔车刀，也称为通孔镗刀，其切削部分的几何形状基本上与外圆车刀相似，如图 2-54a 所示。在选用通孔车刀时应注意以下几点：

1）刀杆的长度不能太长，否则刀具刚性太差，易产生让刀、振动现象。刀杆一般比被加工孔深长 5~10mm。

2）直通孔车刀的刀杆及刀具后刀面呈圆弧形状，刀杆直径应根据孔径尽量大些，但要略小于孔的半径，以增加刚性，避免刀杆碰伤工件内表面，并使刀杆能进入孔内。

3）为减小径向切削抗力、防止车孔时振动，主偏角应取得大些，一般为 $60° \sim 75°$，副偏角一般为 $15° \sim 30°$。为了防止内孔车刀后刀面和孔壁的摩擦又不使后角磨得太大，一般磨成两个后角。如图 2-54c 所示 α_{01} 和 α_{02}，其中 α_{01} 取 $6° \sim 12°$，α_{02} 取 $30°$ 左右。

（2）盲孔车刀 如图 2-54b 所示，盲孔车刀用来车削盲孔或阶台孔，切削部分的几何形状基本上与偏刀相似。它的主偏角大于 $90°$，一般为 $92° \sim 95°$。盲孔车刀的后角的要求和通孔车刀一样。不同之处是盲孔车刀夹在刀杆的最前端，刀尖到刀杆外端的距离 a 小于半径 R，否则无法车平孔的底面。

3. 直通孔与台阶孔的加工工艺

（1）直通孔加工的工艺路线 车削直通孔时的进给路线与车削外圆相似，仅是 X 方向的进给方向相反。另外在退刀时，注意正确的退刀路线，如图 2-55 所示，径向移动量不能太大，以免刀杆与内孔相碰。

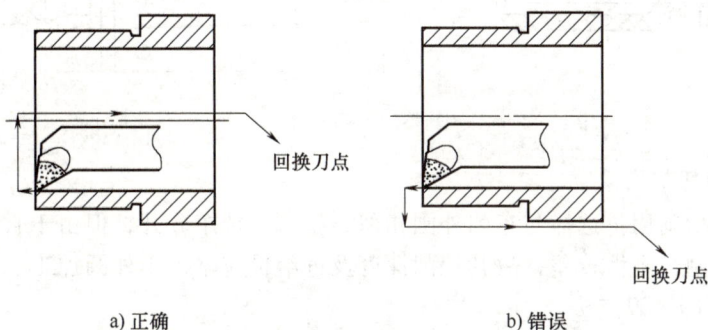

a) 正确　　　　　　　　　b) 错误

图 2-55 退刀路线

（2）台阶孔的加工工艺路线 台阶孔加工一般也根据先近后远、先粗后精的原则，先粗车大孔、小孔，然后再精车大孔、小孔，但有时还要根据具体的零件及要求进行特殊处理。

图 2-56 所示是一个需要加工各孔直径的套筒。若按一般情况安排精车各孔的走刀线路加工，是从右至左依次车出各孔，这时，其加工基准由所车的第一个（$\phi80$mm）孔来体现，并以此基准进行对刀。但因与滚动轴承组成过渡配合的 $\phi52$mm 孔较深、尺寸公差要求较高（IT7）、纵向丝杠在其加工段区域的误差以及刀尖在切削过程中的

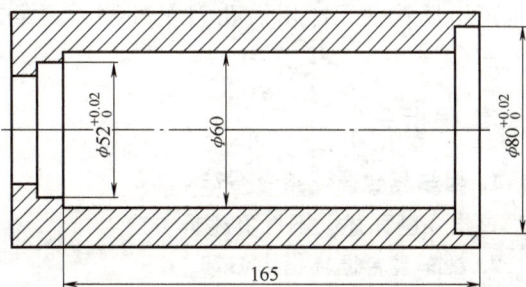

图 2-56 套筒

磨损等因素的影响，当车削至 $\phi52mm$ 的时候，尺寸精度就难以保证了。对此，在确定加工工艺路线时，就不能按照先近后远、先粗后精的原则进行处理了，较好的处理方法是将 $\phi52mm$ 孔作为加工基准，并按 $\phi52mm \rightarrow \phi80mm \rightarrow \phi60mm$ 的次序车削各孔，这样该套筒的尺寸公差要求才能保证。

4. 锥孔车削工艺

（1）圆锥配合的特点

1）当圆锥角较小（在3°以下）时，可传递很大的转矩。

2）装卸方便，虽经多次装卸，仍能保证精确的定心作用。

3）圆锥面配合的同轴度较高，并能做到无间隙配合。

（2）锥孔的检测　锥孔常用圆锥环规检测，如图 2-57 所示。圆锥环规一般用涂色法检验成批生产的外圆锥的锥角、形状误差和基面距的偏差。检验时，在被检外圆锥表面沿母线方向均匀涂上三条厚为 $1 \sim 3 \mu m$ 的红丹粉（或蓝油），再与圆锥环规配合转动角度30°后取下，根据着色接触情况判断锥角的偏差。对于外圆锥工件，若均匀的被擦去，说明锥角正确。其次，再用圆锥环规检验基面距的偏差，若被检验工件大端或小端在锥度环规两条刻线之间，则基面距合格。

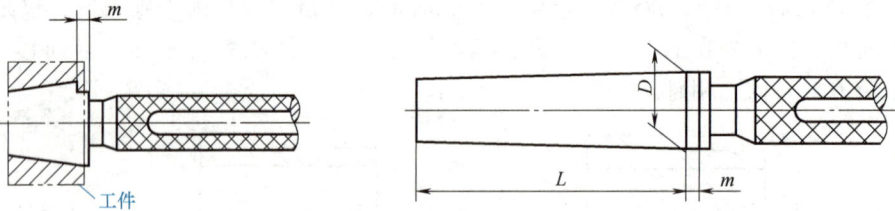

图 2-57　圆锥环规

5. 孔加工的切削用量

车直通孔的切削用量选择与车削外圆相似，粗车、精车分开，但由于直通孔车刀的刀杆直径受孔径的限制，刚性较差，故其切削深度及进给量应略小于外圆加工。

6. 内孔车刀的对刀方法

对刀的方法与车外圆的对刀方法基本相同，不同之处是毛坯若不带内孔必须先钻孔，再用内孔车刀试切对刀。为使测量准确，内径对刀时须用内径百分表测量尺寸。另外，内孔对刀也可用反钩法，即用内孔刀车外圆，测量外圆直径，并在输入 X 向直径时数值前添加"－"。

二、编程指令

1. 粗车复合循环指令 G71

该指令已详述，不再赘述。

2. 精车复合循环指令 G70

该指令已详述，不再赘述。

【例 2-6】　零件如图 2-58 所示，零件材料为 45 钢，分析零件的加工工艺，设定工件坐标系原点，编写零件的加工程序。

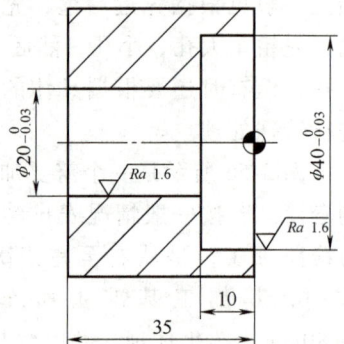

图 2-58　台阶孔

加工程序：

O0001；

N10　T0101；

N11　M03　S500；

N12　G00　X18　Z2；

N13　G71　U2　R0.5；

N14　G71　P15　Q18　U－0.3　W0

F0.2；

N15　G00　X40；

N16　G01　Z－10；

N17　X20；

N18　Z－35；

N19　G00　X100　Z100；

N20　M05；

N21　T0202；

N22　M03　S1000；

N23　G00　X18　Z2；

N24　G70　P15　Q18　F0.1；

N25　G00　X100　Z100；

N26　M30；

【例2-7】　零件如图2-59所示，材料为45钢，分析零件的加工工艺，设定工件坐标系原点，用G70、G71指令编写零件的加工程序。

加工程序：

O0001；

N10　T0101；

N11　M03　S500；

N12　G00　X16.0　Z2.0；

N13　G71　U2.0　R0.5；

N14　G71　P15　Q18　U－0.2　W0　F0.2；

N15　G00　X40.0；

N16　G01　Z0　F0.1；

N17　X25.0　Z－30.0；

N18　Z－50.0；

N19　G00　X100.0　Z100.0；

N20　M05；

N21　T0202；

N22　M03　S1000；

N23　G00　X16.0　Z2.0；

N24　G70　P15　Q18；

N25　G00　X100.0　Z100.0；

N26　M30；

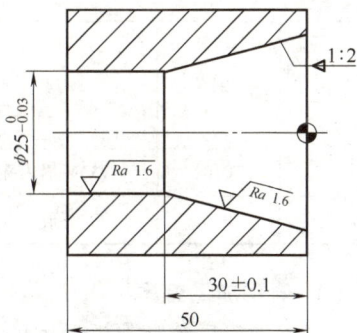

图 2-59　复合锥孔

项目实施

任务一　台阶孔数控加工工艺编制

1. 分析零件图

如图2-53所示，该台阶孔的内部结构由 ϕ20mm、两处 ϕ30mm 内孔，以及两处 C1.5 内倒角组成。径向尺寸 ϕ20mm、两处 ϕ30mm 内孔，以及轴向尺寸 50mm 的公差值小，加工精度高，加工难度大；其他尺寸是自由尺寸，公差值较大，加工较容易。ϕ20mm、两处ϕ30mm内孔的表面粗糙度为$Ra1.6\mu m$，其他表面均为$Ra3.2\mu m$。两处ϕ30mm内孔有同轴度要求。

2. 确定装夹方案

装夹方案要按照尽量选用通用夹具，尽量减少装夹次数，在一次装夹中尽可能完成多个表面加工，以及夹紧力的作用点应布置在零件结构强度高和刚性好的位置等原则来选取。此零件为回转类工件，毛坯尺寸为ϕ60mm×60mm，零件的总长为50mm。根据零件的结构特征，用软爪（零件外圆已加工完毕）夹持工件的左端（按图2-53所示零件方位，以下相同），车削工件的右端面及右端各部分；用软爪夹持工件的右端，车削工件的左端面及左端各部分，并保证零件的总长和零件的位置精度。

3. 选择刀具及切削用量

刀具及切削用量参数见表2-19。

表2-19　刀具及切削用量参数

序号	刀具号	刀具类型	加工表面	切削用量	
				主轴转速 n/（r/min）	进给速度 v_f/（mm/r）
1	T0101	93°菱形内孔车刀	粗车内轮廓	500	0.2
2	T0202	93°菱形内孔车刀	精车内轮廓	1000	0.1

4. 确定加工方案

根据先粗后精、先近后远的加工原则确定加工顺序。为保证台阶孔的尺寸精度和位置精度，先夹持工件的左端，完成工件ϕ20mm、ϕ30mm内孔等的车削。然后调头夹持ϕ40mm外圆，完成工件ϕ30mm内孔等的车削，并控制工件总长。

（1）工序一

1）工步一：车削工件右端面。

2）工步二：粗车ϕ20mm、ϕ30mm内孔。

3）工步三：精车ϕ20mm、ϕ30mm内孔。

4）工步四：去毛刺。

（2）工序二

1）工步一：调头，车削工件左端面，控制工件总长。

2）工步二：粗车ϕ30mm内孔。

3）工步三：精车ϕ30mm内孔。

4）工步四：去毛刺。

5. 填写工序卡

台阶孔数控加工工序卡见表2-20、表2-21。

任务二　台阶孔数控车削程序编制

如图2-53所示台阶孔的数控加工程序见表2-22、表2-23。

表 2-20　数控加工工序卡 （1）

数控加工工序卡(1)		工序卡编号	零件名称	零件材料	零件号
			台阶孔	45 钢	
工序号	程序号	设备名称	工位号	夹具	夹具编号	车间
01	O0001	CA6150		软爪		

工步号	工步内容	切削用量			刀具		量具名称	备注
		主轴转速 /(r/min)	进给速度 /(mm/r)	背吃刀量 /mm	编号	名称		
1	车削工件右端面	500	0.25	1~2	T0101	内孔车刀	游标卡尺	
2	粗车 φ20mm、φ30mm 内孔	500	0.2	1.5	T0101	内孔车刀	内径千分尺	
3	精车 φ20mm、φ30mm 内孔	1000	0.1	0.2	T0202	内孔车刀	内径千分尺	
4	去毛刺	500	—	—	—	—		
编制		审核			日期		共 1 页	第 1 页

表 2-21　数控加工工序卡 （2）

数控加工工序卡(2)		工序卡编号	零件名称	零件材料	零件号
			台阶孔	45 钢	
工序号	程序号	设备名称	工位号	夹具	夹具编号	车间
02	O0002	CA6150		软爪		

工步号	工步内容	切削用量			刀具		量具名称	备注
		主轴转速 /(r/min)	进给速度 /(mm/r)	背吃刀量 /mm	编号	名称		
1	车削工件左端面	500	0.25	1~2	T0101	内孔车刀	游标卡尺	控总长
2	粗车 φ30mm 内孔	500	0.2	1.5	T0101	内孔车刀	内径千分尺	
3	精车 φ30mm 内孔	1000	0.1	0.2	T0202	内孔车刀	内径千分尺	
4	去毛刺	500	—	—	—	—		
编制		审核			日期		共 1 页	第 1 页

表 2-22　数控加工程序 （1）

零件名称	零件编号	零件材料	数控系统
台阶孔		45 钢	FANUC 0i Mate-TC
程序内容		说明	
O0001;		程序名	
N10　T0101;		换 1 号内孔车刀	
N11　M03　S500;		主轴正转，转速 500r/min	
N12　G00　X16.0　Z2.0;		快速定位到循环起点	
N13　G71　U1.5　R0.5;		X 方向每次吃刀量为 1.5mm，退刀量为 0.5mm	
N14　G71　P15　Q20　U-0.4　W0.1　F0.2;		循环程序段 15~20	
N15　G00　X33.0;		垂直移动到最低处	
N16　G01　Z0　F0.1;		移至工件右端面处	

（续）

程序内容	说明
N17　X30.0　Z−1.5;	车削倒角
N18　Z−20.0;	车削 φ30mm 内孔
N19　X20.0;	车削 φ20mm 内孔的右端面
N20　Z−32.0;	车削 φ20mm 内孔
N21　G00　X100.0　Z100.0;	快速退刀
N22　M05;	主轴停止
N23　T0202;	换 2 号内孔车刀
N24　M03　S1000;	主轴正转,转速 1000r/min
N25　G00　X16.0　Z2.0;	快速定位到循环起点
N26　G70　P15　Q20;	精车
N27　G00　X100.0　Z100.0;	快速退刀
N28　M30;	程序结束

表 2-23　数控加工程序（2）

零件名称	零件编号	零件材料	数控系统
台阶孔		45 钢	FANUC 0i Mate-TC
程序内容		说明	
O0002;		程序名	
N10　T0101;		换 1 号内孔车刀	
N11　M03　S500;		主轴正转,转速 500r/min	
N12　G00　X16.0　Z2.0;		快速定位到循环起点	
N13　G71　U1.5　R0.5;		X 方向每次吃刀量为 1.5mm,退刀量为 0.5mm	
N14　G71　P15　Q19　U−0.4　W0.1　F0.2;		循环程序段 15～19	
N15　G00　X33.0;		垂直移动到最低处	
N16　G01　Z0　F0.1;		移至工件右端面处	
N17　X30.0　Z−1.5;		车削倒角	
N18　Z−20.0;		车削 φ30mm 内孔	
N19　X16.0;		车削到 φ16mm 处	
N20　G00　X100.0　Z100.0;		快速退刀	
N21　M05;		主轴停止	
N22　T0202;		换 2 号内孔车刀	
N23　M03　S1000;		主轴正转,转速 1000r/min	
N24　G00　X16.0　Z2.0;		快速定位到循环起点	
N25　G70　P15　Q19;		精车	
N26　G00　X100.0　Z100.0;		快速退刀	
N27　M30;		程序结束	

任务三 台阶孔数控车削仿真加工

1. 仿真软件准备

打开仿真软件，单击"选择机床" （见图 2-60a），然后在弹出的对话框中完成"控制系统"和"机床类型"的设置后，单击"确定"按钮，进入操作状态，如图 2-60b 所示。

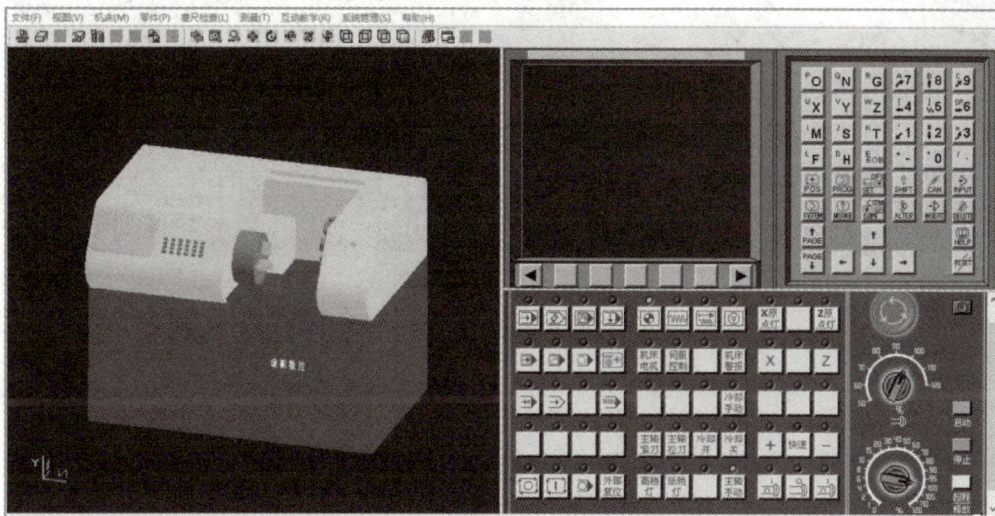

a) 选择机床

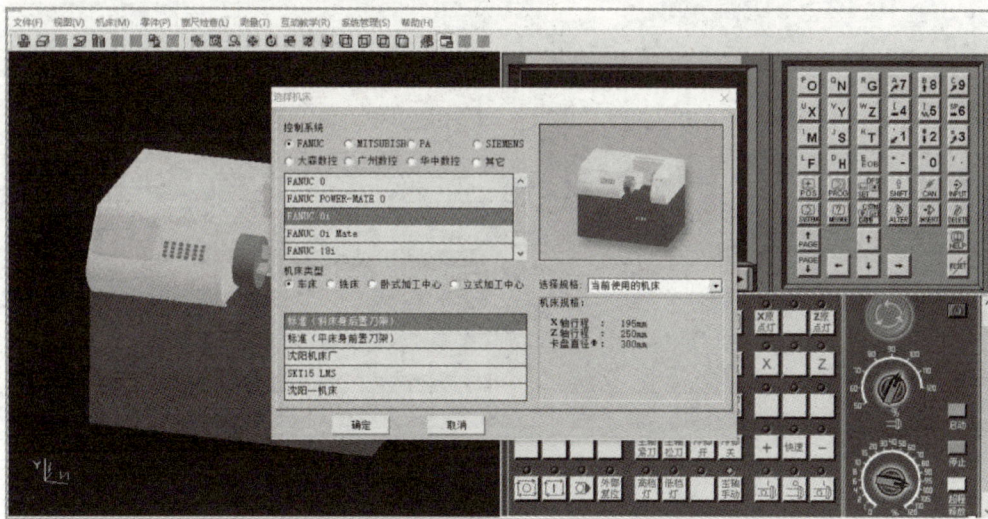

b) 选择控制系统和机床类型

图 2-60 仿真软件准备

2. 激活机床

检查急停按钮是否松开至 状态，若未松开，按急停按钮 ，将其松开。然后按 键启动电源，如图 2-61 所示。

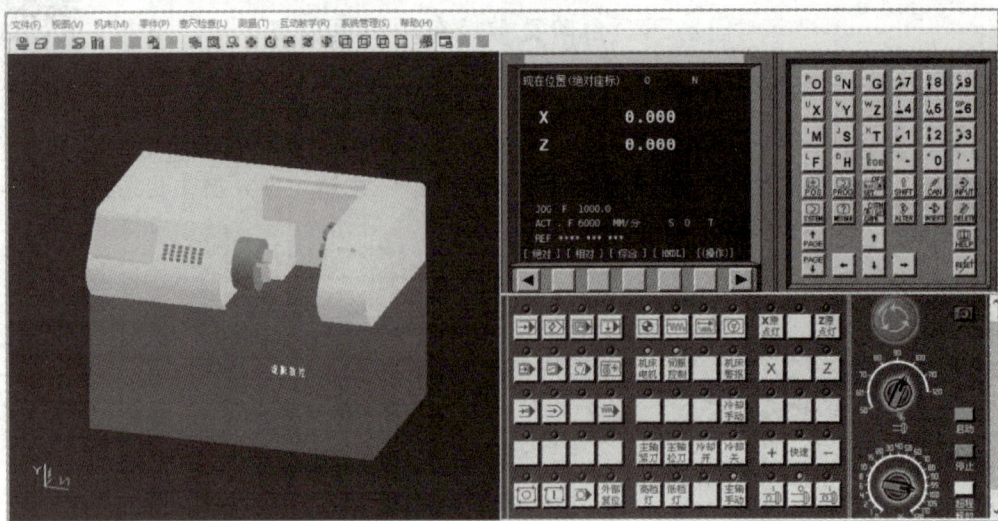

图 2-61　激活机床

3. 回参考点

按 [⊕] 键，进入"回参考点"模式，按 [X] 键选择 X 轴，按住正向移动键 [+] 来移动 X 坐标；再按 [Z] 键选择 Z 轴，按住正向移动键 [+] 来移动 Z 坐标，使机床回参考点，如图 2-62 所示。

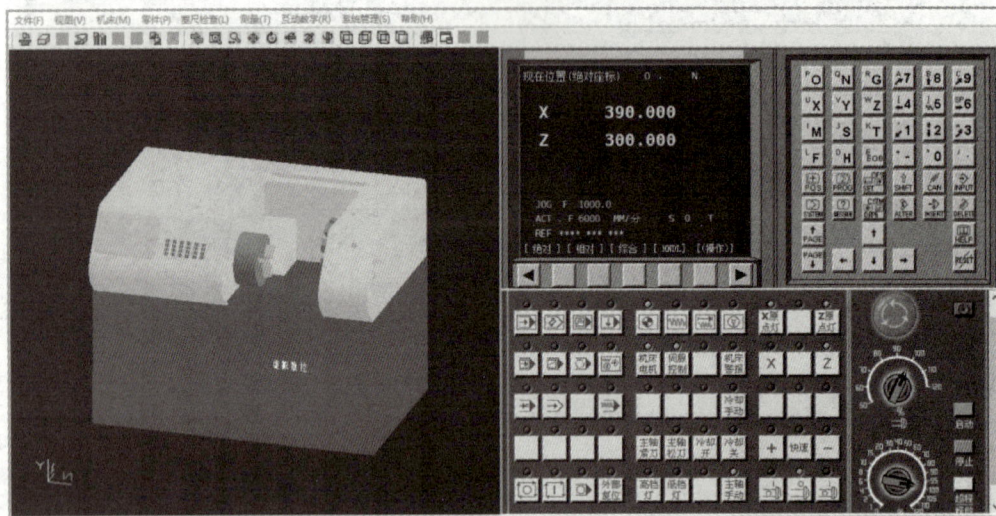

图 2-62　机床回参考点

4. 毛坯的选择和安装

选择毛坯：依次单击菜单栏中的"零件"→"定义毛坯"，或在工具条上选择 [▱]，如图 2-63a 所示。安装毛坯：依次单击菜单栏中的"零件"→"放置零件"，或者在工具栏中单击图标 [◈]，系统将弹出"选择零件"对话框，选择定义的毛坯，如图 2-63b 所示。

5. 刀具的选择和安装

单击菜单栏中的"机床"→"选择刀具"，或在工具条上单击图标 [▥]，系统将弹出"刀

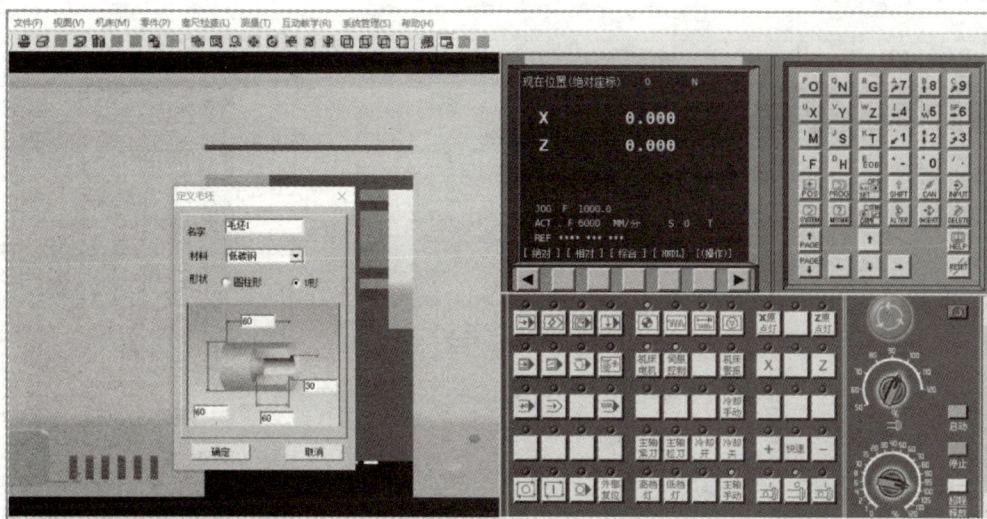

a) 定义毛坯

b) 安装毛坯

图 2-63　毛坯的选择和安装

具选择"对话框，选择刀具并安装刀具，如图 2-64 所示。

6. 对刀操作

按操作面板中 [图标] 键，切换到手动状态，然后按轴移动键，使刀具移动到切削零件的大致位置。

X 轴方向对刀：按轴移动键，用所选刀具沿 Z 轴方向试切工件内孔，X 轴不移动。切削完毕后，把刀具沿 Z 轴正方向退至工件外部，再按操作面板上的 [图标] 键，使主轴停止转动。依次单击菜单栏中的"测量"→"剖面图测量"，然后单击刀具试切内孔时所切线段（选中的线段由红色变为黄色），记下对话框中对应的 X 值，如图 2-65a 所示。按 [图标] 键，进入参数显示界面，再单击 [形状]，把光标移动至切削刀具的刀补位置，然后输入 X 值，

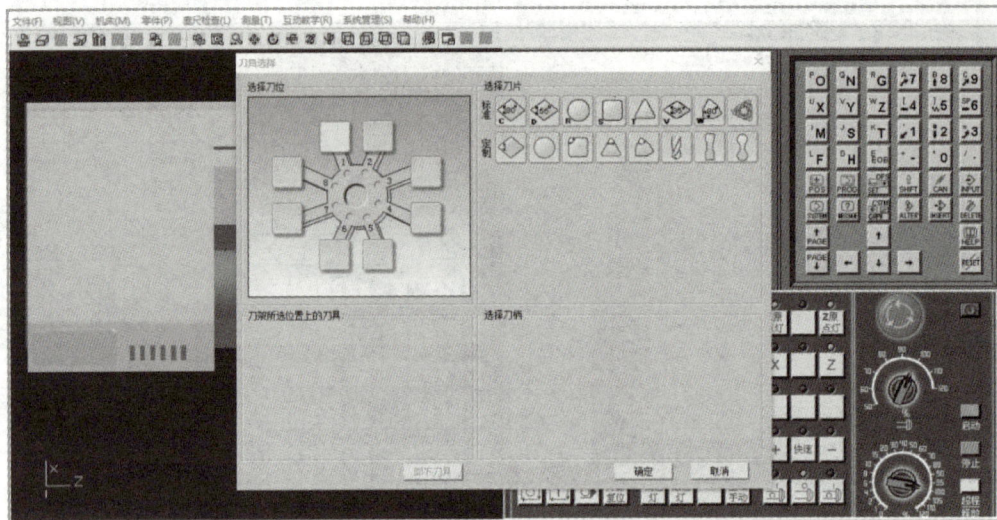

图 2-64　安装刀具

完成后单击 [测量]，系统将自动计算，并将计算结果自动输入在 X 偏置栏中，如图 2-65b 所示。

　　Z 轴方向对刀：将刀具移动到可切削零件的大致位置，按轴移动键，使刀具沿 X 轴方向试切工件端面，Z 轴不移动。切削完毕后，把刀具沿 X 轴方向退至工件外部。按操作面板上的 键，使主轴停止转动；按 OFFSET SETING 键，再单击 [形状]，进入刀补显示界面，将光标移动至切削刀具的刀补位置，然后输入 Z0，完成后单击 [测量]，系统将自动计算，并将计算结果自动输入在 Z 偏置栏中，如图 2-65b 所示。

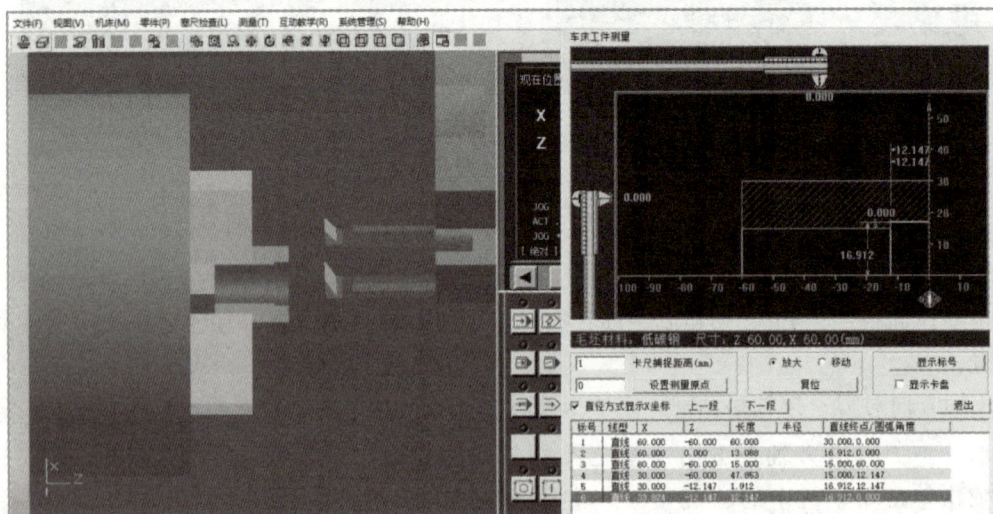

a) 测量工件

图 2-65　对刀

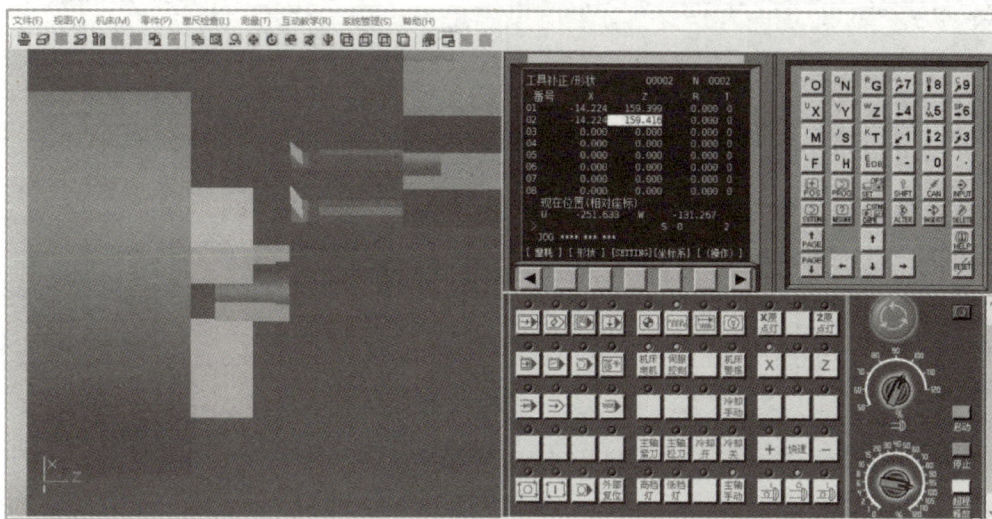

b) 输入对刀值

图 2-65　对刀（续）

7. 程序输入与校验

在操作面板上按模式选择键 ，进入编辑模式，在系统面板上按 键，进入程序显示界面。在操作面板上按模式选择键 ，切换到自动模式，在系统面板上按 键，系统进入轨迹检查界面。按循环启动键 开始模拟执行程序，如图 2-66、图 2-67 所示。

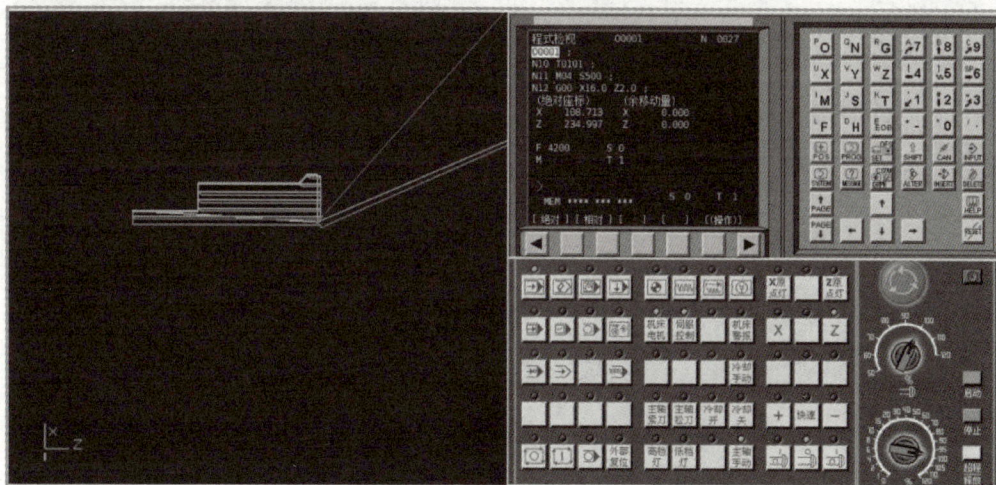

图 2-66　零件右侧程序校验

8. 仿真加工

仿真加工，如图 2-68 所示。

9. 零件测量

零件加工完成后，依次单击菜单中的"测量"→"剖面图测量"，进入"测量"对话框，如图 2-69 所示。

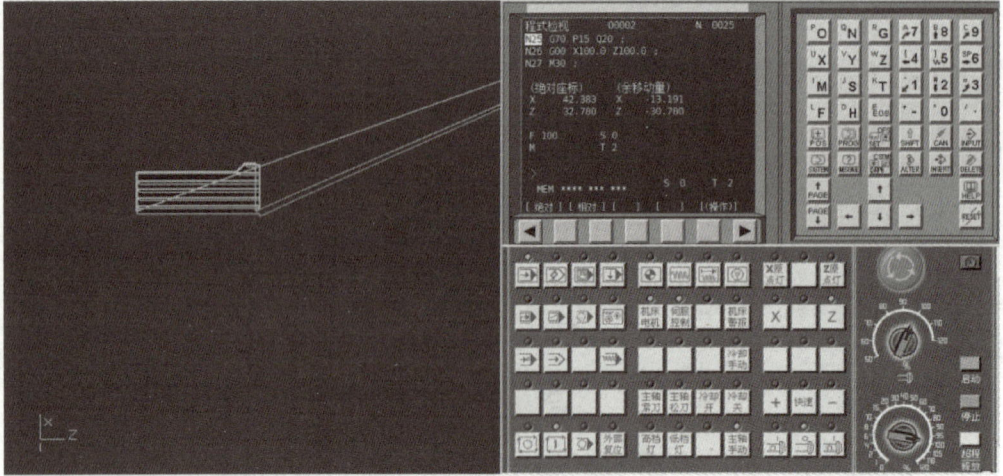

图 2-67　零件左侧程序校验

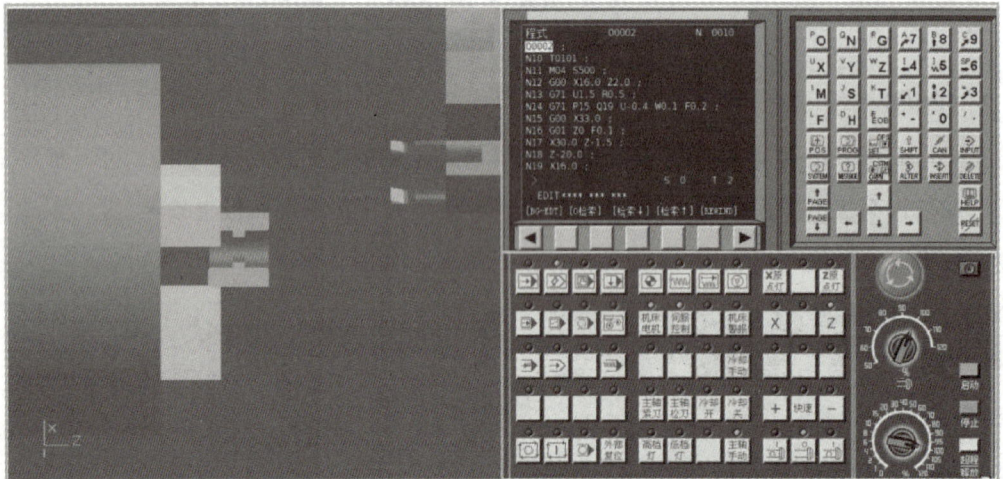

图 2-68　零件仿真加工

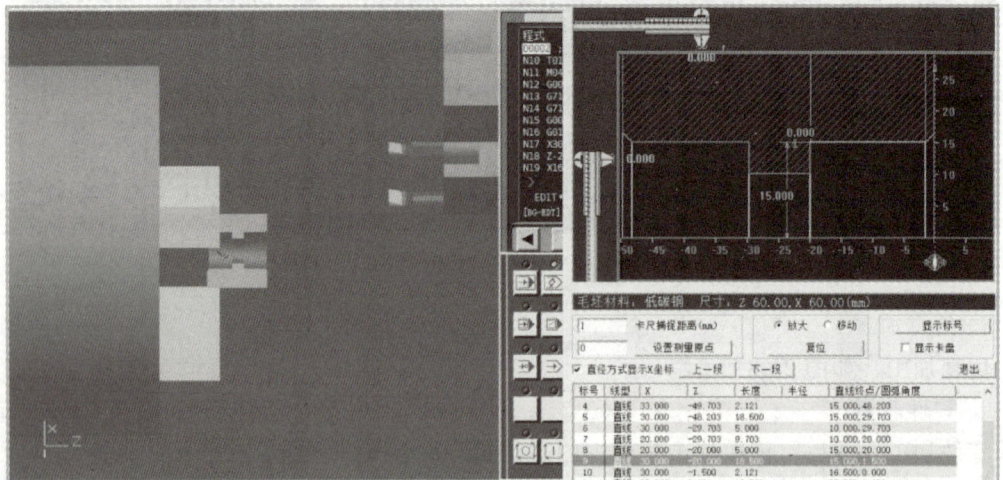

图 2-69　测量零件

10. 优化零件程序

根据零件的仿真加工，优化零件加工程序。

任务四 台阶孔数控实操加工与检测

1. 毛坯、刀具、工具准备

2. 程序输入与编辑

1）开机。

2）回参考点。

3）输入程序。

4）检查程序。

3. 零件加工

1）启动机床主轴转动。

2）对刀。

① X 向对刀。在手动 JOG 方式下，车削内孔，车削完毕后沿+Z 方向退刀，按下"主轴停止"键，测量切削内孔的直径；按"OFFSET/SETTING"键，然后移动光标到相应刀号的位置，输入测量的内孔直径值，按"测量"键，完成 X 方向对刀。

② Z 向对刀。在手动 JOG 方式下，按"主轴正转"键，使主轴转动，车削端面。车削完毕后，沿+X 方向退刀，按下"主轴停止"键，按"OFFSET/SETTING"键，然后移动光标到相应刀号的位置，输入 Z0，再按"测量"键，完成 Z 方向对刀。同理，根据上述步骤完成其他刀具的对刀。

3）调出加工程序。

4）自动加工。选择机床工作模式为"自动运行"模式，按"循环启动"键，机床进行自动加工。

4. 台阶孔尺寸检测与评分

成绩评分标准见表 2-24。

表 2-24 台阶孔编程与加工评分表

工件编号		技术要求	配分	总得分		
项目与比重	序号			评分标准	检测记录	得分
程序与工艺 （25%）	1	程序段格式规范	5	不规范每处扣 2 分		
	2	程序正确完整	10	每错一处扣 2 分		
	3	切削用量合理	5	不合理每处扣 2 分		
	4	工艺规程规范、合理	5	不合理每处扣 2 分		
机床操作 （20%）	5	刀具选择安装正确	5	不正确每次扣 2 分		
	6	对刀及坐标系设定正确	5	不正确每次扣 2 分		
	7	机床操作规范	5	不规范每次扣 2 分		
	8	工件加工不出错	5	出错全扣		
工件质量 （35%）	9	$\phi20mm$、两处 $\phi30mm$ 内孔尺寸精度符合要求	12	不合格每处扣 4 分		

（续）

工件编号		技术要求	配分	总得分		
项目与比重	序号			评分标准	检测记录	得分
工件质量（35%）	10	两处 20mm 长度尺寸精度符合要求	3	不合格每处扣 1.5 分		
	11	50mm 长度尺寸（公差要求）精度符合要求	4	不合格全扣		
	12	同轴度符合要求	7	不合格全扣		
	13	表面粗糙度 $Ra1.6\mu m$、$Ra3.2\mu m$	5	不合格每处扣 1 分		
	14	两处倒角 $C1.5$	4	不合格每处扣 2 分		
文明生产（20%）	15	安全操作	10	出错全扣		
	16	机床维护与保养	5	不合格全扣		
	17	工作场所整理	5	不合格全扣		

思考题：

1. 用 G71 指令编写内孔加工程序时，为什么将精加工余量 U 设定为负数？

2. 选择内孔加工刀具时，需要注意的事项有哪些？

3. 加工轴向尺寸比较长的零件时，如何保证零件两端孔的同轴度？

4. 测量内孔时，常用的测量工具有哪些？

5. 零件如图 2-70 所示，试用 G70、G71 指令编写加工程序。

6. 圆锥配合的特点有哪些？

7. 检测内锥孔的方法有哪些？

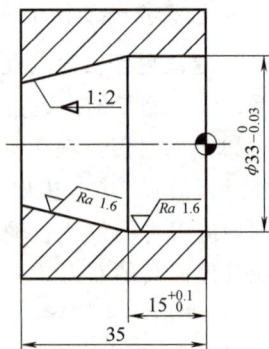

图 2-70 锥孔零件

项目五　螺纹类零件的车削编程与加工

项目目标

◎了解螺纹类零件的车削加工方法

◎了解螺纹类零件的车削刀具及切削参数选择

◎掌握螺纹轴的加工工艺

◎掌握 G32、G92、G76 指令的编程格式及其参数的含义

◎具备使用螺纹指令编制螺纹轴车削程序的能力

◎具备螺纹轴数控仿真加工能力

◎具备螺纹轴实操加工与尺寸检测能力

项目导入

完成如图 2-71 所示零件的编程与加工，毛坯尺寸为 $\phi40mm\times140mm$，材料为 45 钢。

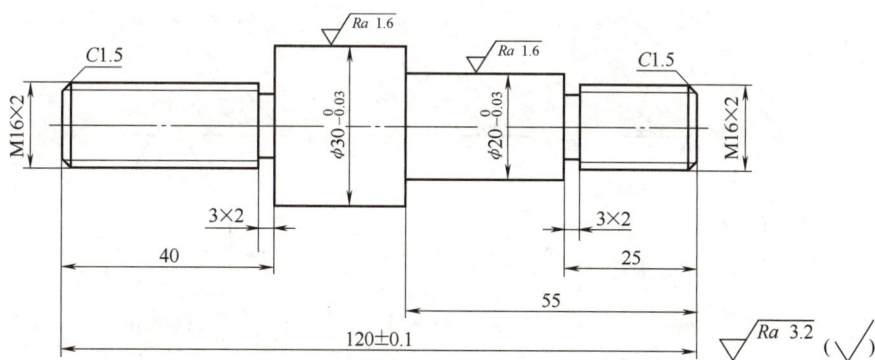

图 2-71　螺纹轴

项目分析

本项目典型零件是螺纹轴，属于典型的螺纹类零件。零件由两处圆柱、两处外螺纹及沟槽组成，两处螺纹分布在零件的两端。加工零件时应采用合理的装夹方案，否则，可能会因工艺系统的刚性不足而引起零件的车削变形。通过本项目的实施，学习螺纹刀具的选择和安装、螺纹的加工方法、螺纹切削用量的选择、螺纹加工工艺的制订、螺纹切削指令格式及其参数、螺纹加工程序的编制与应用以及螺纹轴的加工与检测等方面的知识。

相关知识

一、螺纹轴车削工艺

1. 螺纹的基础知识

（1）螺纹的种类　螺纹按牙型不同一般可分为三角形、梯形、锯齿形、矩形和圆形螺纹。

（2）普通螺纹的标记　普通螺纹的牙型为三角形，有粗牙和细牙之分，即在相同大径下，有几种不同规格的螺距，螺距最大的一种，即为粗牙螺纹，其余的为细牙螺纹。粗牙普通螺纹代号用牙型符号"M"及"公称直径"表示，如 M18、M24 等；细牙普通螺纹的代号用牙型符号"M"及"公称直径"×螺距表示，如 M24×2，M27×1.5 等。螺纹旋向有左、右旋之分，当螺纹为左旋时，则在螺纹代号之后加"LH"字，如 M20×1.5-LH 等；右旋省略标注。完整的螺纹标记还包括螺纹公差等级及旋合长度，如"M24×1.5-5g6g-L""M27×3-7H-LH"等。

（3）普通螺纹的尺寸计算　普通螺纹各基本尺寸：螺纹大径 $d = D$（螺纹大径的基本尺寸与公称直径相同）；中径 $d_2 = D_2 = d - 0.6495P$（P 为螺纹的螺距）；牙型高度 $h_1 = 0.5413P$；螺纹小径 $d_1 = D_1 = d - 1.0825P$。

2. 螺纹车削的加工方法

螺纹车削加工的常用方法有 3 种，如图 2-72 所示。

（1）直进法　在每次螺纹切削往复行程后，车刀沿横向（X 向）进给，这样反复多次切削行程，完成螺纹加工，这种方法称为直进法，如图 2-72a 所示。使用直进法车削螺纹可

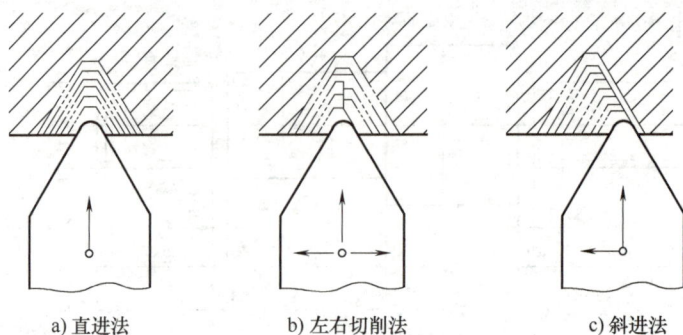

a) 直进法　　　　　　　b) 左右切削法　　　　　　　c) 斜进法

图 2-72　螺纹车削的加工方法

以得到比较准确的牙型，但是车刀刀尖全部参加切削，切削力较大，而且排屑困难，因此在切削时，两侧切削刃容易磨损，螺纹不易车光，并且容易产生"扎刀"现象。在切削螺距较大的螺纹时，由于切削深度较大，切削刃磨损较快，从而造成螺纹中径产生误差。因此，直进法一般多用于小螺距螺纹的加工。

（2）左右切削法　在每次螺纹切削往复行程后，车刀除了沿横向（X 向）进给外，还要纵向（Z 向）做微量左、右两个方向进给（借刀），这样反复多次切削行程，完成螺纹加工，这种方法称为左右车削法，如图 2-72b 所示。使用左右切削法精车螺纹可以使螺纹的两侧都获得较小的表面粗糙度。采用左右切削法时，车刀左、右进刀量不能过大。

（3）斜进法　在粗车螺纹时，为了操作方便，在每次切削往复行程后，车刀除了沿横向（X 向）进给外，还要在纵向（Z 向）上只沿一个方向做微量进给，这种方法称为斜进法，如图 2-72c 所示。由于斜进法为单侧刃加工，切削刃容易损伤和磨损，使加工的螺纹面不直、刀尖角发生变化，而造成牙型精度较差。但由于其为单侧刃工作，刀具负载较小，排屑容易，并且切削深度为递减式，故此加工方法一般适用于大螺距螺纹的加工。斜进法粗车螺纹后，必须再使用左右切削法精车螺纹，才能使螺纹的两侧都获得较小的表面粗糙度。

注意：车削内螺纹的方法和车削外螺纹的方法基本相同，但进刀、退刀方向正好与车外螺纹相反。车内螺纹时（尤其是直径较小的螺纹），存在刀柄细长、刚性差、切屑不易排出、切削液不易注入及不便于观察等问题，因此比车削外螺纹要困难得多。

3. 刀具的选择

通常螺纹刀具切削部分的材料为硬质合金和高速钢两类。刀具类型有整体式、焊接式和机械夹固式三种。

在数控车床上车削普通三角螺纹一般选用精密级机夹可转位不重磨螺纹车刀，使用时要根据螺纹的螺距选择刀片的型号，每种规格的刀片只能加工一种固定螺距的螺纹。图 2-73 所示为数控螺纹车刀的实物图。

对于其他牙型的螺纹刀具，可根据需要到刀具生产厂家订做或自制，刀具材料和几何角度应满足粗、精加工，工件材料，切削环境等方面的要求。对于工件材料加工性能一般、牙型截面尺寸较大的螺纹粗加工，可采

图 2-73　数控螺纹车刀实物图

用硬质合金刀具；在工件加工性能良好、螺纹精加工及断续切削条件下，可采用高速钢刀具。刀具的几何形状与角度要考虑牙型和螺旋升角的影响。

根据所加工的内螺纹面的三种形状来选择内螺纹车刀。车削通孔内螺纹时可选图 2-74a、b 所示形状的车刀，车削盲孔或台阶孔内螺纹时可选图 2-74c、d 所示形状的车刀（其左侧切削刃短些）。

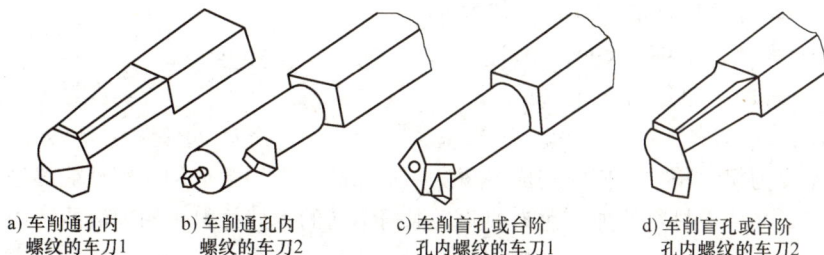

a) 车削通孔内　　b) 车削通孔内　　c) 车削盲孔或台阶　　d) 车削盲孔或台阶
螺纹的车刀1　　　螺纹的车刀2　　　孔内螺纹的车刀1　　　孔内螺纹的车刀2

图 2-74　内螺纹车刀

4. 走刀次数及进刀量的计算

螺纹车削加工需分粗、精加工工序，经多次重复切削完成，可以减小切削力，保证螺纹精度。螺纹车削加工中的走刀次数和背吃刀量会直接影响螺纹的加工质量，每次分配的切削量应依次递减。一般精加工余量为 0.05~0.1mm。车削螺纹时的走刀次数和背吃刀量见表 2-25。

表 2-25　常用螺纹车削加工的走刀次数与背吃刀量

公制螺纹							
螺距/mm	1.0	1.5	2.0	2.5	3.0	3.5	4.0
牙深（半径值）	0.649	0.974	1.299	1.624	1.949	2.273	2.598
背吃刀量（直径值）及切削次数	1 次	0.7	0.8	0.9	1.0	1.2	1.5	1.5
	2 次	0.4	0.6	0.6	0.7	0.7	0.7	0.8
	3 次	0.2	0.4	0.6	0.6	0.6	0.6	0.6
	4 次		0.16	0.4	0.4	0.4	0.6	0.6
	5 次		0.1	0.4	0.4	0.4	0.4	0.4
	6 次			0.15	0.4	0.4	0.4	
	7 次				0.2	0.2	0.4	
	8 次					0.15	0.3	
	9 次						0.2	

英制螺纹							
牙/in	24	18	16	14	12	10	8
牙深（半径值）	0.678	0.904	1.016	1.162	1.355	1.626	2.033
背吃刀量（直径值）及切削次数	1 次	0.8	0.8	0.8	0.8	0.9	1.0	1.2
	2 次	0.4	0.6	0.6	0.6	0.6	0.7	0.7
	3 次	0.16	0.3	0.5	0.5	0.6	0.6	0.6
	4 次		0.11	0.14	0.3	0.4	0.4	0.5
	5 次				0.13	0.21	0.4	0.5
	6 次						0.16	0.4
	7 次							0.17

5. 车螺纹前孔径的计算

在车削内螺纹时，一般先钻孔或扩孔。由于切削时的挤压作用，内孔直径会缩小（塑性金属较明显），所以车螺纹前孔径略大于小径的基本尺寸，一般可按下式计算。

车削塑性金属时：$D_{孔} = D - P$

车削脆性金属时：$D_{孔} = D - 1.05P$

式中　　$D_{孔}$——车螺纹前孔的直径，单位为 mm；

　　　　D——大径，单位为 mm；

　　　　P——螺距，单位为 mm。

6. 切削液的选择

螺纹加工多为粗、精加工同时完成，精度要求较高。选用合适的切削液能够进一步提高加工质量，对于一些特殊材料的加工尤为如此。根据不同的工件材料，切削液的选用见表 2-26。

表 2-26　螺纹加工切削液选用参考表

	工件材料					
	碳素钢	合金钢	不锈钢及耐热钢	铸铁与黄铜	青铜	铝及铝合金
切削液的选用	1. 硫化乳化液 2. 氧化煤油 3. 煤油 75%，油酸或植物油 25% 4. 压器油 70%，氧化石蜡 30%		1. 氧化煤油 2. 硫化切削油 3. 煤油 60%，松节油 20%，油酸 20% 4. 硫化油 60%，煤油 25%，油酸 15% 5. 四氯化碳 90%，猪油或菜油等	1. 一般不用 2. 煤油（用于铸铁）或菜油（用于黄铜）	1. 一般不用 2. 菜油	1. 硫化油 30%，2 号或 3 号锭子油 55% 2. 硫化油 30%，煤油 15%，硫酸 30%，2 号或 3 号锭子油 25%

二、编程指令

1. 单一螺纹切削指令（G32）

该指令用于车削等螺距圆柱螺纹、圆锥螺纹和端面螺纹，如图 2-75 所示。

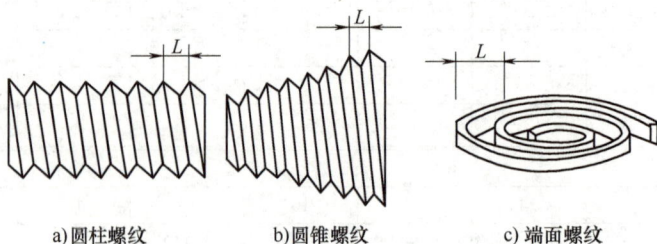

a)圆柱螺纹　　　　b)圆锥螺纹　　　　c)端面螺纹

图 2-75　G32 螺纹切削指令适用范围

编程格式：

G00　X＿＿　Z＿＿；快速定位到切削起点

G32　X（U）＿＿　Z（W）＿＿　F＿＿；

说明：

X（U）、Z（W）：螺纹切削的终点坐标值或增量坐标值。

F：螺纹的导程。

1）螺纹切削的终点 X 坐标值与切削起点 X 坐标值相同时为圆柱螺纹切削，X 可以省略。

2）螺纹切削的终点 Z 坐标值与切削起点 Z 坐标值相同时为端面螺纹切削，Z 可以省略。

3）螺纹切削的终点 X、Z 坐标值均与切削起点不同时为锥螺纹。

【例 2-8】 写出如图 2-76 中螺纹加工部分的程序。

加工程序：

……

N11 G00 X15 Z3；

N12 G32 X15 Z-19.5 F2；

N13 G00 X19；

N14 Z3；

N15 X14；

N16 G32 X14 Z-19.5 F2；

N17 G00 X19；

N18 Z3；

N19 X13.4；

N20 G32 X13.4 Z-19.5 F2；

N21 G00 X19；

N22 G00 X100 Z100；

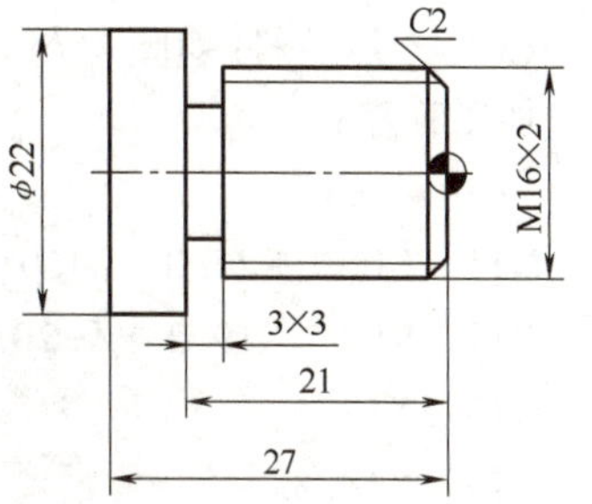

……

图 2-76 G32 指令应用示例

2. 螺纹切削单一循环指令（G92）

G92 指令和 G32 指令都是编制螺纹车削程序，所不同的是，指令 G92 是单一循环指令，只需指定每次螺纹加工的循环起点和螺纹终点坐标。该指令可用来车削等距直螺纹、锥度螺纹。图 2-77a 所示为圆柱螺纹循环，图 2-77b 所示为圆锥螺纹循环。

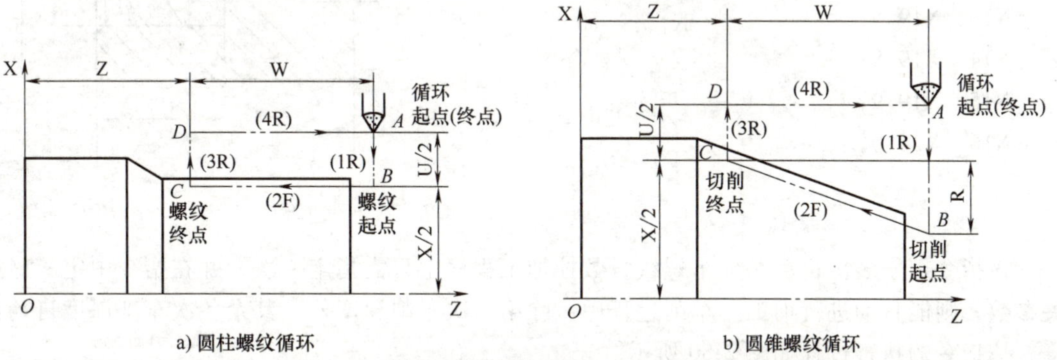

a) 圆柱螺纹循环 b) 圆锥螺纹循环

图 2-77 螺纹切削单一循环

指令格式：

G00 X＿ Z＿；（循环起点）

圆柱螺纹：G92 X(U)＿ Z(W)＿ F＿ Q＿；

圆锥螺纹：G92 X(U)＿ Z(W)＿ R＿ F＿；

说明：

X、Z：螺纹加工循环起点坐标。

X(U)、Z(W)：螺纹切削循环中螺纹切削段终点的坐标或增量坐标。

R：螺纹的锥度，其值为圆锥螺纹的切削起点与切削终点的半径之差，R 值有正负号，正负号取决于走刀方向。

Q：螺纹分度度数。

F：螺纹导程。

【例 2-9】 零件如图 2-78 所示，编制圆锥螺纹的加工程序。

加工程序：

……

N11　G00　X25.0　Z4.0；

N12　G92　X19.2　Z-20.0　R-0.75　F1.5；

N13　X18.6；

N14　X18.3；

N15　X18.1；

N16　X18.0；

N17　G00　X100.0　Z100.0；

……；

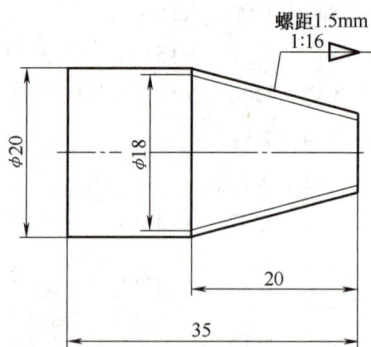

图 2-78　圆锥螺纹切削示例

【例 2-10】 零件如图 2-79 所示，材料为 45 钢，分析零件的加工工艺，设定工件坐标系原点，编写零件的加工程序。

加工程序：

O0001；

……

N11　G00　X16.0　Z-23.0；

N12　G92　X19.0　Z-52.0　F1.5；

N13　X19.5；

N14　X19.8；

N15　X19.9；

N16　X20.0；

……

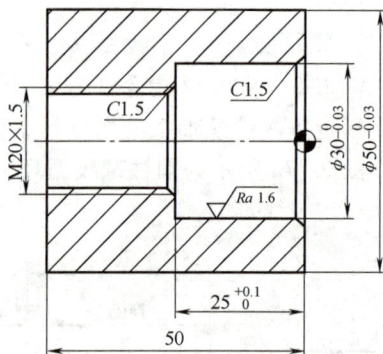

图 2-79　螺纹单一循环指令 G92 应用

3. 螺纹车削复合循环指令（G76）

该指令用于多次自动循环车螺纹，数控加工程序中只需指定一次，并在指令中定义好相关参数，则能自动进行加工。车削过程中，除第一次车削深度外，其余各次车削深度自动计算，该指令的执行过程如图 2-80 所示。

编程格式：

G76　P(m)(r)(α)　Q(Δd$_{min}$)　R(d)；

G76　X(U)　Z(W)　R(i)　P(k)　Q(Δd)　F(L)；

说明：

m：精车重复次数，从 01～99，用两位数表示，该参数为模态量。

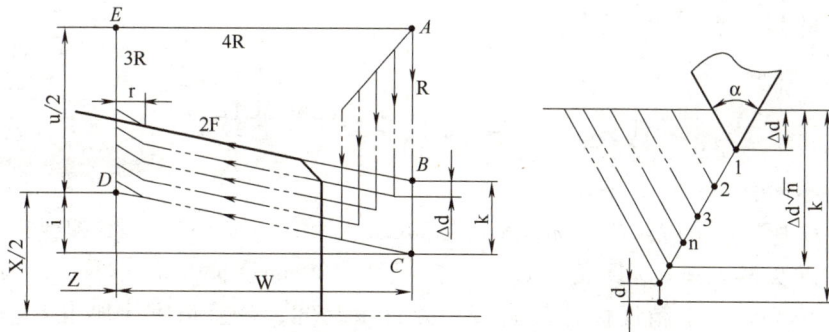

图 2-80　螺纹车削复合循环示意图

r：螺纹尾端倒角值，该值的大小可设置在（0.0～9.9）L 之间，系数应为 0.1 的整倍数，用 00～99 之间的两位整数来表示，其中 L 为导程，该参数为模态量。

α：刀尖角，可在 80°、60°、55°、30°、29°、0° 六个角度中选择，用两位整数来表示，该参数为模态量。

m、r、α 用地址 P 同时指定，例如，m = 2，r = 1.2L，α = 60°，表示为 P021260。

Δd_{min}：最小切削深度，用半径编程指定，通常使用单位：μm。该参数为模态量。

d：精车余量，用半径编程指定，通常使用单位：μm。该参数为模态量。

X（U）、Z（W）：螺纹终点的绝对坐标或增量坐标。

i：螺纹锥度值，用半径编程指定。如果 i = 0，则为直螺纹，可省略。

k：螺纹牙型高度，用半径编程指定，通常使用单位：μm。

Δd：第一次车削深度，用半径编程指定，通常使用单位：μm。

L：螺纹导程。

【例 2-11】　零件如图 2-76 所示，用 G76 指令编写圆柱螺纹车削程序。

加工程序：

……

N30　G00　X18.0　Z4.0；

N40　G76　P010060　Q100　R50；

N50　G76　X13.6　Z-19.5　P1300　Q500　F2.0；

N60　G00　X100.0　Z100.0；

……

【例 2-12】　零件如图 2-79 所示，材料为 45 钢，分析零件的加工工艺，设定工件坐标系原点，编写零件的加工程序。

加工程序：

……

N30　G00　X16.0　Z-23.0；

N40　G76　P010060　Q100　R50；

N50　G76　X20.0　Z-52.0　P975　Q500　F1.5；

N55　G00　Z10.0；

N60　　　X100.0　Z100.0；

……

项目实施

任务一　螺纹轴数控加工工艺编制

1. 分析零件图

如图 2-71 所示，该螺纹轴由 φ20mm、φ30mm 圆柱面，两处 M16×2 螺纹，两处 3mm×2mm 沟槽，以及两处 C1.5 倒角组成。径向尺寸 φ20mm、φ30mm 外圆，以及轴向尺寸 120mm 公差值小，加工精度高；其他尺寸为自由尺寸，公差值大，加工容易。φ20mm、φ30mm 圆柱面的表面粗糙度为 Ra1.6μm，其他表面均为 Ra3.2μm。

2. 确定装夹方案

装夹方案要按照尽量选用通用夹具，尽量减少装夹次数，在一次装夹中尽可能完成多个表面加工，以及夹紧力的作用点应布置在零件结构强度高和刚性好的位置等原则来选取。此零件为回转类工件，毛坯尺寸为 φ40mm×140mm，零件的总长为 120mm。根据零件的结构特征，采取一夹一顶的装夹方式。用自定心卡盘分别夹持工件的左右两端（按图 2-71 所示零件方位，以下相同），后顶尖相应地顶持工件的左、右端面，并完成工件的车削加工。

3. 选择刀具及切削用量

刀具及切削用量参数见表 2-27。

表 2-27　刀具及切削用量参数

序号	刀具号	刀具类型	加工表面	切削用量	
				主轴转速 n/ (r/min)	进给速度 v_f/ (mm/r)
1	T0101	93°菱形外圆车刀	粗车外轮廓	800	0.25
2	T0202	93°菱形外圆车刀	精车外轮廓	1500	0.15
3	T0303	刀宽 3mm 切槽刀	车槽	300	0.15
4	T0404	60°外螺纹机夹车刀	车螺纹	300	2.0（螺距）

4. 确定加工方案

根据先粗后精、先近后远的加工原则确定加工顺序。为保证螺纹轴的尺寸精度和位置精度，先夹持毛坯的左端，后顶尖顶持工件的右端面，完成工件 φ20mm 外圆、M16 螺纹、C1.5 倒角及 3mm×2mm 沟槽等车削。然后调头夹持 φ20mm 外圆，后顶尖顶持工件的左端面，完成工件 φ30mm 外圆、M16 螺纹、C1.5 倒角及 3mm×2mm 沟槽等车削，并控制工件总长。

（1）工序一

1）工步一：车削工件右端面。

2）工步二：钻中心孔。

3）工步三：粗车 φ20mm 外圆、M16 螺纹大径，以及 C1.5 倒角。

4）工步四：精车 φ20mm 外圆、M16 螺纹大径，以及 C1.5 倒角。

5）工步五：车削 3mm×2mm 沟槽。

6）工步六：车削螺纹。

（2）工序二

1）工步一：调头，车削工件左端面，控制工件总长。

2）工步二：钻中心孔。

3）工步三：粗车 $\phi30$mm 外圆、M16 螺纹大径，以及 $C1.5$ 倒角。

4）工步四：精车 $\phi30$mm 外圆、M16 螺纹大径，以及 $C1.5$ 倒角。

5）工步五：车削 3mm×2mm 沟槽。

6）工步六：车削螺纹。

5. 填写工序卡

螺纹轴数控加工工序卡，见表 2-28、表 2-29。

表 2-28　数控加工工序卡（1）

数控加工工序卡（1）		工序卡编号	零件名称		零件材料		零件号
			螺纹轴		45 钢		
工序号	程序号	设备名称	工位号	夹具		夹具编号	车间
01	O0001	CA6150		自定心卡盘、后顶尖			
工步号	工步内容	切削用量			刀具		量具名称	备注
		主轴转速 /（r/min）	进给速度 /（mm/r）	背吃刀量 /mm	编号	名称		
1	车削工件右端面	800	0.25	1~2	T0101	外圆车刀	游标卡尺	
2	钻中心孔	800	—	—				
3	粗车 $\phi20$mm 外圆、M16 螺纹大径、倒角	800	0.25	1.5	T0101	外圆车刀	外径千分尺	
4	精车 $\phi20$mm 外圆、M16 螺纹大径、倒角	1500	0.15	0.2	T0202	外圆车刀	外径千分尺	
5	车槽	300	0.15	3	T0303	车槽刀	游标卡尺	
6	车削 M16 螺纹	300	2	—	T0404	螺纹车刀	螺纹千分尺	
编制		审核			日期		共 1 页	第 1 页

表 2-29　数控加工工序卡（2）

数控加工工序卡（2）		工序卡编号	零件名称		零件材料		零件号
			螺纹轴		45 钢		
工序号	程序号	设备名称	工位号	夹具		夹具编号	车间
02	O0002	CA6150		自定心卡盘（铜皮）			
工步号	工步内容	切削用量			刀具		量具名称	备注
		主轴转速 /（r/min）	进给速度 /（mm/r）	背吃刀量 /mm	编号	名称		
1	车削工件左端面	800	0.25	1~2	T0101	外圆车刀	游标卡尺	控总长
2	钻中心孔	800	—	—				
3	粗车 $\phi30$mm 外圆、M16 螺纹大径、倒角	800	0.25	1.5	T0101	外圆车刀	外径千分尺	
4	精车 $\phi30$mm 外圆、M16 螺纹大径、倒角	1500	0.15	0.2	T0202	外圆车刀	外径千分尺	
5	车槽	300	0.15	3	T0303	车槽刀	游标卡尺	
6	车削 M16 螺纹	300	2	—	T0404	螺纹车刀	螺纹千分尺	
编制		审核			日期		共 1 页	第 1 页

任务二　螺纹轴数控车削程序编制

如图 2-71 所示螺纹轴的数控加工程序见表 2-30、表 2-31。

表 2-30　数控加工程序（1）

零件名称	零件编号	零件材料	数控系统
螺纹轴		45 钢	FANUC 0i Mate-TC
程序内容		说明	
O0001；		程序名	
N10　T0101；		换 1 号外圆车刀	
N11　M03　S800；		主轴正转，转速 800r/min	
N12　G00　X42.0　Z2.0；		快速定位到循环起点	
N13　G71　U1.5　R0.5；		X 向每次吃刀量为 1.5mm，退刀量为 0.5mm	
N14　G71　P15　Q21　U0.4　W0　F0.25；		循环程序段 15～21	
N15　G00　X13.0；		垂直移动到最低处	
N16　G01　Z0　F0.15；		移至倒角处	
N17　X16.0　Z-1.5；		车削倒角	
N18　Z-25.0；		车削 M16 螺纹大径	
N19　X20.0；		车削 φ20mm 外圆的右端面	
N20　Z-55.0；		车削 φ20mm 外圆	
N21　X40.0；		车削到 φ40mm 处	
N22　G00　X100.0　Z10.0；		快速退刀	
N23　M05；		主轴停止	
N24　T0202；		换 2 号外圆车刀	
N25　M03　S1500；		主轴正转，转速 1500r/min	
N26　G00　X42.0　Z2.0；		快速定位到循环起点	
N27　G70　P15　Q21；		精车	
N28　G00　X100.0　Z10.0；		快速退刀	
N29　M05；		主轴停止	
N30　T0303；		换 3 号车槽刀	
N31　M03　S300；		主轴正转，转速 300r/min	
N32　G00　X22.0　Z-25.0；		快速定位到切槽起点	
N33　G01　X12.0　F0.15；		切槽	
N34　X22.0　F0.3；		退刀	
N35　G00　X100.0　Z10.0；		快速退刀	
N36　T0404；		换 4 号螺纹车刀	
N37　G00　X18.0　Z30.0；		快速定位到螺纹车削循环起点	
N38　G92　X15.5　Z-22.5　F2.0；		车削螺纹	
N39　X14.5；			
N40　X13.4；			
N41　G00　X100.0　Z10.0；		快速退刀	
N42　M30；		程序结束	

表 2-31 数控加工程序 (2)

零件名称	零件编号	零件材料	数控系统
螺纹轴		45 钢	FANUC 0i Mate-TC

程序内容	说明
O0002;	程序名
N10 T0101;	换 1 号外圆车刀
N11 M03 S800;	主轴正转,转速 800r/min
N12 G00 X42.0 Z2.0;	快速定位到循环起点
N13 G71 U1.5 R0.5;	X 向每次吃刀量为 1.5mm,退刀量为 0.5mm
N14 G71 P15 Q20 U0.4 W0 F0.25;	循环程序段 15~20
N15 G00 X13.0;	垂直移动到最低处
N16 G01 Z0 F0.15;	移至倒角处
N17 X16.0 Z-1.5;	车削倒角
N18 Z-40.0;	车削 M16 螺纹大径
N19 X30.0;	车削 ϕ30mm 外圆的左端面
N20 Z-65.0;	车削 ϕ30mm 外圆
N21 G00 X100.0 Z10.0;	快速退刀
N22 M05;	主轴停止
N23 T0202;	换 2 号外圆车刀
N24 M03 S1500;	主轴正转,转速 1500r/min
N25 G00 X42.0 Z2.0;	快速定位到循环起点
N26 G70 P15 Q20;	精车
N27 G00 X100.0 Z10.0;	快速退刀
N28 M05;	主轴停止
N29 T0303;	换 3 号车槽刀
N30 M03 S300;	主轴正转,转速 300r/min
N31 G00 X32.0 Z-40.0;	快速定位到切槽起点
N32 G01 X12.0 F0.15;	切槽
N33 X32.0 F0.3;	退刀
N34 G00 X100.0 Z10.0;	快速退刀
N35 T0404;	换 4 号螺纹车刀
N36 G00 X18.0 Z3.0;	快速定位到螺纹车削循环起点
N37 G92 X15.5 Z-37.5 F2.0;	
N38 X14.5;	车削螺纹
N39 X13.4;	
N40 G00 X100.0 Z10.0;	快速退刀
N41 M30;	程序结束

任务三　螺纹轴数控车削仿真加工

1. 仿真软件准备

打开仿真软件，单击"选择机床" ⌷ （见图 2-81a），然后在弹出的对话框中完成"控制系统"和"机床类型"的设置后，单击"确定"按钮，进入操作状态，如图 2-81b 所示。

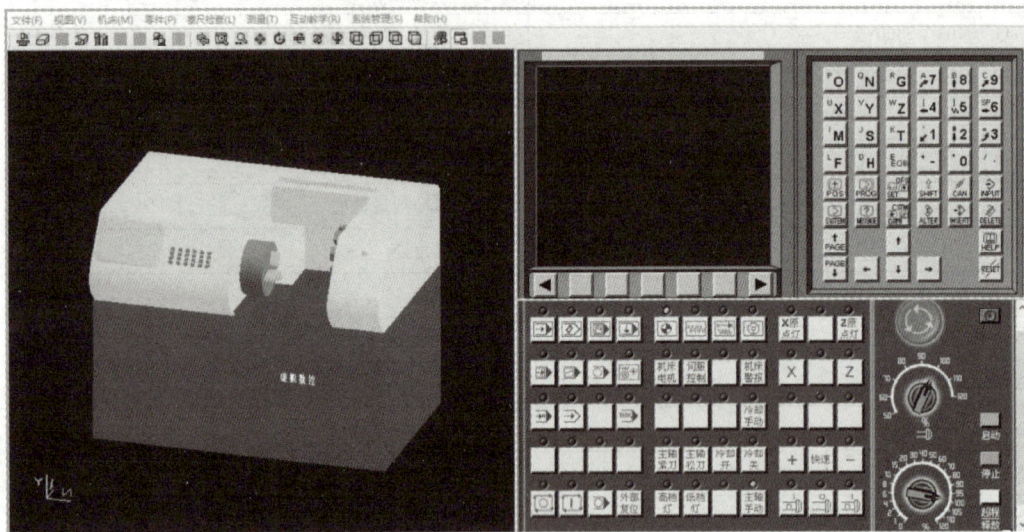

a) 选择机床

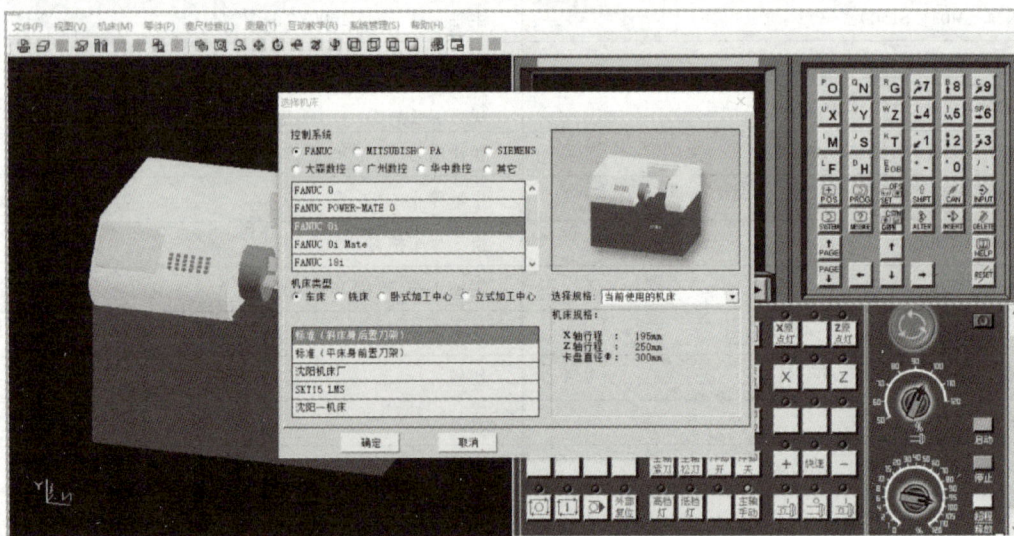

b) 选择控制系统和机床类型

图 2-81　仿真软件准备

2. 激活机床

检查急停按钮是否松开至 ⊙ 状态，若未松开，按急停按钮 ⊙ ，将其松开。然后按 ▣ 键启动电源，如图 2-82 所示。

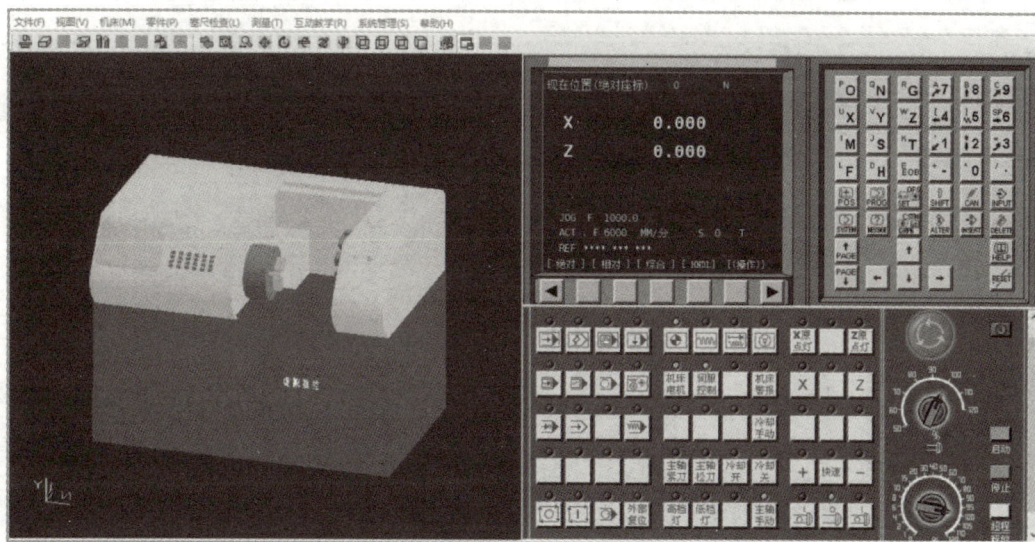

图 2-82　激活机床

3. 回参考点

按 ⬡ 键，进入"回参考点"模式，按 X 键选择 X 轴，按住正向移动键 + 来移动 X 坐标；再按 Z 键选择 Z 轴，按住正向移动键 + 来移动 Z 坐标，使机床回参考点，如图 2-83 所示。

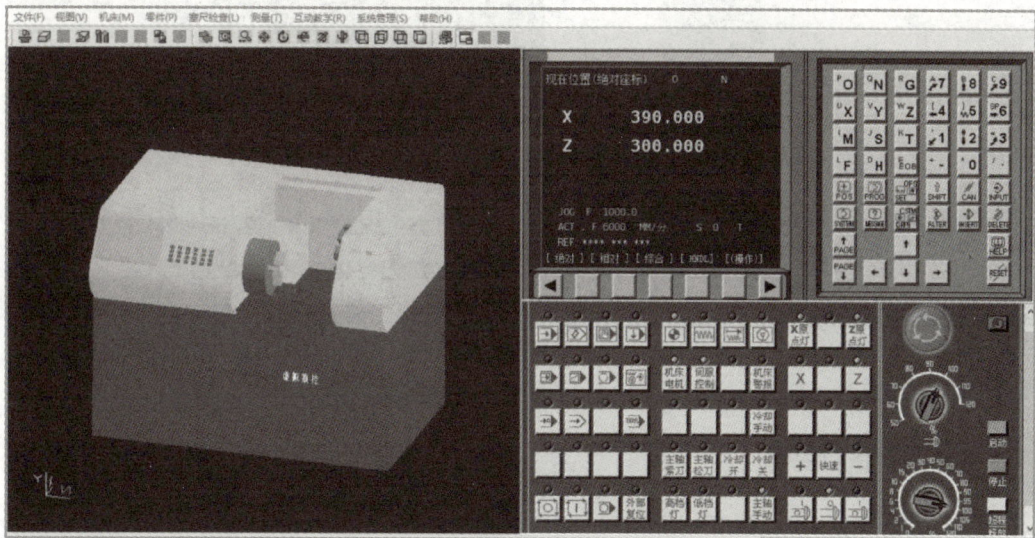

图 2-83　机床回参考点

4. 毛坯的选择和安装

选择毛坯：依次单击菜单栏中的"零件"→"定义毛坯"，或在工具条上选择 ⬡，如图 2-84a 所示。安装毛坯：依次单击菜单栏中的"零件"→"放置零件"，或者在工具栏中单击图标 ⬡，系统将弹出"选择零件"对话框，选择定义的毛坯，如图 2-84b 所示。

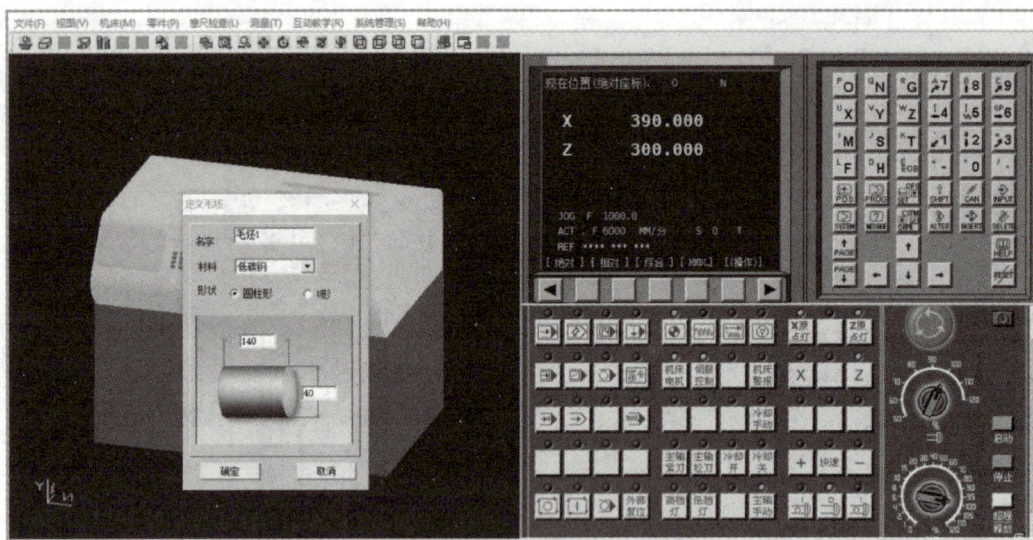

a) 定义毛坯

b) 安装毛坯

图 2-84　毛坯的选择和安装

5. 刀具的选择和安装

单击菜单栏中的"机床"→"选择刀具",或在工具条上单击图标 ，系统将弹出"刀具选择"对话框,选择刀具并安装刀具,如图 2-85 所示。

6. 对刀操作

按操作面板中 键,切换到手动状态,然后按轴移动键,使刀具移动到切削零件的大致位置。

X 轴方向对刀:按轴移动键,用所选刀具沿 Z 轴方向试切工件外圆,X 轴不移动。切削完毕后,把刀具沿 Z 轴正方向退至工件外部,再按操作面板上的 键,使主轴停止转动。

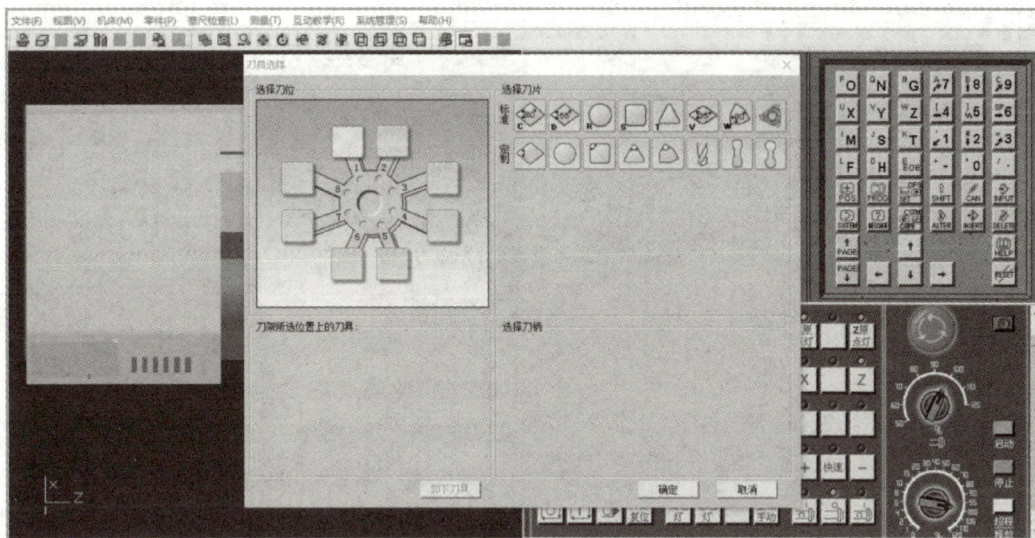

图 2-85　安装刀具

依次单击菜单栏中的"测量"→"剖面图测量"，然后单击刀具试切外圆时所切线段（选中的线段由红色变为黄色），记下对话框中对应的 X 值，如图 2-86a 所示。按 OFFSET/SETTING 键，进入参数显示界面，再单击[形状]，把光标移动至切削刀具的刀补位置，然后输入 X 值，完成后单击[测量]，系统将自动计算，并将计算结果自动输入在 X 偏置栏中，如图 2-86b 所示。

Z 轴方向对刀：将刀具移动到可切削零件的大致位置，按轴移动键，使刀具沿 X 轴方向试切工件端面，Z 轴不移动。切削完毕后，把刀具沿 X 轴方向退至工件外部。按操作面板上的 键，使主轴停止转动；按 OFFSET/SETTING 键，再单击[形状]，进入刀补显示界面，将光标移动至

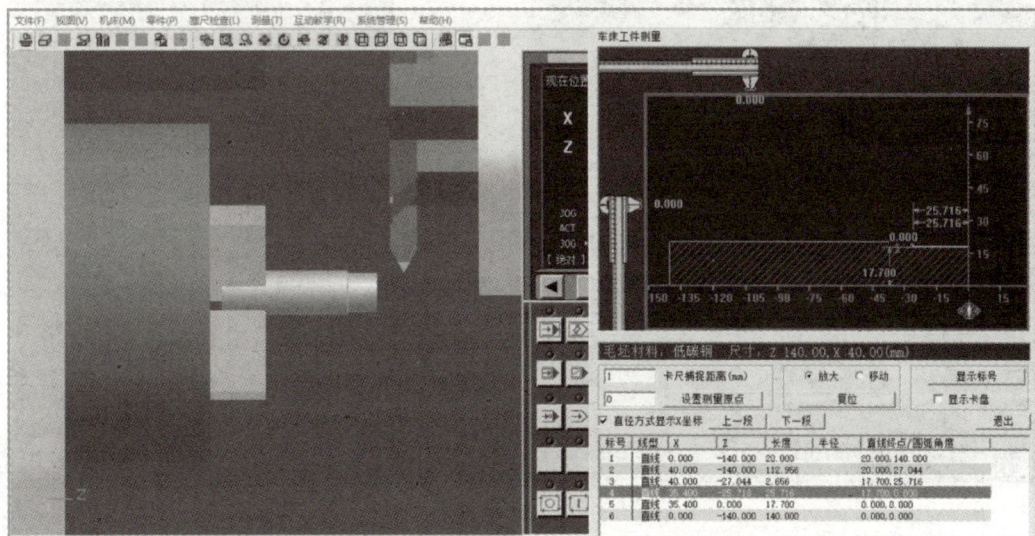

a) 测量工件

图 2-86　对刀

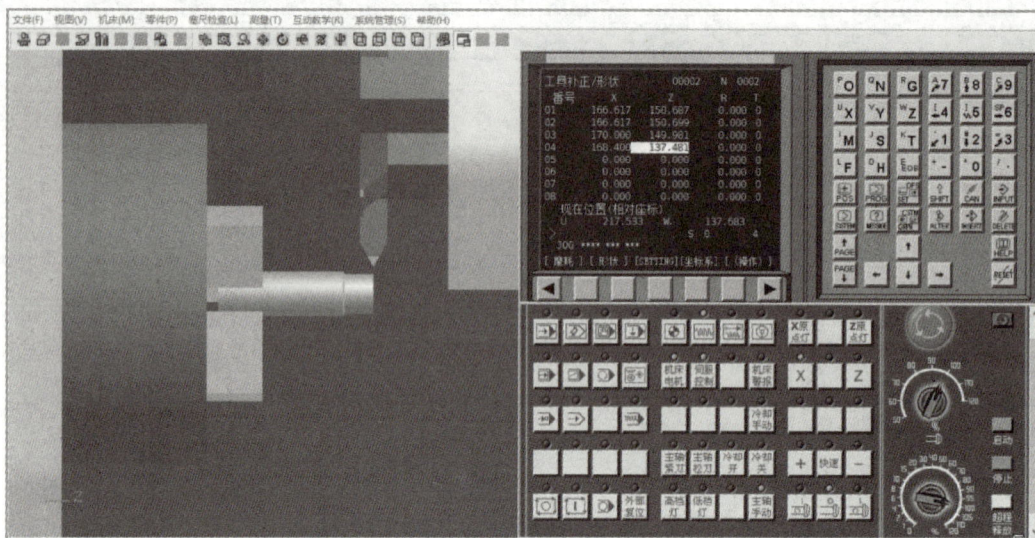

b) 输入对刀值

图 2-86 对刀（续）

切削刀具的刀补位置，然后输入 Z0，完成后单击 [测量]，系统将自动计算，并将计算结果自动输入在 Z 偏置栏中，如图 2-86b 所示。

7. 程序输入与校验

在操作面板上按模式选择键 ，进入编辑模式，在系统面板上按 **PROG** 键，进入程序显示界面。在操作面板上按模式选择键 ，切换到自动模式，在系统面板上按 **CUSTOM GRAPH** 键，系统进入轨迹检查界面。按循环启动键 [I] 开始模拟执行程序，如图 2-87、图 2-88 所示。

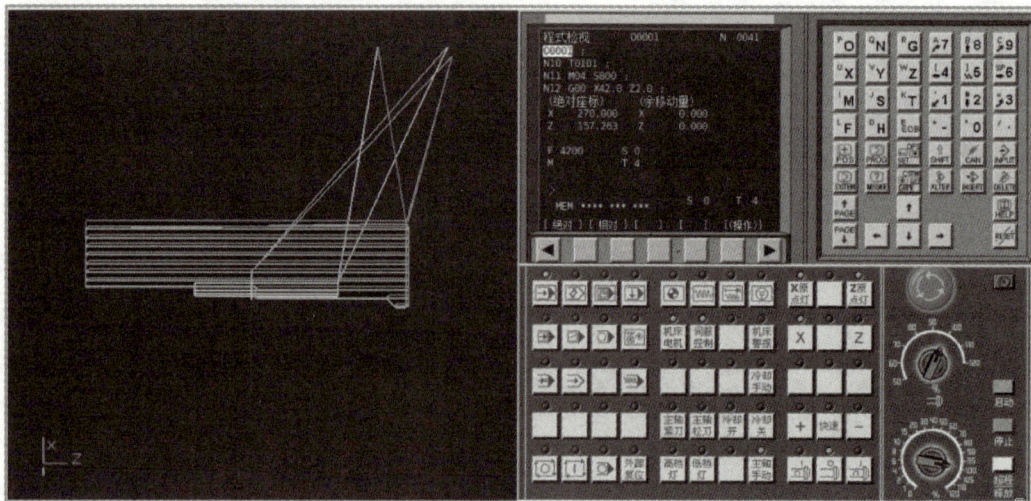

图 2-87　零件右侧程序校验

8. 仿真加工

仿真加工，如图 2-89 所示。

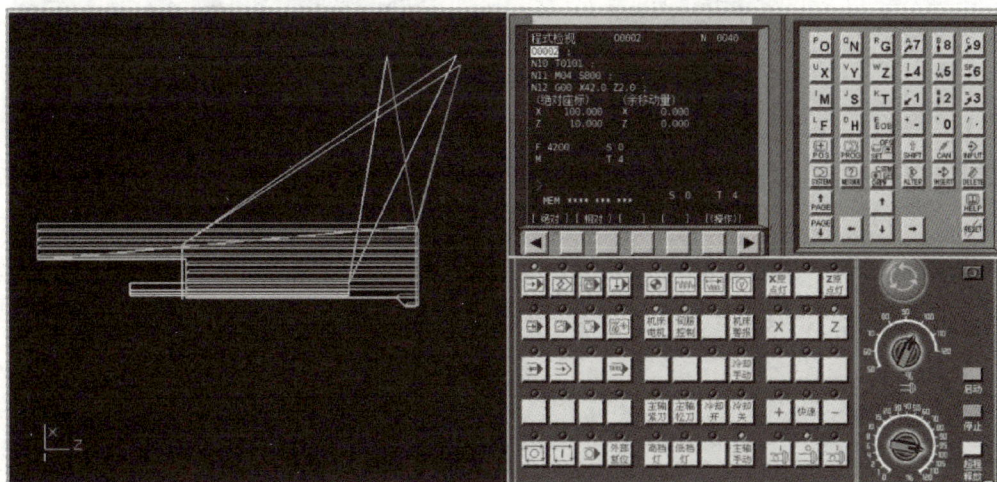

图 2-88　零件左侧程序校验

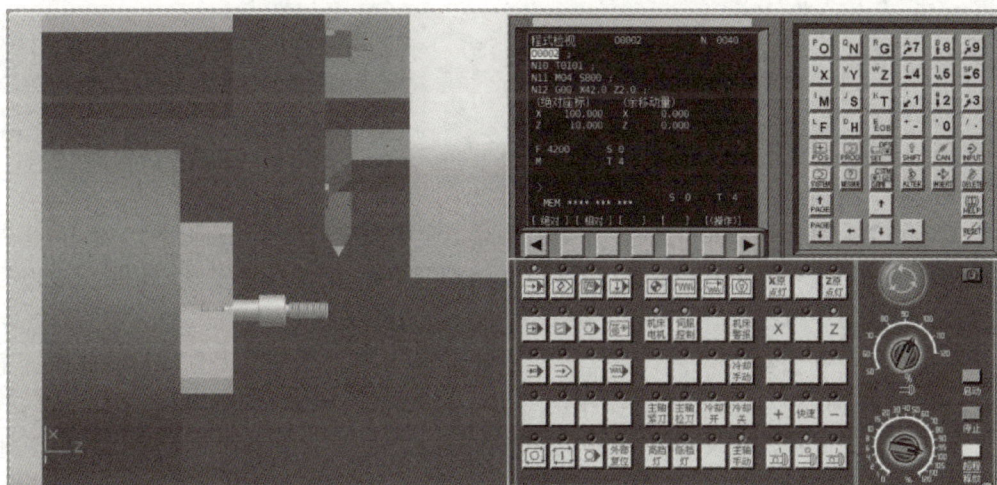

图 2-89　仿真加工

9. 零件测量

零件加工完成后，依次单击菜单中的"测量"→"剖面图测量"，进入"测量"对话框，如图 2-90 所示。

10. 优化零件程序

根据零件的仿真加工，优化零件加工程序。

<h2 align="center">任务四　螺纹轴数控实操加工与检测</h2>

1. 毛坯、刀具、工具准备

2. 程序输入与编辑

1）开机。

2）回参考点。

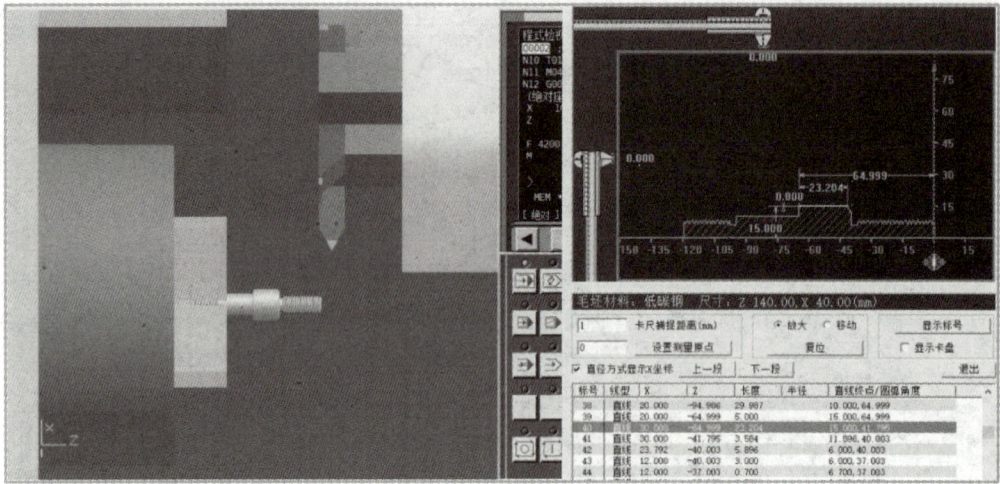

图 2-90　测量零件

3）输入程序。

4）检查程序。

3. 零件加工

1）启动机床主轴转动。

2）对刀。

① X 向对刀。在手动 JOG 方式下，车削外圆，车削完毕后沿+Z 方向退刀，按下"主轴停止"键，测量切削外圆的直径；按"OFFSET/SETTING"键，然后移动光标到相应刀号的位置，输入测量的外圆直径值，再按"测量"键，完成 X 方向对刀。

② Z 向对刀。在手动 JOG 方式下，按"主轴正转"键，使主轴转动，车削端面。车削完毕后，沿+X 方向退刀，按下"主轴停止"键，再按"OFFSET/SETTING"键，然后移动光标到相应刀号的位置，输入 Z0，再按"测量"键，完成 Z 方向对刀。同理，根据上述步骤完成其他刀具的对刀。

3）调出加工程序。

4）自动加工。选择机床工作模式为"自动运行"模式，按"循环启动"键，机床进行自动加工。

4. 螺纹轴尺寸检测与评分

成绩评分标准见表 2-32。

表 2-32　螺纹轴编程与加工评分表

工件编号		技术要求	配分	总得分		
项目与比重	序号			评分标准	检测记录	得分
程序与工艺（25%）	1	程序段格式规范	5	不规范每处扣2分		
	2	程序正确完整	10	每错一处扣2分		
	3	切削用量合理	5	不合理每处扣2分		
	4	工艺规程规范、合理	5	不合理每处扣2分		

（续）

工件编号		技术要求	配分	总得分		
项目与比重	序号			评分标准	检测记录	得分
机床操作（20%）	5	刀具选择安装正确	5	不正确每次扣2分		
	6	对刀及坐标系设定正确	5	不正确每次扣2分		
	7	机床操作规范	5	不规范每次扣2分		
	8	工件加工不出错	5	出错全扣		
工件质量（35%）	9	ϕ20mm、ϕ30mm 外圆尺寸精度符合要求	12	不合格每处扣6分		
	10	两处 M20×1.5 螺纹尺寸精度符合要求	6	不合格每处扣3分		
	11	25mm、40mm、55mm 长度尺寸精度符合要求	3	不合格每处扣1分		
	12	120mm 长度尺寸（公差要求）精度符合要求	2	不合格全扣		
	13	两处沟槽尺寸精度符合要求	4	不合格每处扣2分		
	14	表面粗糙度 Ra1.6μm、Ra3.2μm	5	不合格每处扣0.5分		
	15	倒角 C1.5	3	不合格每处扣1.5分		
文明生产（20%）	16	安全操作	10	出错全扣		
	17	机床维护与保养	5	不合格全扣		
	18	工作场所整理	5	不合格全扣		

思考题：

1. 简述 G92 指令的格式及其参数的含义。

2. 简述 G76 指令的格式及其参数的含义。

3. 车削螺纹时，进刀量设定的原则是什么？

4. 零件如图 2-91 所示，工件材料为 45 钢，确定工件坐标系原点，分析零件的加工工艺，试编写零件的加工程序。

5. 零件如图 2-92 所示，工件材料为 45 钢，毛坯尺寸为 ϕ40mm×60mm。确定工件坐标系原点，分析零件的加工工艺，试用 G92 指令编写加工程序。

图 2-91　内螺纹零件

6. 加工如图 2-92 所示的零件，试用 G76 指令编写加工程序，毛坯尺寸为 ϕ40mm×60mm，并分析 G76 指令加工螺纹的特点。

7. 零件如图 2-93 所示，工件材料为 45 钢，毛坯尺寸为 ϕ50mm×50mm。确定工件坐标系原点，分析零件的加工工艺，试分别用 G32、G92 指令编写加工程序。

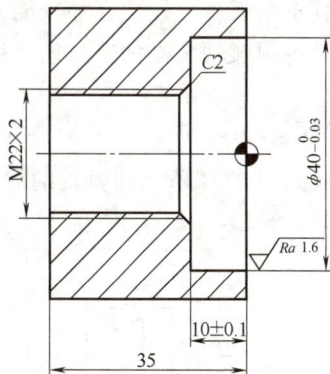

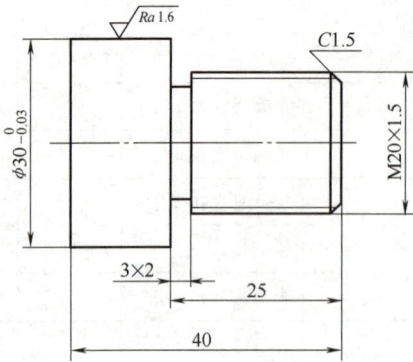

图 2-92　外螺纹零件

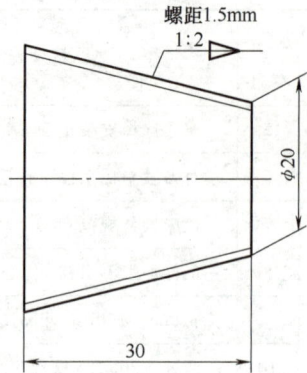

图 2-93　圆锥螺纹零件

8. G76 指令能用于编制内螺纹加工程序吗？试举例说明。

项目六　曲面类零件的车削编程与加工

项目目标

◎ 了解圆弧类零件的车削加工方法

◎ 了解圆弧类零件的车削刀具及切削参数选择

◎ 掌握圆弧轴的加工工艺

◎ 掌握 G02、G03 指令的编程格式及参数的含义

◎ 具备使用 G02、G03 指令编制圆弧轴车削程序的能力

◎ 具备圆弧轴数控仿真加工能力

◎ 具备圆弧轴实操加工与尺寸检测能力

项目导入

完成如图 2-94 所示圆弧轴的编程与加工，毛坯为 $\phi80\text{mm}\times140\text{mm}$，材料为 45 钢。

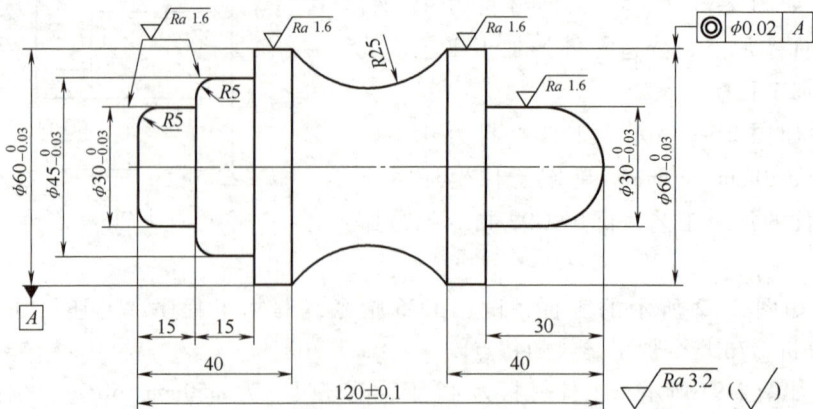

图 2-94　圆弧轴

项目分析

本项目典型零件是圆弧轴，属于典型的曲面类零件。圆弧轴由圆柱面、圆弧面、圆角等组成，零件两端的圆柱面有同轴度要求，加工零件时应采用合理的装夹方案，才能保证零件的位置精度。通过本项目的实施，学习圆弧加工刀具的选择和安装、圆弧的加工方法、圆弧切削用量的选择、圆弧加工工艺的制订、固定形状粗车循环指令的格式与应用、刀尖圆弧半径补偿指令的格式与应用、圆弧加工程序的编制与应用以及圆弧轴的加工与检测等方面的知识。

相关知识

一、圆弧轴车削工艺

1. 加工工序的划分

与普通车床加工相比，数控车床加工工序划分有其自己的特点，常用的工序划分原则有以下两种。

（1）保证精度的原则　数控加工要求工序尽可能集中，粗、精加工在一次装夹下完成，为减少热变形和切削力产生的变形对工件的形状、位置精度、尺寸精度和表面粗糙度的影响，应将粗、精加工分开进行。通过先粗加工留少量余量精加工，来保证表面质量要求。

（2）提高生产效率的原则　在数控加工中，为减少换刀次数、节省换刀时间，应在用同一把刀加工的部位全部完成后，再换另一把刀来加工其他部位。同时，应尽量减少空行程，用同一把刀加工工件的多个部位时，应选择最短的路线到达各加工部位。

2. 圆弧的加工方法

在数控车床上加工圆弧，是利用圆弧插补指令 G02（或 G03）完成的，一般根据需要先粗车切除大部分余量，再精车得到所需的圆弧。对有轮廓粗车循环的系统，粗车比较方便。但对无轮廓粗车循环的系统，需要确定其粗车加工路线。常用的圆弧加工路线主要以下几种：

（1）同心车圆法　用不同半径圆来车削，最后将所需圆弧加工出来，如图 2-95 所示。此方法在确定了每次切削深度 a_p 后，对 90°圆弧的起点、终点坐标较易确定。图 2-95a 所示的走刀路线较短，但图 2-95b 所示的加工空行程时间较长。当用 90°尖形车刀车削时，加工余量不均，易打刀；而用圆弧刀时，加工余量较均匀。此方法数值计算简单，编程方便，可适合于较复杂的圆弧。

（2）车锥法　此法是先粗车一个圆锥，再车圆弧的方法，如图 2-96 所示。车锥时的起点和终点的确定：$AC = BC = \sqrt{2}BD = 0.586R$。当 R 不太大时，可取

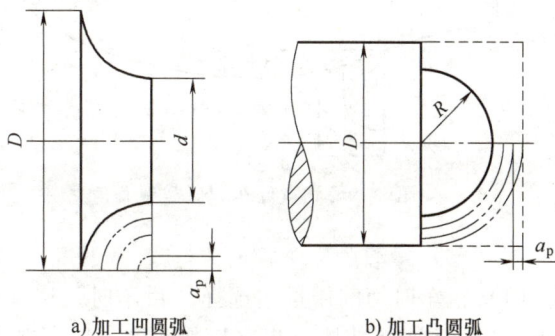

a）加工凹圆弧　　b）加工凸圆弧

图 2-95　同心车圆法粗车圆弧

$AC=BC=0.5R$。此方法数值计算较繁琐，加工余量不均匀，但其刀具切削路线较短、加工效率较高，应用较多。

（3）等径移圆法　此方法数值计算简单，编程方便，用尖形刀车削时加工余量均匀，但加工的空行程时间较长。此方法适于循环车削较大的圆弧，如图 2-97 所示。

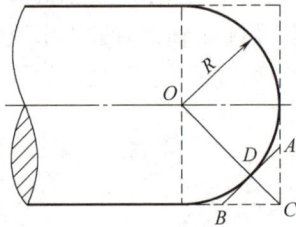

图 2-96　车锥法粗车圆弧

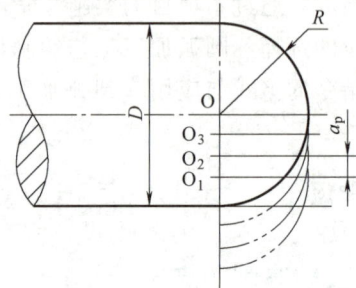

图 2-97　等径移圆法粗车圆弧

（4）加工圆弧直径较小的零件　可以用圆弧车刀直进法加工，此时刀具圆弧半径即为工件圆弧半径，使用的指令为 G01 直线插补指令，如图 2-98 所示。对于较小圆弧的圆角（$R \leqslant 3\text{mm}$），可在精车时直接加工而成。

以上几种方法主要针对不具备轮廓粗车循环的简易型车床，只能使用 G00、G01、G02、G03 等指令完成。对具有轮廓粗车循环功能的数控车床，可直接使用轮廓粗车循环功能完成，程序较为简洁且不易出错。

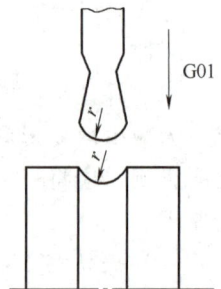

图 2-98　用直进法车圆弧

3. 刀具的选择

在加工含圆弧面零件时，由于外表面有内凹轮廓，因此在选择车刀时要特别注意副偏角的大小，以防止车刀副后刀面与工件已加工表面发生干涉。一般主偏角取 90°～93°，刀尖角取 35°～55°，以保证刀尖位于刀具的最前端，避免刀具过切。如图 2-99 所示，当车刀加工至切点 A 处时，车刀所需的副偏角达到最大值，值为 21.28°，因此，车刀的副偏角须大于 21.28°。如加工本项目中零件时，选择外圆弧尖刀的形状如图 2-100 所示，其刀片为 55°菱形机夹刀片，安装后其主偏角为 93°，副偏角为 32°。

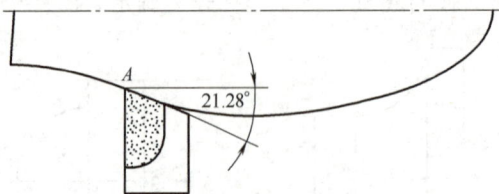

图 2-99　切点处车刀所需副偏角

图 2-100　外圆弧尖刀

4. 切削用量的选择

（1）粗车时切削用量的选择　粗车时，选择切削用量主要是考虑提高生产率，但也应考虑经济性和加工成本。提高切削速度、加大进给量和切削深度都能提高生产率。但对刀具寿命影响最小的是切削深度，其次是进给量，最大的是切削速度。这是因为切削速度对切削温度的影响最大，温度升高，刀具磨损加快、寿命明显下降。所以在合理选择粗车切削用量时，应该首先选择一个尽量大的切削深度，其次选择一个较大的进给量，最后根据已选定的切削深度和进给量，并在工艺系统刚性、刀具寿命和机床功率许可的条件下选择一个合理的切削速度。

（2）半精车、精车时切削用量的选择　半精车、精车时的切削用量，应以保证加工质量为主，并兼顾生产率和必要的刀具寿命。半精车、精车时的切削深度是根据加工精度和表面粗糙度要求由粗车后留下的加工余量确定的，原则上取上一次切削的余量数。

半精车、精车的切削深度较小，产生的切削力不大，所以工艺系统的强度和刚性受加大进给量的影响较小，主要受表面粗糙度的限制。为了抑制积屑瘤的产生，提高零件表面质量，用硬质合金车刀精车时，一般多采用较高的切削速度（>80m/min）；用高速钢车刀精车时，选用较低的切削速度（<5m/min）。

二、编程指令

1. 固定形状粗车循环指令（G73）

它适用于毛坯轮廓形状与零件轮廓形状基本接近的铸、锻毛坯件，其走刀路线如图2-101所示。

编程格式：

G73　U（Δi）　W（Δk）　R（d）；

G73　P（ns）　Q（nf）　U（Δu）

W（Δw）　F（f）　S（s）　T（t）；

说明：

Δi：X向毛坯切除余量。

Δk：Z方向毛坯切除余量。

d：粗车循环的次数。

ns：零件轮廓精加工程序的第一程序段的段号。

nf：零件轮廓精加工程序的最后一程序段的段号。

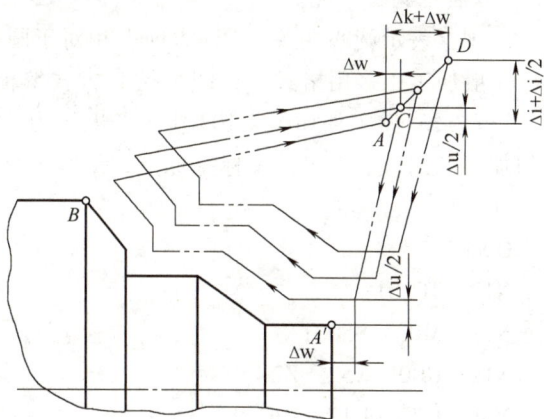

图 2-101　G73粗车循环走刀路线示意图

Δu：X方向上的精加工预留量的距离及方向。

Δw：Z方向上的精加工预留量的距离及方向。

注意：执行G73指令时，每一刀的切削路线的轨迹形状是相同的，只是位置不同。每走完一刀，就把切削轨迹向零件移动一个位置，因此对于经锻造、铸造等粗加工已初步成型的毛坯，加工效率高。

2. 精车复合循环指令（G70）

该指令已详述，不再赘述。

3. 圆弧插补（G02/G03）

该指令使刀具从圆弧起点，沿圆弧移动到圆弧终点。其中G02指令为顺时针圆弧插补，G03指令为逆时针圆弧插补。圆弧的顺、逆方向的判断：沿与垂直于圆弧所在平面（如XOZ）的坐标轴，由正方向（如+Y）往负方向（如-Y）看，顺时针为G02，逆时针为

G03。图 2-102 所示为数控车床上圆弧的顺、逆方向。

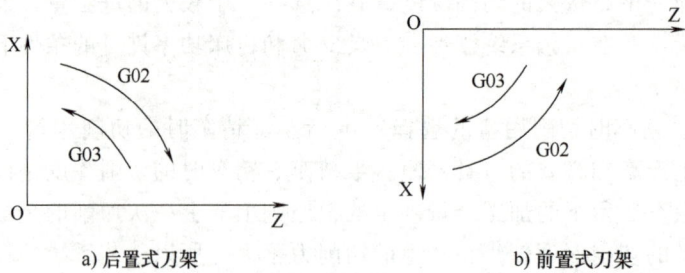

a) 后置式刀架   b) 前置式刀架

图 2-102 圆弧的顺、逆方向判断

编程格式：

格式一：G02/G03　X（U）＿　Z（W）＿　R＿　F＿

格式二：G02/G03　X（U）＿　Z（W）＿　I＿　K＿　F＿

说明：

X（U）、Z（W）：表示圆弧终点在工件坐标系中的坐标。

R：表示圆弧半径。

I、K：表示圆心在 X、Z 轴方向上相对于圆弧起点的增量坐标值。

一般加工中多用格式一，即半径 R 方式编程。

【例 2-13】 零件如图 2-103 所示，毛坯为 ϕ50mm×30mm 的棒料，材料为 45 钢。分析零件的加工工艺，设定工件坐标系原点，编写零件的加工程序。

加工程序：

O00001；

N10　T0101；

N11　M03　S500；

N12　G00　X52　Z2；

N13　G73　U17　R6；

N14　G73　P15　Q20　U0.4　W0　F0.3；

N15　G00　X18；

N16　G01　Z0；

N17　X20　Z-1；

N18　Z-10；

N19　G02　X30　Z-15　R5；

N20　G01　Z-20；

N21　G00　X100　Z100；

N22　M05；

N23　T0202；

N24　M03　S1000；

N25　G00　X52　Z2；

N26　G70　P15　Q20　F0.15；

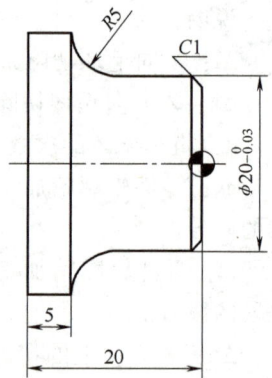

图 2-103 凹圆弧轴

N27 G00 X100 Z100;

N28 M30;

【例 2-14】 零件如图 2-104 所示，毛坯为 φ50mm×30mm 的棒料，材料为 45 钢。分析零件的加工工艺，设定工件坐标系原点，编写零件的加工程序。

加工程序：

O0001;

N10 T0101;

N11 M03 S500;

N12 G00 X52 Z2;

N13 G73 U21 R7;

N14 G73 P15 Q20 U0.4 W0 F0.3;

N15 G00 X10;

N16 G01 Z0;

N17 G03 X20 Z-5 R5;

N18 G01 Z-15;

N19 X30;

N20 Z-20;

N21 G00 X100 Z100;

N22 M05;

N23 T0202;

N24 M03 S1000;

N25 G00 X52 Z2;

N26 G70 P15 Q20 F0.15;

N27 G00 X100 Z100;

N28 M30;

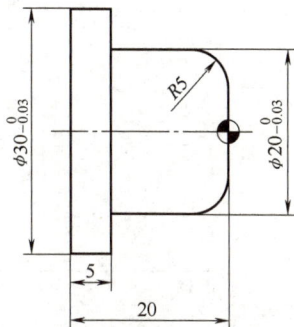

图 2-104 凸圆弧轴

4. 刀尖圆弧半径补偿

（1）刀尖圆弧半径补偿的概念　数控车床加工是按车刀理想刀尖来为基准编写数控轨迹代码的，对刀时也希望能以理想刀尖来对刀。但实际加工中，为了降低被加工工件的表面粗糙度，减缓刀具磨损，提高刀具寿命，一般车刀刀尖处磨成圆弧过渡刃，又称为理想刀尖，如图 2-105 所示。理想刀尖并不是车刀与工件的接触点，实际起作用的切削刃是刀尖圆弧上的各切点。当车削内外圆柱表面或端面时，刀尖圆弧半径的大小并不会造成加工表面形状误差，但当车削倒角、锥面、圆弧及曲面时，则会产生欠切削或过切削现象，影响零件的加工精度，如图 2-106 所示。因此，编制数控车削程序时，必须予以考虑。

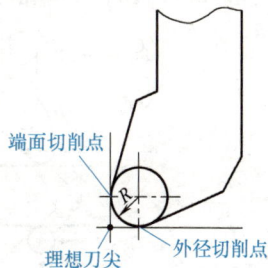

编程时若以刀尖圆弧中心编程，可避免过切削和欠切削现象，但刀位点计算比较麻烦，并且如果刀尖圆弧半径值发生变化时，程序也需要改变。

图 2-105 理想刀尖

一般数控系统都具有刀具半径自动补偿功能，编程时，只需按工件的实际轮廓尺寸编程

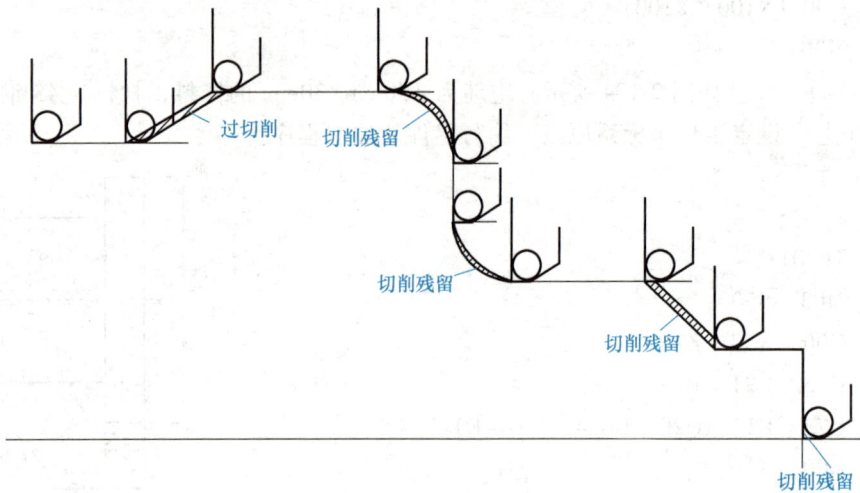

图 2-106　过切削与欠切削现象

即可，不必考虑刀尖圆弧半径的大小。加工时，数控系统能根据刀尖圆弧半径自动计算出补偿量，避免少切或过切现象的产生。刀尖圆弧半径补偿的原理是当加工轨迹到达圆弧或圆锥部位时并不马上执行所读入的程序段，而是继续读入下一段程序，判断两段轨迹之间的转接情况，然后根据转接情况计算相应的运动轨迹。由于多读了一段程序并进行了预处理，故能进行精确地补偿，自动消除车刀存在刀尖圆弧半径带来的加工误差，从而实现精密加工，如图 2-107 所示。

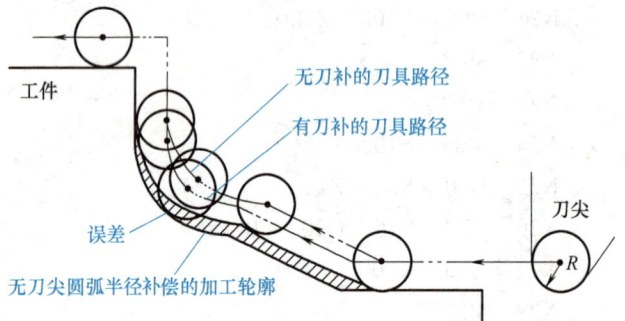

图 2-107　刀尖圆弧半径补偿示意图

（2）刀尖圆弧半径补偿相关指令 G41/G42/G40　刀尖圆弧半径补偿是通过 G41、G42、G40 指令代码及 T 代码指定的刀尖圆弧半径补偿号来加入或取消半径补偿的。其功能为：G41 指令为刀尖圆弧半径左补偿，沿着刀具前进方向看，刀具位于零件左侧；G42 指令为刀尖圆弧半径右补偿，沿着刀具前进方向看，刀具位于零件右侧，如图 2-108 所示；G40 指令为取消刀尖圆弧半径补偿，用于取消刀尖圆弧半径补偿指令。

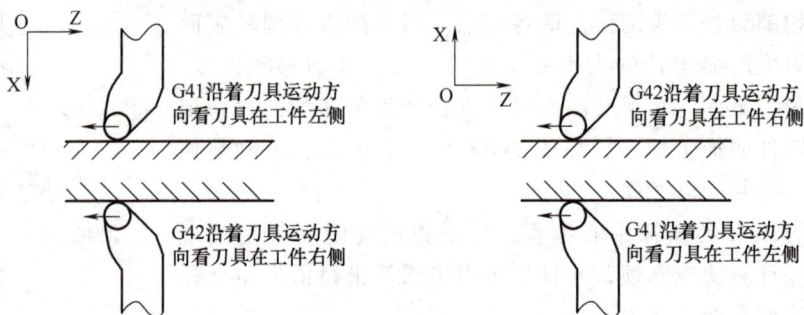

图 2-108　刀尖圆弧半径左补偿和刀尖圆弧半径右补偿

从图 2-108 中可以看出，G41、G42 指令的选择与刀架位置、工件形状及刀具类型有关。为易于选择，现将实践中 R 补偿模式选择方法归纳见表 2-33。

表 2-33 刀尖 R 补偿模式选择

刀架情况	车外表面		车内表面	
	右偏刀	左偏刀	右偏刀	左偏刀
刀架在操作者内侧	G42	G41	G41	G42
刀架在操作者外侧	G42	G41	G41	G42

编程格式：

刀尖圆弧半径左补偿：G41 G00(G01) X(U)__ Z(W)__

刀尖圆弧半径右补偿：G42 G00(G01) X(U)__ Z(W)__

取消刀尖圆弧半径补偿：G40 G00(G01) X(U)__ Z(W)__

说明：

1）G40、G41、G42 指令都是模态代码，可相互注销。

2）G40、G41、G42 指令只能与 G00、G01 指令结合编程。不允许与 G02、G03 等其他指令结合编程，否则系统会报警。

3）在调用新的刀具前，必须取消刀尖圆弧补偿，否则产生报警。

4）在 MDI 状态下不能进行刀尖圆弧 R 补偿。

5）用假想刀尖编程时，如果只加工轴向尺寸或只加工径向尺寸，可以不考虑刀尖的 R 补偿。

6）补偿进行时，指定平面内若连续有两个或以上的非移动指令（辅助机能或暂停等），会产生过切或欠切。

图 2-109 所示为引入和取消刀尖圆弧半径补偿的刀具运行轨迹。在引入刀补的过程中，刀具在移动过程中逐渐加上补偿值，当引入后，刀具圆弧中心停留在程序设定坐标点的垂线上，距离为刀尖圆弧半径补偿值。在取消刀补的过程中，刀具位置在程序段中也是逐渐变化的，程序结束时，刀尖圆弧半径补偿值取消。

（3）确定理想刀尖位置序号 数控车床加工时，采用不同的刀具，其理想刀尖相对圆弧中心的方位就不同，直接影响了圆弧车刀

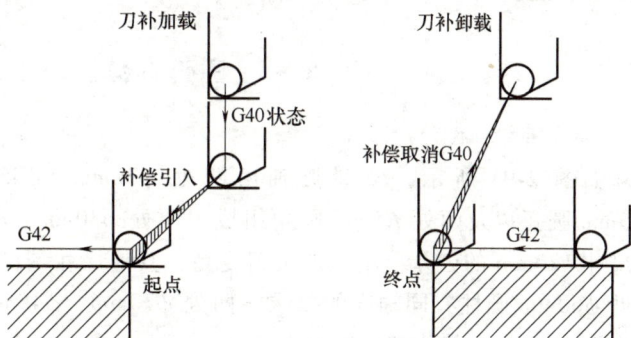

图 2-109 刀尖圆弧半径补偿过程

补偿的计算结果。图 2-110a 所示为刀架前置的数控车床理想刀尖位置的情况，图 2-110b 所示为刀架后置的数控车床理想刀尖位置的情况。如果以刀尖圆弧中心作为刀位点进行编程，则应选用 0 或 9 作为刀尖方位号，其他号码都是以理想刀尖编程时采用的。只有在刀具数据库内按刀具实际放置情况来设置相应的刀尖位置序号，才能保证进行正确的刀补。否则，将会出现不合要求的过切或少切现象。

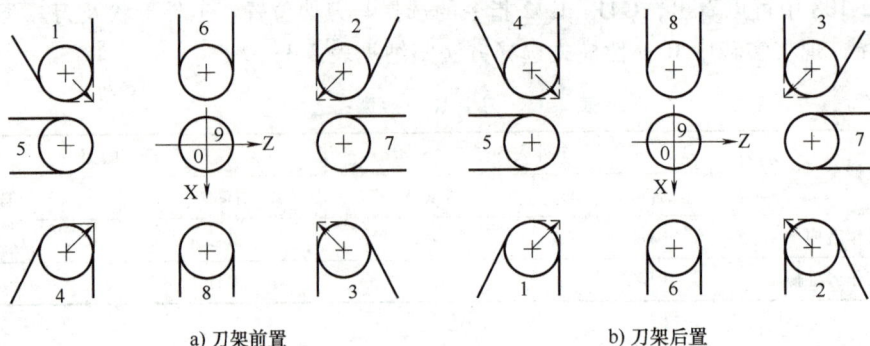

a) 刀架前置 b) 刀架后置

图 2-110　常用车刀的位置和参数

（4）刀尖圆弧半径补偿值的设定　刀尖圆弧半径补偿值可以通过刀具补偿设定界面设定，T 指令要与刀具补偿编号相对应，并且要输入刀尖位置序号，见表 2-34。刀具补偿设定界面中，在刀具代码 T 中的补偿号对应的存储单元中，存放一组数据，除 X 轴、Z 轴的长度补偿值外，还有圆弧半径补偿值和假想刀尖位置序号（0～9）。操作时，可以将每一把刀具的 4 个数据分别输入至刀具补偿号对应的存储单元中，即可实现自动补偿，如 01 号刀具的刀尖圆弧半径值为 0.5mm，刀尖方位序号为 3，见表 2-34。

表 2-34　刀具补偿设定界面

刀具补正/形状	00008		N0040	
番号	X	Z	R	T
01	-96.602	-291.454	0.5	3
02	-86.417	-285.355	0.2	3
03	—	—	—	—

项目实施

任务一　圆弧轴数控加工工艺编制

1. 分析零件图

如图 2-94 所示，该圆弧轴由两处 ϕ30mm、ϕ45mm、两处 ϕ60mm 圆柱，R15mm、R25mm 圆弧以及两处 R5mm 圆角组成。两处 ϕ30mm、ϕ45mm、两处 ϕ60mm 圆柱，以及轴向尺寸 120mm 的公差值小，加工精度高；其他尺寸是自由尺寸，公差值较大，加工较容易。两处 ϕ60mm 圆柱有同轴度的要求。两处 ϕ30mm、ϕ45mm、两处 ϕ60mm 圆柱面的表面粗糙度为 Ra1.6μm，其他表面均为 Ra3.2μm。

2. 确定装夹方案

装夹方案要按照尽量选用通用夹具，尽量减少装夹次数，在一次装夹中尽可能完成多个表面加工，以及夹紧力的作用点应布置在零件结构强度高和刚性好的位置等原则来选取。此零件为回转类工件，毛坯尺寸为 ϕ80mm×140mm，零件的总长为 120mm。根据零件的结构特征，用自定心卡盘夹持毛坯的左端（按图 2-94 所示零件方位，以下相同），车削工件的右端面及右端各部分；用软爪夹持工件的右端，车削工件的左端面及左端各部分，并保证工件的总长和工件的位置精度。

3. 选择刀具及切削用量

刀具及切削用量参数见表 2-35。

表 2-35 刀具及切削用量参数

序号	刀具号	刀具类型	加工表面	切削用量	
				主轴转速 n/（r/min）	进给速度 v_f/（mm/r）
1	T0101	93°菱形外圆车刀	粗车外轮廓	800	0.25
2	T0202	93°菱形外圆车刀	精车外轮廓	1500	0.15

4. 确定加工方案

根据先粗后精、先近后远的加工原则确定加工顺序。为保证圆弧轴的尺寸精度和位置精度，先夹持毛坯的左端，完成工件 $\phi30mm$、$\phi60mm$ 外圆，以及 $R15mm$、$R25mm$ 圆弧等车削。然后调头夹持 $\phi60mm$ 外圆，完成工件 $\phi30mm$、$\phi45mm$ 外圆，以及 $R5$ 圆角等车削，并控制工件总长。

（1）工序一

1）工步一：车削工件右端面。

2）工步二：粗车 $\phi30mm$、两处 $\phi60mm$ 外圆，以及 $R15mm$、$R25mm$ 圆弧。

3）工步三：精车 $\phi30mm$、两处 $\phi60mm$ 外圆，以及 $R15mm$、$R25mm$ 圆弧。

4）工步四：去毛刺。

（2）工序二

1）工步一：调头，车削工件左端面，控制工件总长。

2）工步二：粗车 $\phi30mm$、$\phi45mm$ 外圆，以及 $R5mm$ 圆角。

3）工步三：精车 $\phi30mm$、$\phi45mm$ 外圆，以及 $R5mm$ 圆角。

4）工步四：去毛刺。

5. 填写工序卡

圆弧轴数控加工工序卡，见表 2-36、表 2-37。

表 2-36 数控加工工序卡（1）

数控加工工序卡(1)		工序卡编号	零件名称		零件材料		零件号
			圆弧轴		45 钢		
工序号	程序号	设备名称	工位号	夹具		夹具编号	车间
01	O0001	CA6150		自定心卡盘			
工步号	工步内容	切削用量			刀具		量具名称	备注
		主轴转速/(r/min)	进给速度/(mm/r)	背吃刀量/mm	编号	名称		
1	车削工件右端面	800	0.25	1~2	T0101	外圆车刀	游标卡尺	
2	粗车 $\phi30mm$、$\phi60mm$ 外圆，$R15mm$、$R25mm$ 圆弧	800	0.25	2.5	T0101	外圆车刀	外径千分尺	
3	精车 $\phi30mm$、$\phi60mm$ 外圆，$R15mm$、$R25mm$ 圆弧	1500	0.15	0.2	T0202	外圆车刀	外径千分尺	
4	去毛刺	800	—					
编制		审核		日期		共1页	第1页

表 2-37 数控加工工序卡（2）

数控加工工序卡(2)		工序卡编号	零件名称		零件材料		零件号
			圆弧轴		45 钢		
工序号	程序号	设备名称	工位号	夹具		夹具编号	车间
02	O0002	CA6150		软爪			
工步号	工步内容	切削用量			刀具		量具名称	备注
		主轴转速 /(r/min)	进给速度 /(mm/r)	背吃刀量 /mm	编号	名称		
1	车削工件左端面	800	0.25	1~2	T0101	外圆车刀	游标卡尺	控总长
2	粗车 φ30mm、φ45mm 外圆，R5mm 圆角	800	0.25	2.5	T0101	外圆车刀	外径千分尺	
3	精车 φ30mm、φ45mm 外圆，R5mm 圆角	1500	0.15	0.2	T0202	外圆车刀	外径千分尺	
4	去毛刺	800	—	—	—	—	—	
编制		审核			日期		共 1 页	第 1 页

任务二 圆弧轴数控车削程序编制

如图 2-94 所示圆弧轴的数控加工程序见表 2-38、表 2-39。

表 2-38 数控加工程序（1）

零件名称	零件编号	零件材料	数控系统
圆弧轴		45 钢	FANUC 0i Mate-TC
程序内容		说明	
O0001;		程序名	
N10 T0101;		换 1 号外圆车刀	
N11 M03 S800;		主轴正转，转速 800r/min	
N12 G00 X82.0 Z2.0;		快速定位到循环起点	
N13 G73 U41.0 R16;		X 向切除余量 41mm，粗车循环 16 次	
N14 G73 P15 Q23 U0.4 W0 F0.25;		循环程序段 15～23	
N15 G00 G42 X0;		垂直移动到最低处，加刀补	
N16 G01 Z0 F0.15;		移至圆弧的起始点	
N17 G03 X30.0 Z-15.0 R15.0;		车削 R15mm 圆弧	
N18 G01 Z-30.0;		车削 φ30mm 外圆	
N19 X60.0;		车削 φ60mm 外圆的右端面	
N20 G01 Z-40.0;		车削 φ60mm 外圆	
N21 G02 X60.0 Z-80.0 R25.0;		车削 R25mm 圆弧	
N22 G01 Z-90.0;		车削 φ60mm 外圆	
N23 G40 X82.0;		车削到 φ82mm 处，取消刀补	
N24 G00 X100.0 Z100.0;		快速退刀	

（续）

程序内容	说明
N25 M05;	主轴停止
N26 T0202;	换 2 号外圆车刀
N27 M03 S1500;	主轴正转,转速 1500r/min
N28 G00 X82.0 Z2.0;	快速定位到循环起点
N29 G70 P15 Q23;	精车
N30 G00 X100.0 Z100.0;	快速退刀
N31 M30;	程序结束

表 2-39 数控加工程序（2）

零件名称	零件编号	零件材料	数控系统
圆弧轴		45 钢	FANUC 0i Mate-TC

程序内容	说明
O0002;	程序名
N10 T0101;	换 1 号外圆车刀
N11 M03 S800;	主轴正转,转速 800r/min
N12 G00 X82.0 Z2.0;	快速定位到循环起点
N13 G73 U31.0 R12;	X 向切除余量 31mm,粗车循环 12 次
N14 G73 P15 Q23 U0.4 W0 F0.25;	循环程序段 15~23
N15 G00 G42 X20.0;	垂直移动到 ϕ20mm 处,加刀补
N16 G01 Z0 F0.15;	移至圆弧的起始点
N17 G03 X30.0 Z-5.0 R5.0;	车削 R5mm 圆弧
N18 G01 Z-15.0;	车削 ϕ30mm 外圆
N19 X35.0;	车削到 ϕ35mm 处
N20 G03 X45.0 Z-20.0 R5.0;	车削 R5mm 圆弧
N21 G01 Z-30.0;	车削 ϕ45mm 外圆
N22 X60.0;	车削 ϕ60mm 外圆的左端面
N23 G40 X82.0;	车削到 ϕ82mm 处,取消刀补
N24 G00 X100.0 Z100.0;	快速退刀
N25 M05;	主轴停止
N26 T0202;	换 2 号外圆车刀
N27 M03 S1500;	主轴正转,转速 1500r/min
N28 G00 X82.0 Z2.0;	快速定位到循环起点
N29 G70 P15 Q23;	精车
N30 G00 X100.0 Z100.0;	快速退刀
N31 M30;	程序结束

任务三　圆弧轴数控车削仿真加工

1. 仿真软件准备

打开仿真软件，单击"选择机床" （见图 2-111a），然后在弹出的对话框中完成"控制系统"和"机床类型"的设置后，单击"确定"按钮，进入操作状态，如图 2-111b 所示。

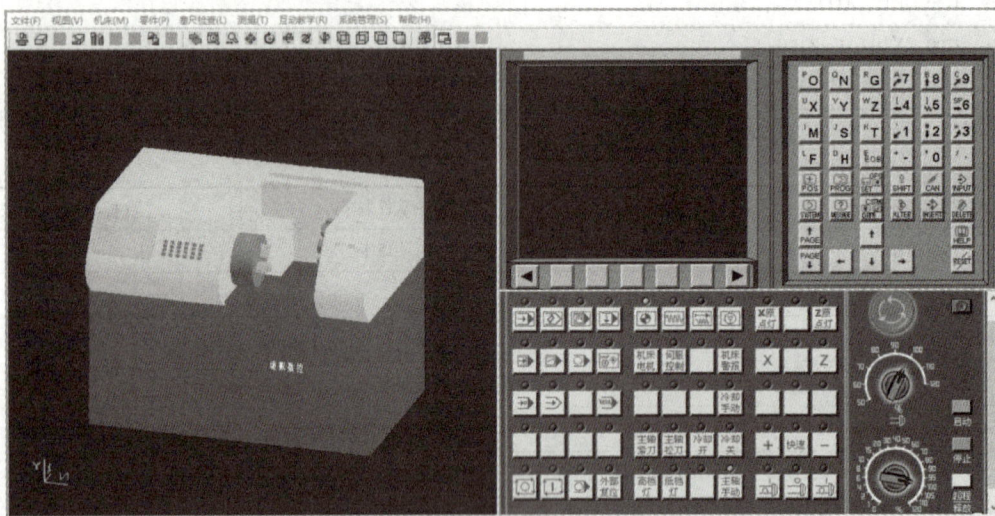

a) 选择机床

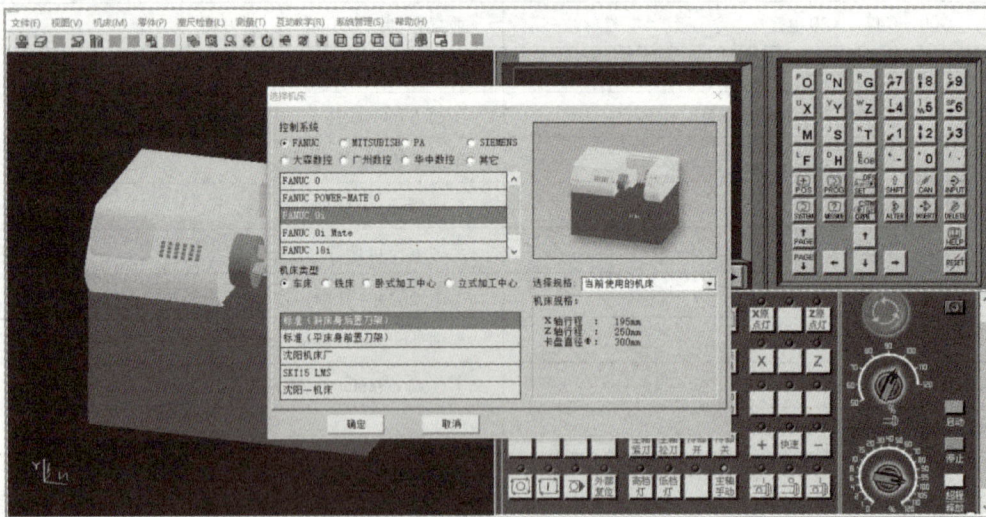

b) 选择控制系统和机床类型

图 2-111　仿真软件准备

2. 激活机床

检查急停按钮是否松开至 状态，若未松开，按急停按钮 ，将其松开。然后按 键启动电源，如图 2-112 所示。

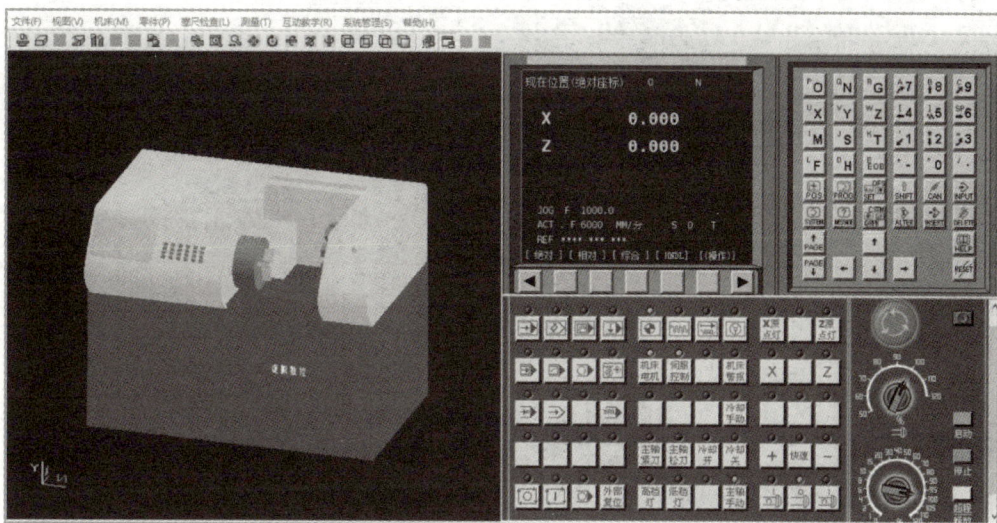

图 2-112　激活机床

3. 回参考点

按 [⊙] 键，进入"回参考点"模式，按 [X] 键来选择 X 轴，按住正向移动键 [+] 来移动 X 坐标；再按 [Z] 键来选择 Z 轴，按住正向移动键 [+] 来移动 Z 坐标，使机床回参考点如图 2-113 所示。

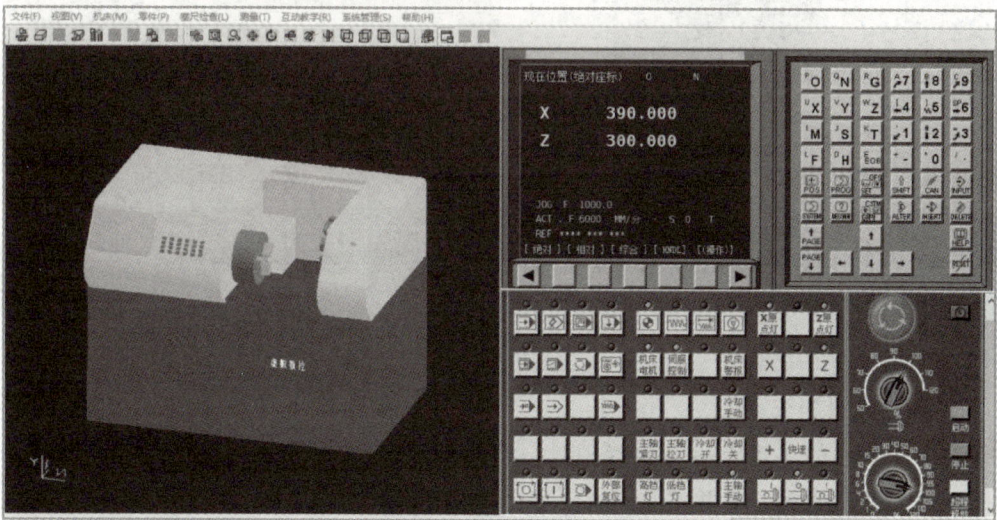

图 2-113　机床回参考点

4. 毛坯的选择和安装

选择毛坯：依次单击菜单栏中的"零件"→"定义毛坯"，或在工具条上选择 [⊟]，如图 2-114a 所示。安装毛坯：依次单击菜单栏中的"零件"→"放置零件"，或者在工具栏中单击图标 [⊠]，系统将弹出"选择零件"对话框，选择定义的毛坯，如图 2-114b 所示。

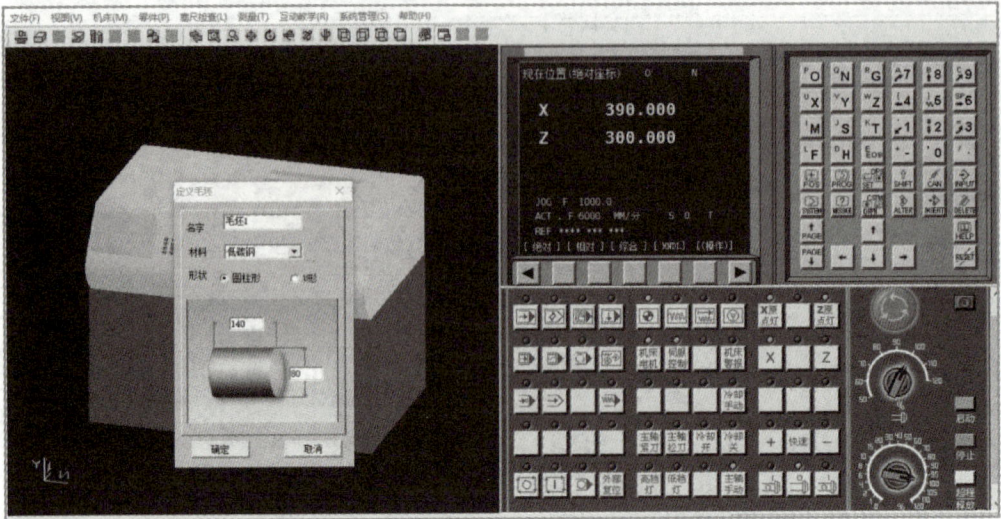

a) 定义毛坯

b) 安装毛坯

图 2-114　毛坯的选择和安装

5. 刀具的选择和安装

单击菜单栏中的"机床"→"选择刀具",或在工具条上单击图标▦,系统将弹出"刀具选择"对话框,选择刀具并安装刀具,如图 2-115 所示。

6. 对刀操作

按操作面板中▦键,切换到手动状态,然后按轴移动键,使刀具移动到切削零件的大致位置。

X 轴方向对刀:按轴移动键,用所选刀具沿 Z 轴方向试切工件外圆,X 轴不移动。切削完毕后,把刀具沿 Z 轴正方向退至工件外部,再按操作面板上的▦键,使主轴停止转动。依次单击菜单栏中的"测量"→"剖面图测量",然后单击刀具试切外圆时所切线段(选中的

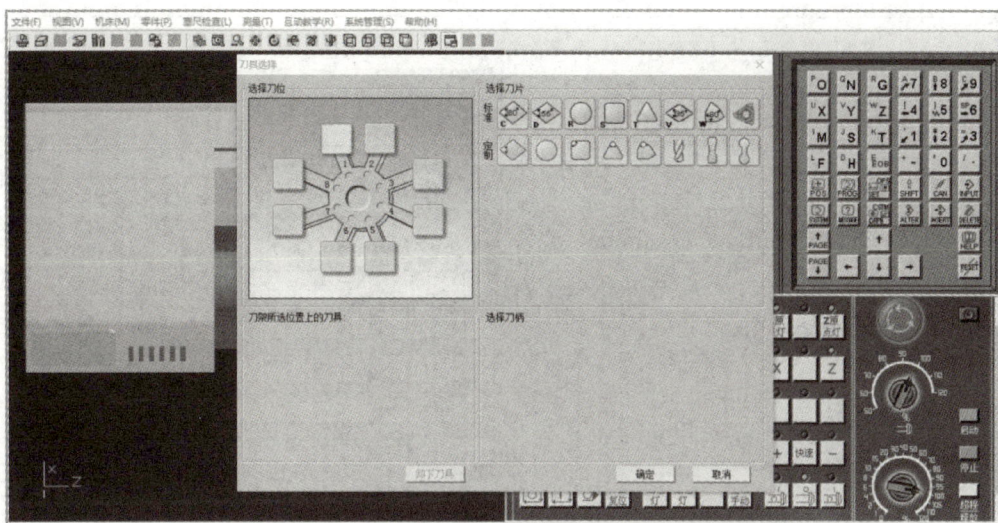

图 2-115　安装刀具

线段由红色变为黄色），记下对话框中对应的 X 值，如图 2-116a 所示。按 [OFFSET SETTING] 键，进入参数显示界面，再单击 [形状]，把光标移动至切削刀具的刀补位置，然后输入 X 值，完成后单击 [测量]，系统将自动计算，并将计算结果自动输入在 X 偏置栏中，如图 2-116b 所示。

Z 轴方向对刀：将刀具移动到可切削零件的大致位置，按轴移动键，使刀具沿 X 轴方向试切工件端面，Z 轴不移动。切削完毕后，把刀具沿 X 轴方向退至工件外部。按操作面板上的 [ ] 键，使主轴停止转动；按 [OFFSET SETTING] 键，再单击 [形状]，进入刀补显示界面，将光标移动至切削刀具的刀补位置，然后输入 Z0，完成后单击 [测量]，系统将自动计算，并将计算结果自动输入在 Z 偏置栏中，如图 2-116b 所示。

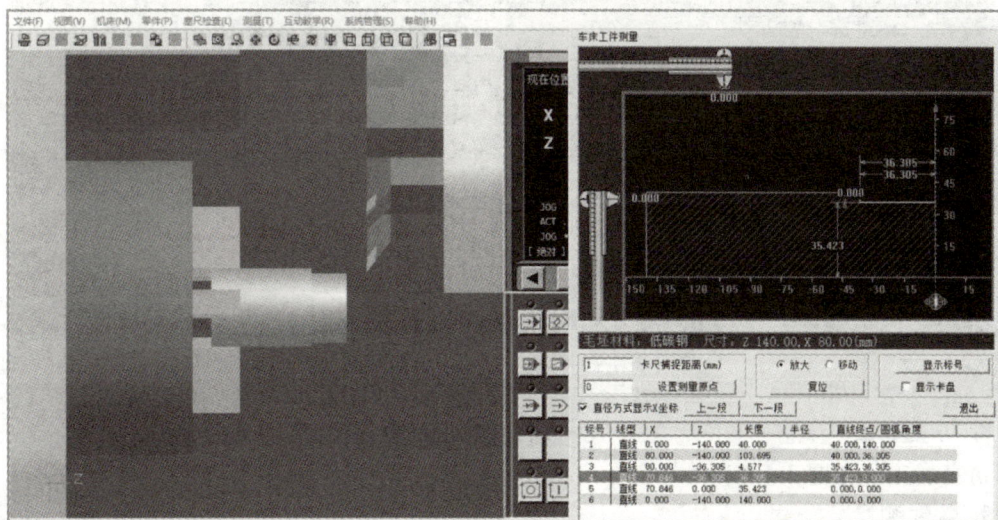

a) 测量工件

图 2-116　对刀

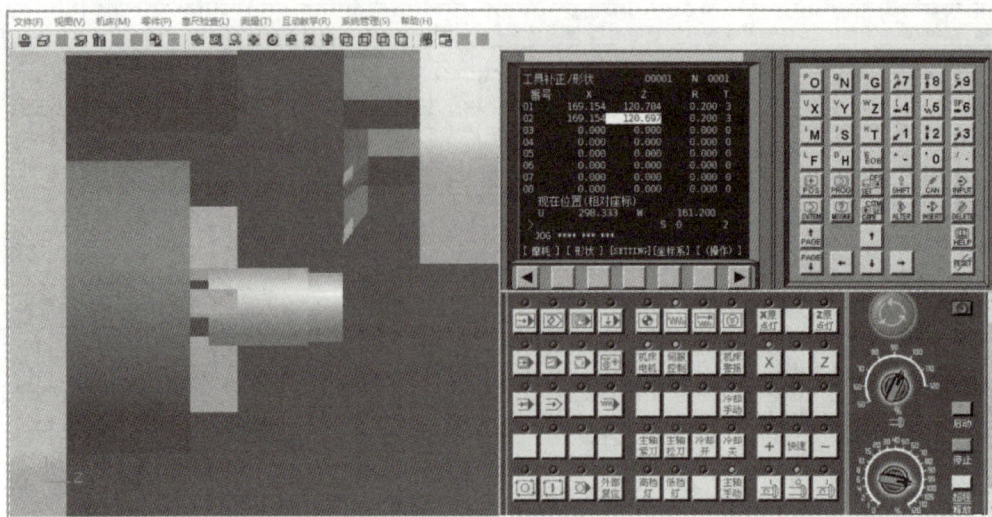

b) 输入对刀值

图 2-116 对刀（续）

7. 程序输入与校验

在操作面板上按模式选择键 ⟨⟩，进入编辑模式，在系统面板上按 PROG 键，进入程序显示界面。在操作面板上按模式选择键 →，切换到自动模式，在系统面板上按 CUSTOM GRAPH 键，系统进入轨迹检查界面。按循环启动键 Ⅰ 开始模拟执行程序，如图 2-117、图 2-118 所示。

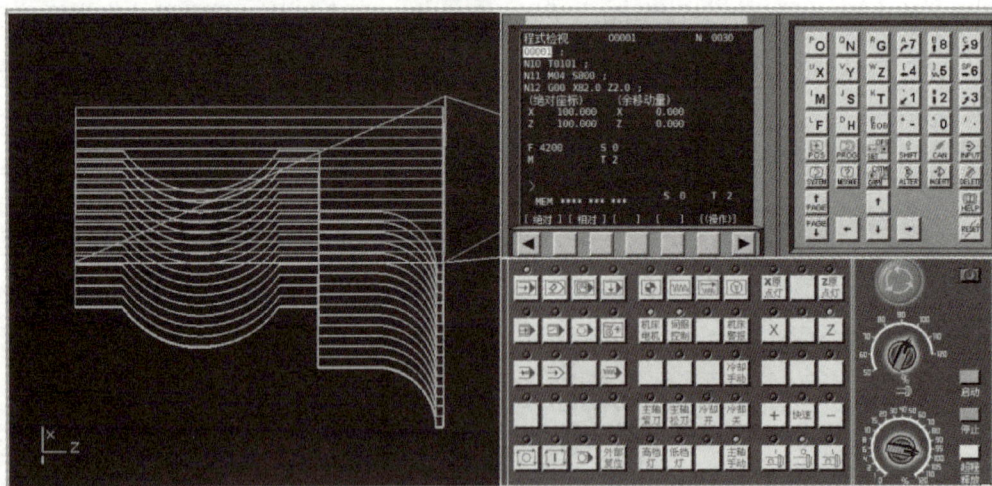

图 2-117 零件右侧程序校验

8. 仿真加工

仿真加工，如图 2-119 所示。

9. 零件测量

零件加工完成后，依次单击菜单中的"测量"→"剖面图测量"，进入"测量"对话框，如图 2-120 所示。

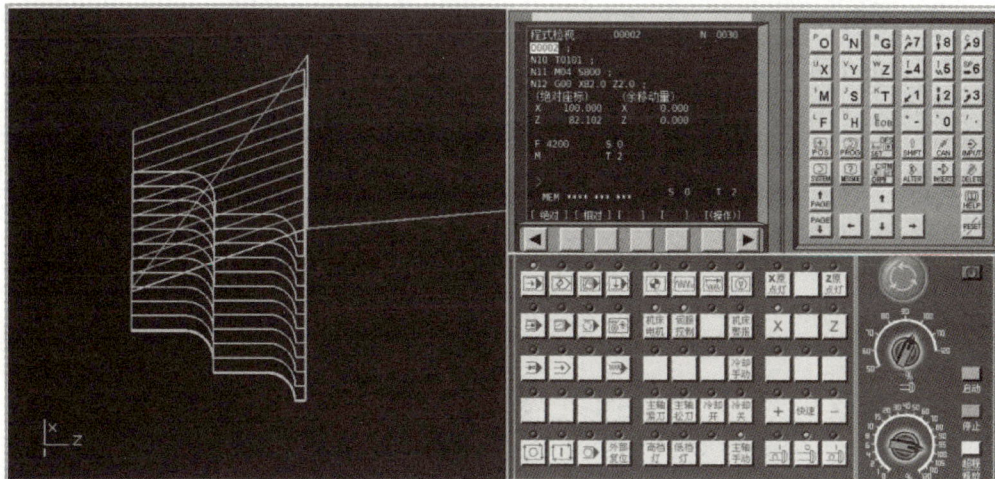

图 2-118　零件左侧程序校验

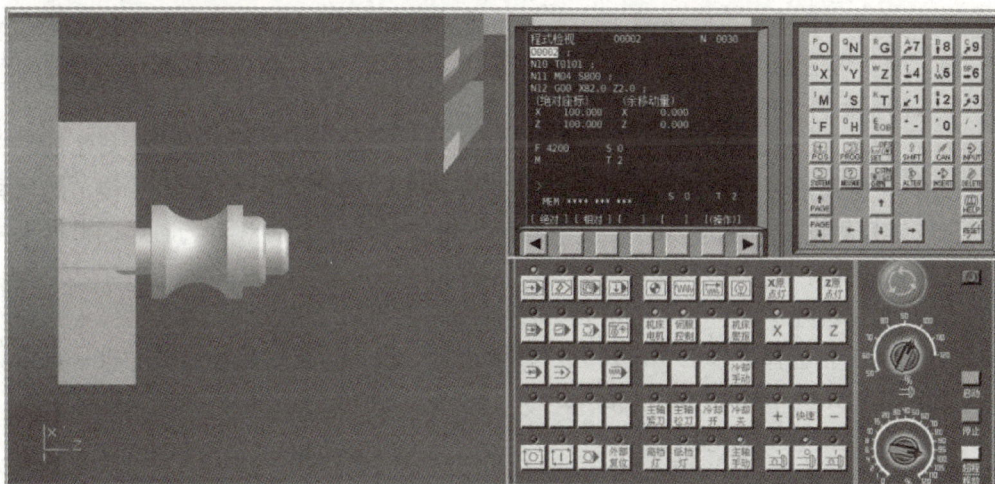

图 2-119　仿真加工

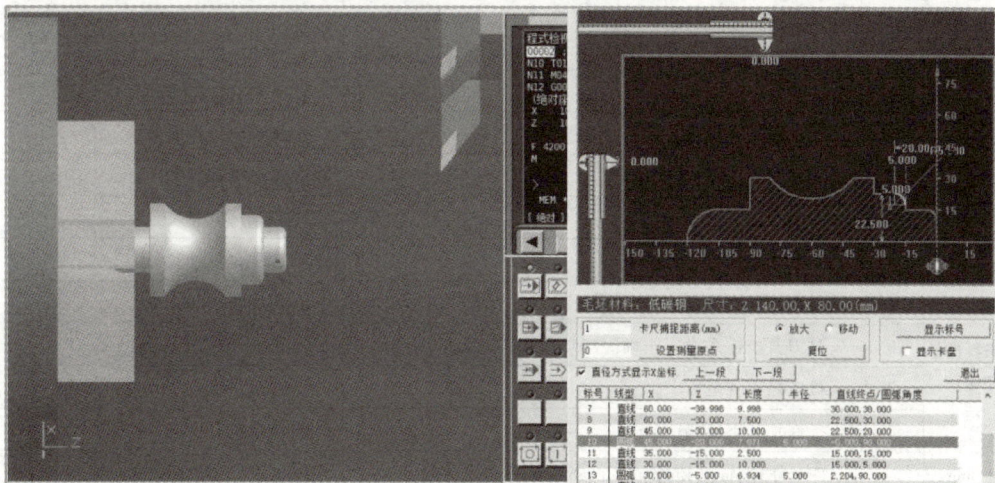

图 2-120　测量零件

10. 优化零件程序

根据零件的仿真加工，优化零件加工程序。

任务四　圆弧轴数控实操加工与检测

1. 毛坯、刀具、工具准备

2. 程序输入与编辑

1）开机。

2）回参考点。

3）输入程序。

4）检查程序。

3. 零件加工

1）启动机床主轴转动。

2）对刀。

① X 向对刀。在手动 JOG 方式下，车削外圆，车削完毕后沿 +Z 方向退刀，按下"主轴停止"键，测量切削外圆的直径；按"OFFSET/SETTING"键，然后移动光标到相应刀号的位置，输入测量的外圆直径值，再按"测量"键，完成 X 方向对刀。

② Z 向对刀。在手动 JOG 方式下，按"主轴正转"键，使主轴转动，车削端面。车削完毕后，沿 +X 方向退刀，按下"主轴停止"键，再按"OFFSET/SETTING"键，然后移动光标到相应刀号的位置，输入 Z0，再按"测量"键，完成 Z 方向对刀。同理，根据上述步骤完成其他刀具的对刀。

3）调出加工程序。

4）自动加工。选择机床工作模式为"自动运行"模式，按"循环启动"键，机床进行自动加工。

4. 圆弧轴尺寸检测与评分

成绩评分标准见表 2-40。

表 2-40　圆弧轴编程与加工评分表

工件编号			配分	总得分		
项目与比重	序号	技术要求		评分标准	检测记录	得分
程序与工艺（25%）	1	程序段格式规范	5	不规范每处扣2分		
	2	程序正确完整	10	每错一处扣2分		
	3	切削用量合理	5	不合理每处扣2分		
	4	工艺规程规范、合理	5	不合理每处扣2分		
机床操作（20%）	5	刀具选择安装正确	5	不正确每次扣2分		
	6	对刀及坐标系设定正确	5	不正确每次扣2分		
	7	机床操作规范	5	不规范每次扣2分		
	8	工件加工不出错	5	出错全扣		
工件质量（35%）	9	两处 $\phi30mm$、$\phi45mm$、两处 $\phi60mm$ 外圆尺寸精度符合要求	15	不合格每处扣3分		

（续）

工件编号		技术要求	配分	总得分		
项目与比重	序号			评分标准	检测记录	得分
工件质量（35%）	10	两处 R5mm、R15mm、R25mm 圆弧尺寸精度符合要求	8	不合格每处扣 2 分		
	11	两处 15mm、30mm、两处 40mm 长度尺寸精度符合要求	5	不合格每处扣 1 分		
	12	120mm 长度尺寸（公差要求）精度符合要求	2	不合格全扣		
	13	位置公差（同轴度）精度符合要求	3	不合格全扣		
	14	表面粗糙度 Ra1.6μm、Ra3.2μm	2	不合格每处扣 1 分		
文明生产（20%）	15	安全操作	10	出错全扣		
	16	机床维护与保养	5	不合格全扣		
	17	工作场所整理	5	不合格全扣		

思考题：

1. 简述 G02、G03 指令的格式及参数的含义。

2. 简述 G73 指令的格式及参数的含义。

3. 编写程序时，刀尖圆弧半径补偿相关指令 G40、G41、G42 的注意事项有哪些？

4. 在编写精度较高的锥体零件程序时，还需要用刀尖圆弧半径补偿指令吗？为什么？

5. 零件如图 2-121 所示，工件材料为 45 钢，确定工件坐标系原点，分析零件的加工工艺，试编制零件的加工程序。

6. 零件如图 2-122 所示，工件材料为 45 钢，确定工件坐标系原点，分析零件的加工工艺，试编制零件的加工程序。

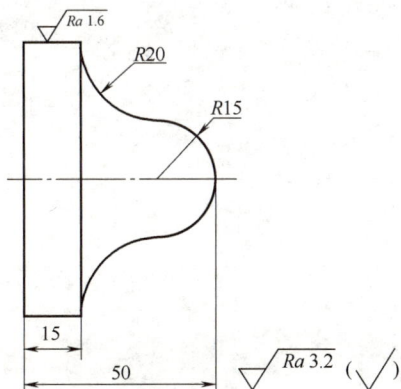

图 2-121　圆弧轴（1）

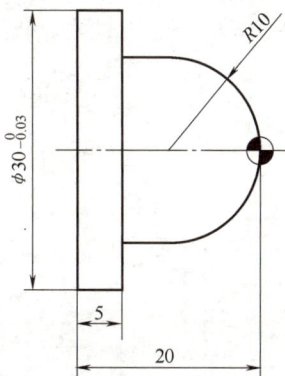

图 2-122　圆弧轴（2）

7. 零件如图 2-123 所示，工件材料为 45 钢，确定工件坐标系原点，分析零件的加工工艺，试编制零件的加工程序。

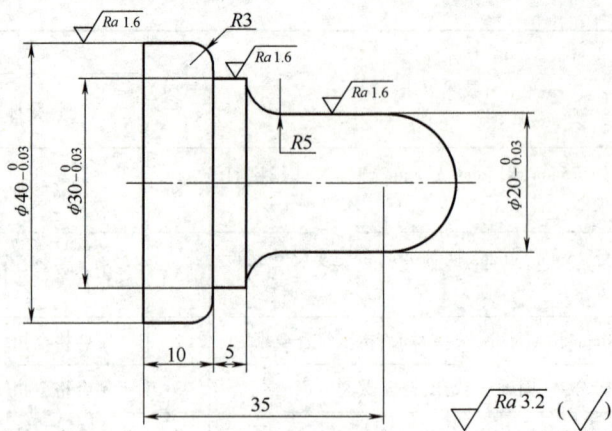

图 2-123　圆弧轴（3）

模块三

数控铣床（加工中心）编程与加工

项目一　零件平面的铣削编程与加工

项目目标

◎ 了解平面类零件的加工工艺
◎ 掌握 G00、G01、G28 等指令的编程格式及其参数的含义
◎ 掌握 G00、G01、G28 等指令的应用
◎ 掌握 G28、G27、G29 指令的区别
◎ 具备零件平面铣削编程能力
◎ 具备零件平面数控仿真加工能力
◎ 具备零件平面实操加工与尺寸检测能力

项目导入

　　零件如图 3-1 所示，完成零件上表面的编程与加工，零件的毛坯尺寸为 80mm×80mm×30mm，加工深度为 5mm，盘铣刀直径为 ϕ30mm。

项目分析

　　本项目典型零件是平面零件，属于典型的平

面类零件。零件结构简单，由六个平面组成，零件的上表面是加工平面，加工时装夹方便，采用通用夹具装夹即可。通过本项目的实施，学习面铣刀的选择和安装、平面的加工方法、平面切削用量的选择、平面加工工艺的制订、数控铣床（加工中心）基本编程指令的格式及其参数、零件平面加工程序的编制与应用以及零件平面的加工与检测等方面的知识。

图 3-1　平面零件

相关知识

一、平面铣削工艺

1. 平面铣削的概念

平面铣削通常指对工件上的各类平面进行铣削并达到一定表面质量要求的加工，可通过

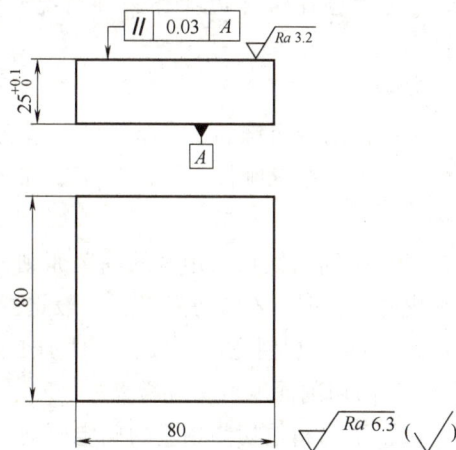

立铣刀周铣和面铣刀端铣两种方式完成。一般大面积的平面铣削使用面铣刀端铣；小面积平面铣削可使用面铣刀端铣，也可使用立铣刀周铣。

2. 面铣刀及选用

（1）硬质合金可转位式面铣刀　这种铣刀结构成本低，制作方便，切削刃用钝后，可直接在机床上转换切削刃和更换刀片。

（2）面铣刀直径的选择　对于面积不太大的平面，宜用直径比平面宽度大的面铣刀实现单次平面铣削。平面铣刀最理想的宽度应为零件宽度的 1.3~1.6 倍。1.3~1.6 倍的比例可以保证切屑能较好地形成和排出。

（3）面铣刀刀齿的选择　粗齿铣刀主要用于粗加工；细齿铣刀主要用于平稳条件下的铣削加工；密齿铣刀的每齿进给量较小，主要用于薄壁铸铁的加工。

3. 平面铣削时走刀路线的设计

1）刀心轨迹与工件中心线重合。

2）刀心轨迹与工件边缘重合。

3）刀心轨迹在工件边缘外。

4）刀心轨迹在工件边缘与中心线间。

在拟定面铣刀路线时，应尽量避免刀心轨迹与工件中心线重合、刀心轨迹与工件边缘重合、刀心轨迹在工件边缘外三种情况，将刀心轨迹设计在工件边缘与中心线间是理想的选择。

4. 平面铣削用量

平面铣削分粗铣削、半精铣削、精铣削三种情况。粗铣时，铣削用量的选择侧重考虑刀具性能、工艺系统刚性、机床功率、加工效率等因素。精铣削时侧重考虑表面加工精度的要求。

（1）平面粗铣切削用量的确定原则　首先选取较大的 Z 向切削深度和切削宽度。铣削无硬皮的钢料时，Z 向切削深度一般选择 3~5mm；铣削铸钢或铸铁时，Z 向切削深度一般选择 5~7mm。切削宽度可根据工件加工面的宽度进行选择，尽量一次铣出，当切削宽度较小时，Z 向切削深度可相应增大。

（2）平面精铣切削用量的确定原则　当表面粗糙度要求在 $Ra1.6~3.2\mu m$ 时，平面一般采用粗、精铣两次加工；经过粗铣加工，精铣加工的余量为 0.5~2mm，考虑到表面质量要求，应选择较小的每齿进给量；此时加工余量比较少，因此可尽量选较大的铣削速度。如果表面质量要求较高（$Ra0.4~0.8\mu m$），则表面精铣时切削深度的选择为 0.5mm 左右；每齿进给量一般选较小值，高速钢铣刀为 0.02~0.05mm，硬质合金铣刀为 0.10~0.15mm；铣削速度在推荐范围内选最大值。

二、编程指令

数控编程时，数字单位以公制为例分为两种：一种是以毫米（mm）为单位，另一种是以脉冲当量（即机床的最小输入单位）为单位。现在大多数机床常用的脉冲当量为 0.001mm。

对于数字的输入，有些系统可省略小数点，有些系统可以通过系统参数来设定是否可以省略小数点，而大部分系统小数点不可省略。对于不可省略小数点的系统，当使用小数点进行编程时，数字在公制中以毫米为输入单位，在英制中以英寸（in）为输入单位，角度以度（deg）为输入单位；而当不用小数点编程时，则以脉冲当量作为输入单位。

【例 3-1】 从 A 点（0，0）移动到 B 点（30，0）有以下三种表达方式：

X30.0

X30.　　　　（小数点后的零可省略）

X30 000　　　（脉冲当量为 0.001mm）

以上三组数值表示的坐标值均为 30mm，但 30.0 与 30000 从数学角度上看相差了 1000 倍。因此，在进行数控编程时，不管哪种系统，为保证程序的正确性，最好不要省略小数点的输入。此外，脉冲当量为 0.001mm 的系统采用小数点编程时，如果小数点后的位数超过四位，则数控系统按四舍五入处理。例如，当输入 X30.1234 时，经系统处理后的数值为 X30.123。

三、刀位点

刀位点，如图 3-2 所示，它是加工和编制程序时用于表示刀具特征的点，也是对刀和加工的基准点。镗刀的刀位点，通常是指刀具的刀尖；钻头的刀位点通常指钻尖；立铣刀、面铣刀的刀位点指刀具底面的中心；而球头铣刀的刀位点指球头中心。

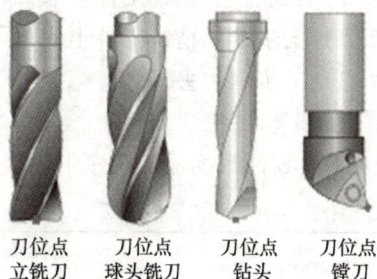

刀位点　　刀位点　　刀位点　　刀位点
立铣刀　　球头铣刀　钻头　　　镗刀

图 3-2　数控刀具的刀位点

项目实施

任务一　零件平面数控加工工艺编制

1. 分析零件图

如图 3-1 所示，该平面零件由两处 80mm×80mm、四处 25mm×80mm 平面组成，结构简单。零件的上表面是加工表面，零件的高度尺寸 25mm 是自由尺寸，公差值大，加工容易。零件的上下平面有位置公差的要求，即平行度，其公差值为 0.03mm。零件上表面的表面粗糙度为 $Ra3.2\mu m$，其他表面均为 $Ra6.3\mu m$。

2. 确定装夹方案

装夹方案要按照尽量选用通用夹具，尽量减少装夹次数，在一次装夹中尽可能完成多个表面加工，以及夹紧力的作用点应布置在零件结构强度高和刚性好的位置等原则来选取。此零件为箱体类工件，毛坯尺寸为 100mm×100mm×30mm，零件的外形尺寸为 80mm×80mm×25mm。根据零件的结构特征，用高精度机用平口钳夹持工件的左、右侧面，加工工件的上表面，并把精度定位块放在工件的下面，使工件的下表面与定位块紧密贴合，以保证工件上、下表面的平行度。

3. 选择刀具及切削用量

为保证零件的尺寸精度和表面粗糙度，根据零件的加工材料和刀具材料，选择合适的切削用量参数，刀具及切削用量参数见表 3-1。

表 3-1　刀具及切削用量参数

序号	刀具号	刀具类型	加工表面	切削用量	
				主轴转速 n /(r/min)	进给速度 v_f /(mm/min)
1	T01	ϕ30mm 面铣刀	粗铣上表面	800	100
2	T02	ϕ30mm 面铣刀	精铣上表面	1200	50

4. 确定加工方案

根据先粗后精、先近后远的加工原则确定加工顺序。为保证零件平面的尺寸精度和位置精度，夹持工件的左、右侧面，完成工件上表面铣削，并控制工件高度。

平面零件加工工序：

1）工步一：粗铣工件上表面。

2）工步二：精铣工件上表面。

3）工步三：去毛刺。

5. 填写工序卡

平面零件数控加工工序卡见表 3-2。

表 3-2　数控加工工序卡

数控加工工序卡		工序卡编号		零件名称		零件材料		零件号
				平面零件		45 钢		
工序号	程序号	设备名称		工位号	夹具		夹具编号	车间
01	O0001				高精度机用平口钳			
工步号	工步内容	切削用量			刀具		量具名称	备注
		主轴转速 /(r/min)	进给速度 /(mm/min)	背吃刀量 /mm	编号	名称		
1	粗铣零件上表面	800	100	1~2	T01	面铣刀	游标卡尺	
2	精铣零件上表面	1200	50	0.5	T02	面铣刀	外径千分尺	
3	去毛刺	—	—	—	—	—	—	
编制		审核			日期		共 1 页	第 1 页

任务二　零件平面数控铣削程序编制

如图 3-1 所示的平面零件的数控加工程序见表 3-3。

表 3-3　数控加工程序

零件名称	零件编号	零件材料	数控系统
平面零件		45 钢	FANUC 0i-Mate
程序内容		说明	
O0001;		程序名	
N10　G54　G90　G00　X0　Y0;		建立工件坐标系	
N11　Z100.0;		刀具快速移动到工件上部 100mm 处	
N12　X−60.0　Y−30.0;		刀具快速移动到 X 轴−60.0mm、Y 轴−30.0mm 处	
N13　Z5.0;		刀具快速移动到工件上部 5mm 处	
N14　M03　S800;		主轴正转，转速 800r/min（精铣时，主轴转速 1200r/min）	

（续）

程序内容	说明
N15 G01 Z-5.0 F100.0;	刀具 Z 轴方向进刀 5mm，进给速度 100mm/min（精铣时，进给速度 50mm/min）
N16 X60.0 Y-30.0;	零件上表面铣削加工
N17 Y-20.0;	
N18 X-60.0;	
N19 Y-10.0;	
N20 X60.0;	
N21 Y0;	
N22 X-60.0;	
N23 Y10.0;	
N24 X60.0;	
N25 Y20.0;	
N26 X-60.0;	
N27 Y30.0;	
N28 X60.0;	
N29 G00 Z100.0;	刀具快速移动到工件上部 100mm 处
N30 X0 Y0;	刀具快速移动到工件坐标系原点
N31 M05;	机床主轴停止
N32 M30;	程序结束

任务三 平面零件数控铣削仿真加工

1. 仿真软件准备

打开仿真软件，单击"选择机床" （见图 3-3a），然后在弹出的对话框中完成"控制系统"和"机床类型"的设置后，单击"确定"按钮，进入操作状态，如图 3-3b 所示。

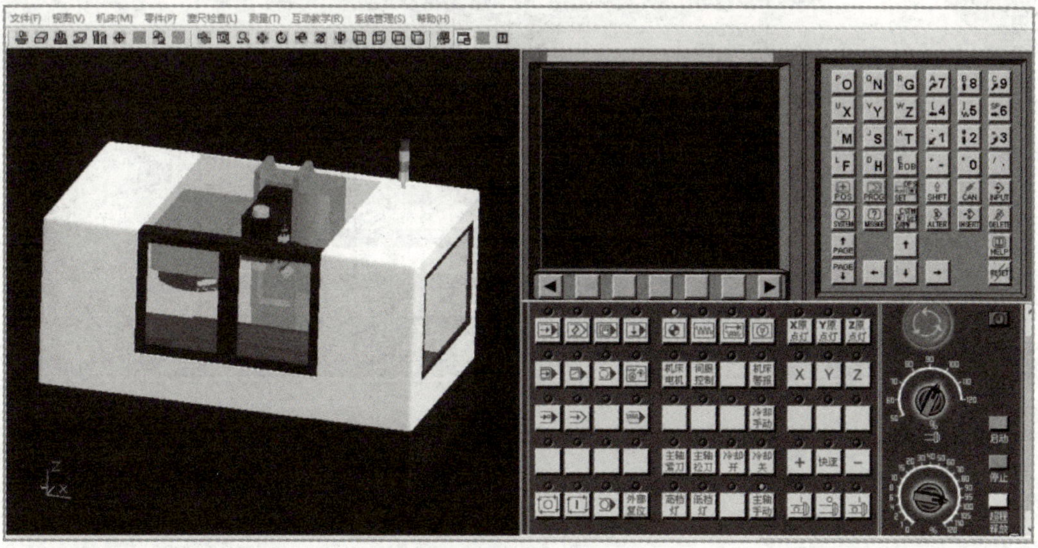

a) 选择机床

图 3-3 仿真软件准备

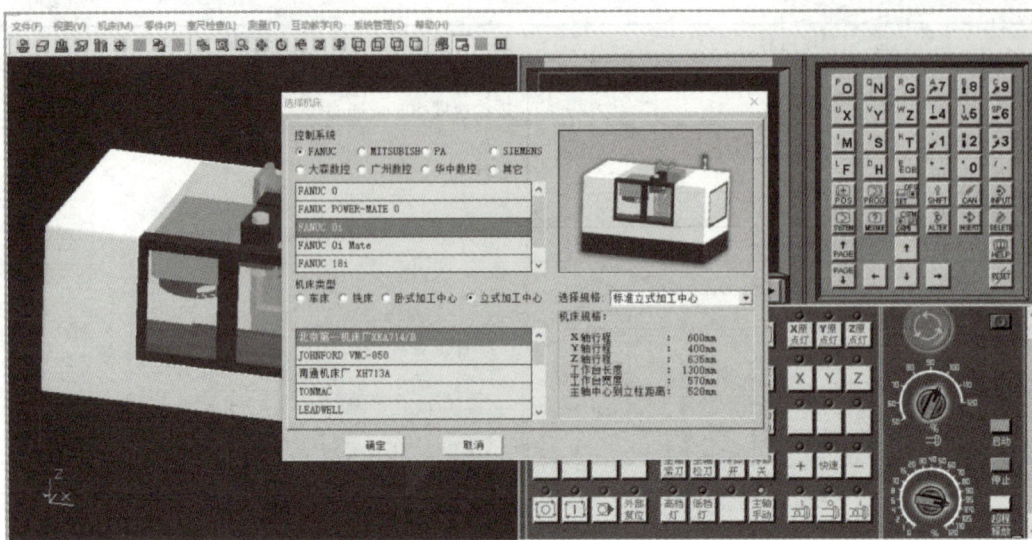

b) 选择控制系统和机床类型

图 3-3 仿真软件准备（续）

2. 激活机床

检查急停按钮是否松开至 ⊙ 状态，若未松开，按急停按钮 ⊙，将其松开。然后按 ▣ 键启动电源，如图 3-4 所示。

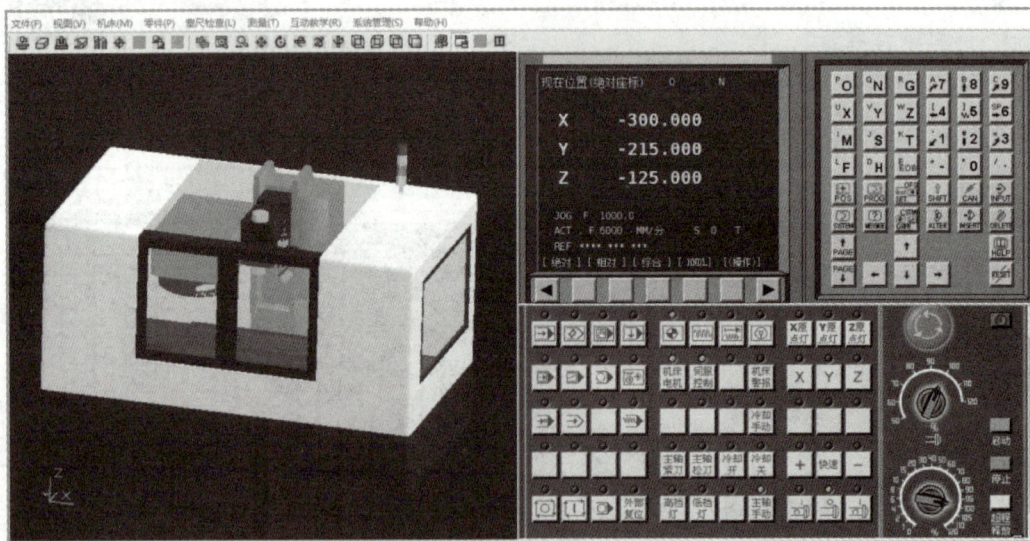

图 3-4 激活机床

3. 回参考点

按 ▣ 键，进入"回参考点"模式，按操作面板上的 ▣ 键，使 X 轴方向移动指示灯变亮 ▣，再按 ▣ 键，使 X 轴回原点，此时 X 轴回原点，指示灯变亮 ▣。同样，再分别按 Y轴、Z 轴方向键 ▣、▣，使对应的移动指示灯变亮，再按 ▣ 键，使 Y 轴、Z 轴回原点，此时 Y 轴、Z 轴回原点指示灯变亮，如图 3-5 所示。

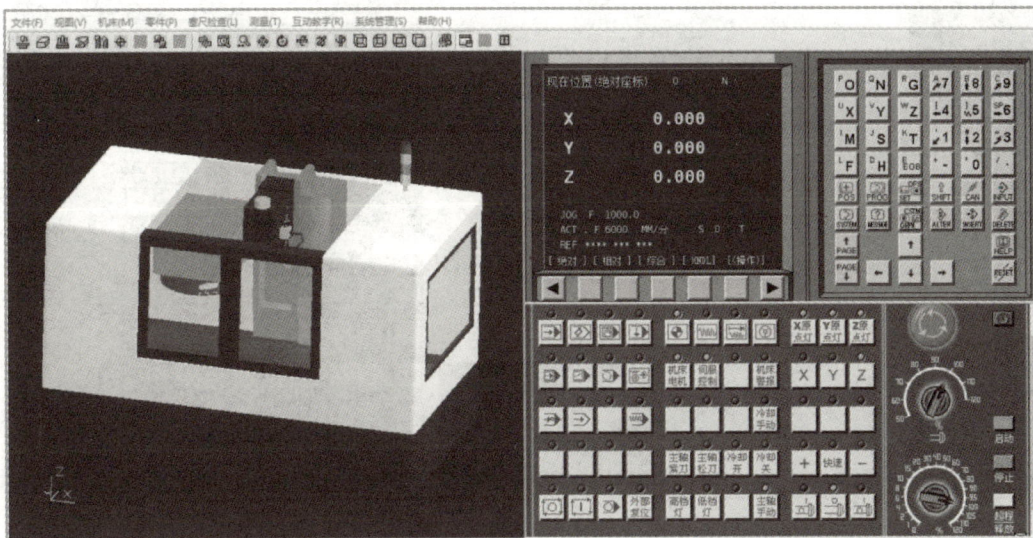

图 3-5　机床回参考点

4. 毛坯的选择和安装

选择毛坯：依次单击菜单栏中的"零件"→"定义毛坯"或在工具条上选择，如图 3-6a 所示。选择夹具：依次单击菜单栏中的"零件"→"安装夹具"，或者在工具栏中单击图标，如图 3-6b 所示。安装毛坯：依次单击菜单栏中的"零件"→"放置零件"，或者在工具栏中单击图标，系统弹出"选择零件"对话框，选择定义的毛坯，零件安装如图 3-6c 所示。

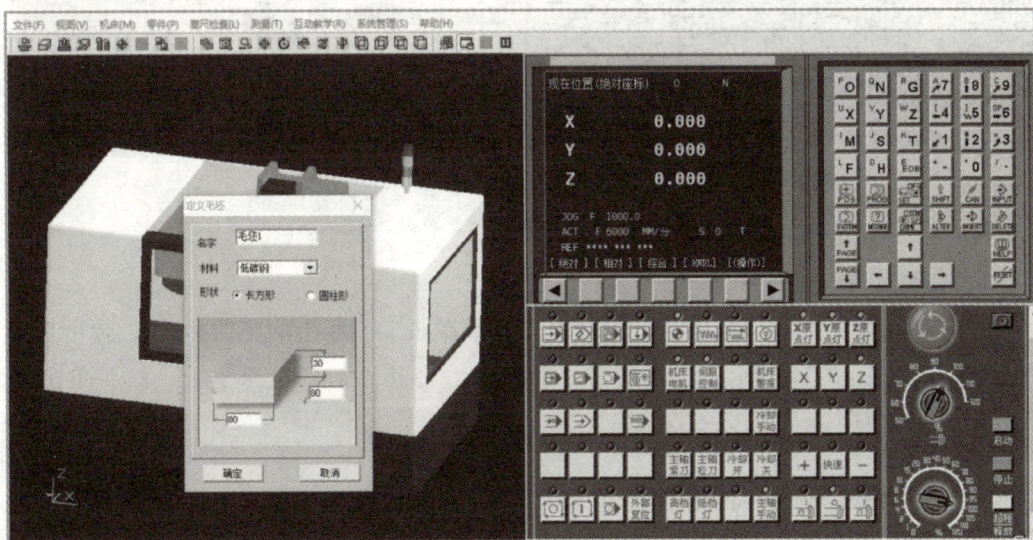

a) 定义毛坯

图 3-6　毛坯的选择和安装

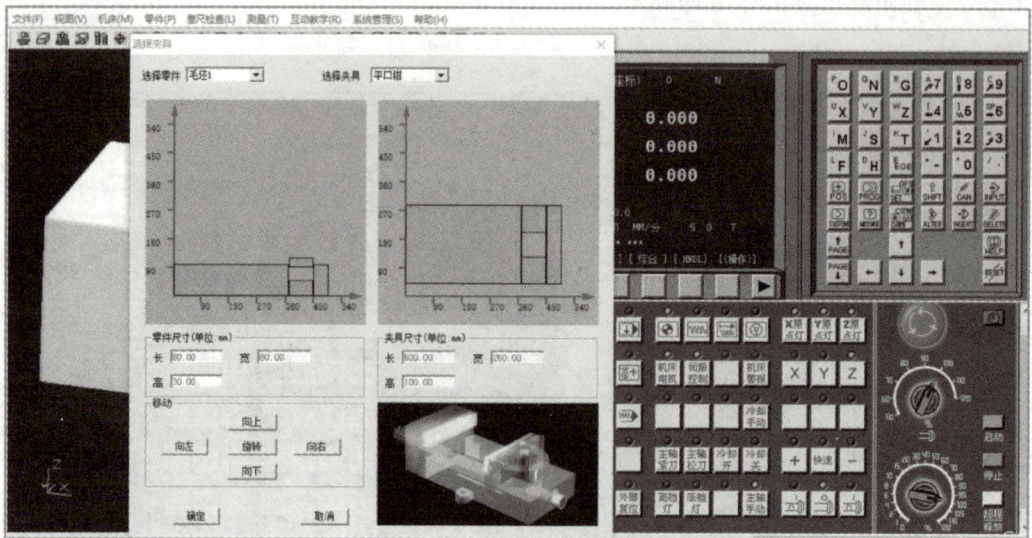

b) 安装夹具

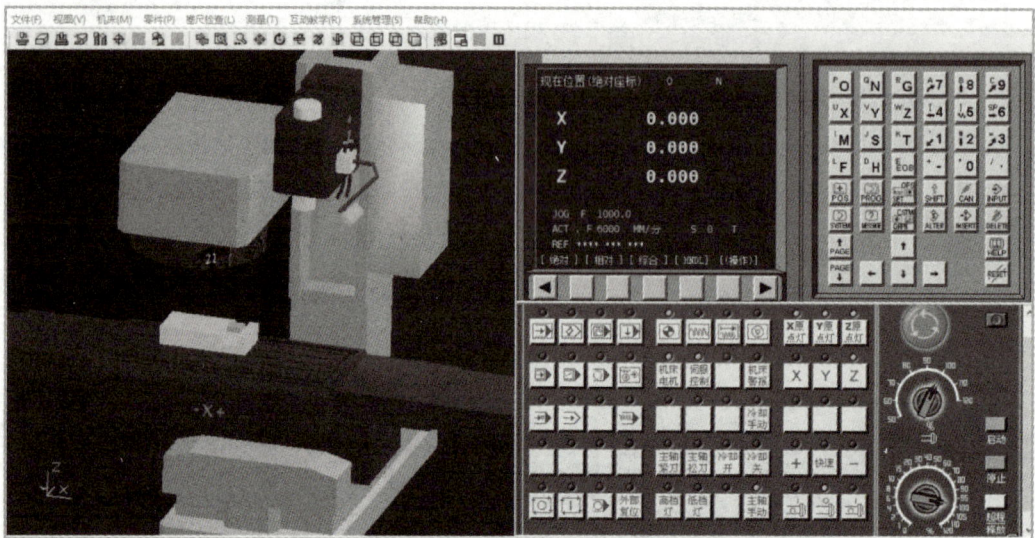

c) 安装毛坯

图 3-6 毛坯的选择和安装（续）

5. 刀具的选择和安装

依次单击菜单栏中的"机床"→"选择刀具"或单击工具条上的小图标，弹出选择刀具的对话框，如图 3-7a 所示；选择所需要的刀具，将其添加到机床主轴，然后单击"确认"，刀具安装如图 3-7b 所示。

6. 对刀操作

依次单击菜单栏中的"机床"→"基准工具"，在弹出的"基准工具"对话框中，左边的是刚性靠棒，右边的是寻边器，如图 3-8a 所示。X 轴、Y 轴对刀一般使用基准工具，基准工具包括刚性靠棒和寻边器两种；Z 轴对刀一般采用实际加工刀具。对刀坐标值如图 3-8b 所示。

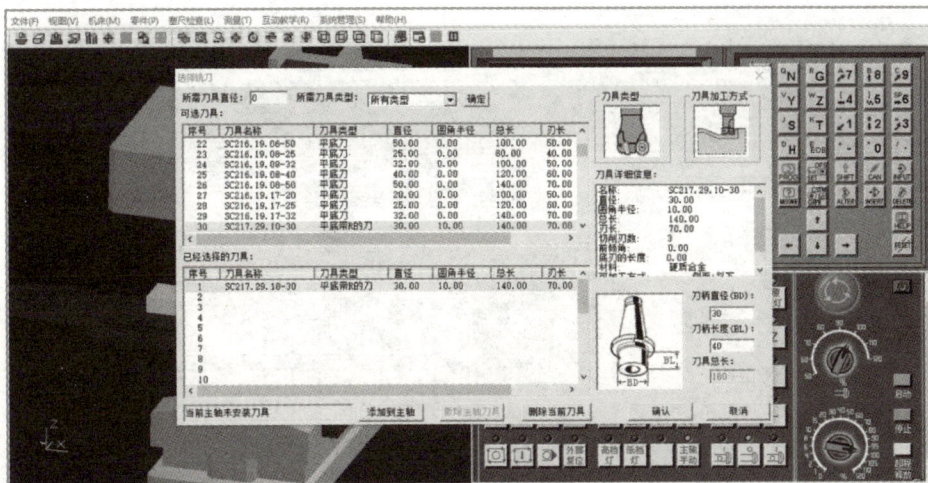
a) 选择刀具

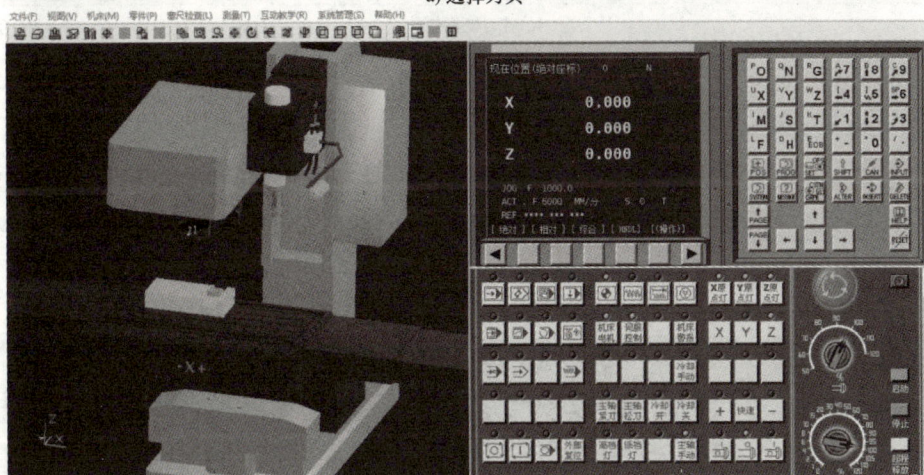
b) 安装刀具

图 3-7 选择并安装刀具

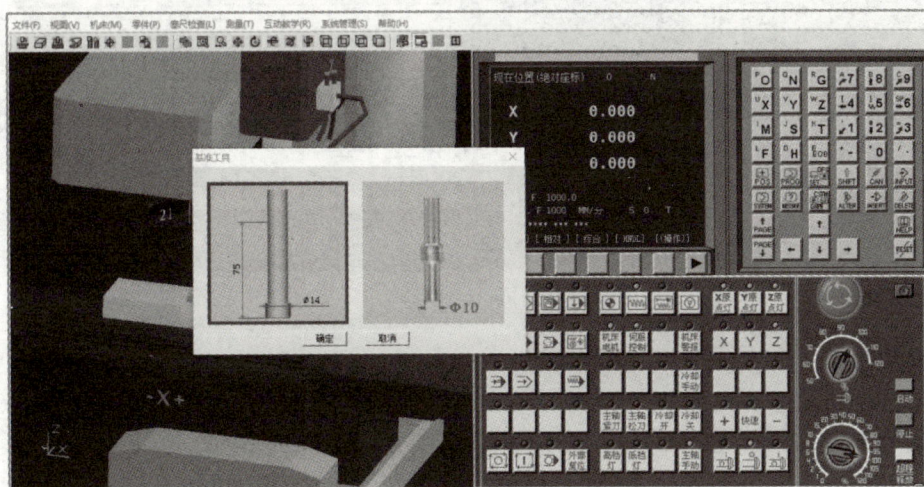
a) 选择基准工件

图 3-8 对刀

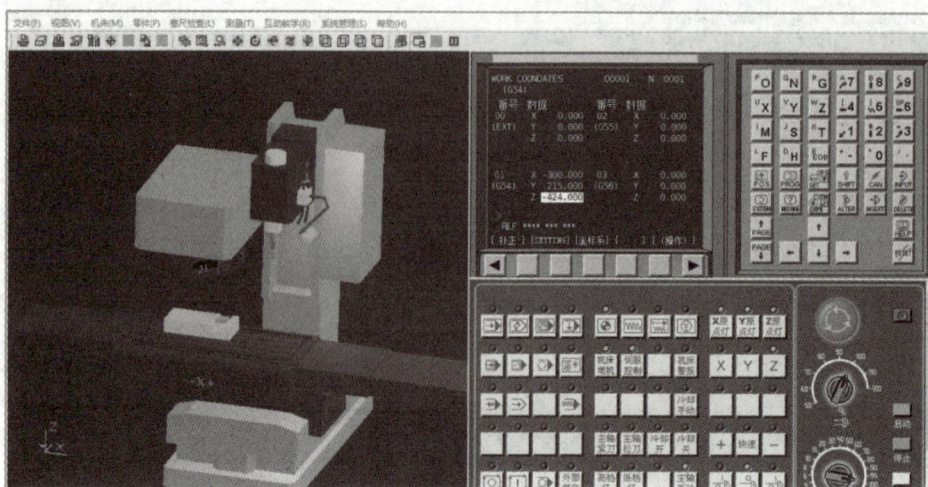

b) 对刀坐标值

图 3-8 对刀（续）

7. 程序输入与校验

在操作面板上按模式选择键 ⬗ ，进入编辑模式，在系统面板上按 PROG 键，进入程序显示界面。在操作面板上按模式选择键 ➡ ，切换到自动模式，在系统面板上按 CUSTOM GRAPH 键，系统进入轨迹检查界面。按循环启动键 ⏻ 开始模拟执行程序，如图 3-9 所示。

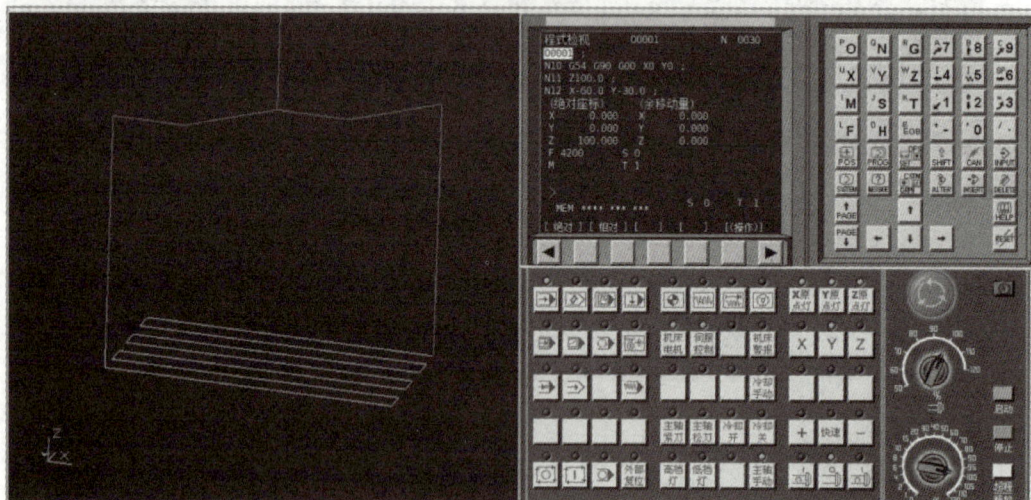

图 3-9 程序校验

8. 仿真加工

仿真加工，如图 3-10 所示。

9. 零件测量

零件加工完成后，依次单击菜单栏中的"测量"→"剖面图测量"，进入"测量"对话框，如图 3-11 所示。

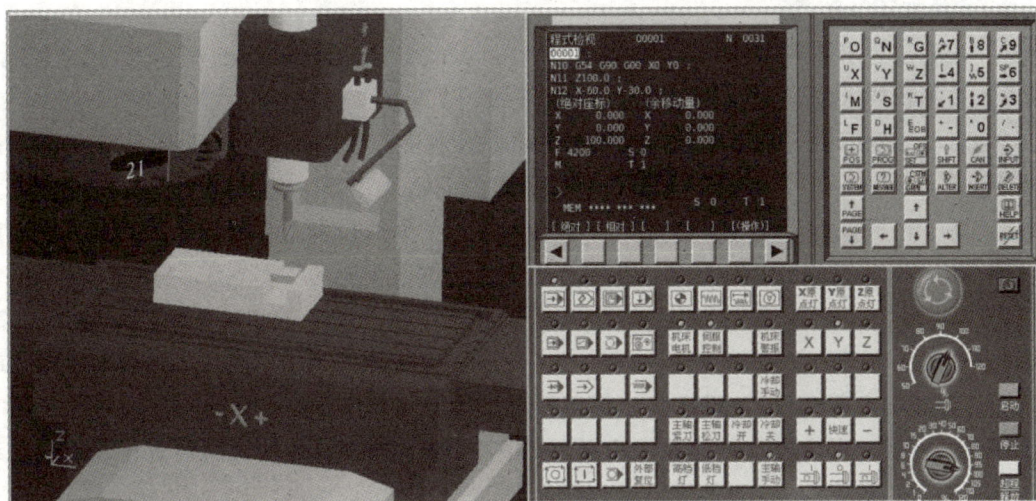

图 3-10　仿真加工

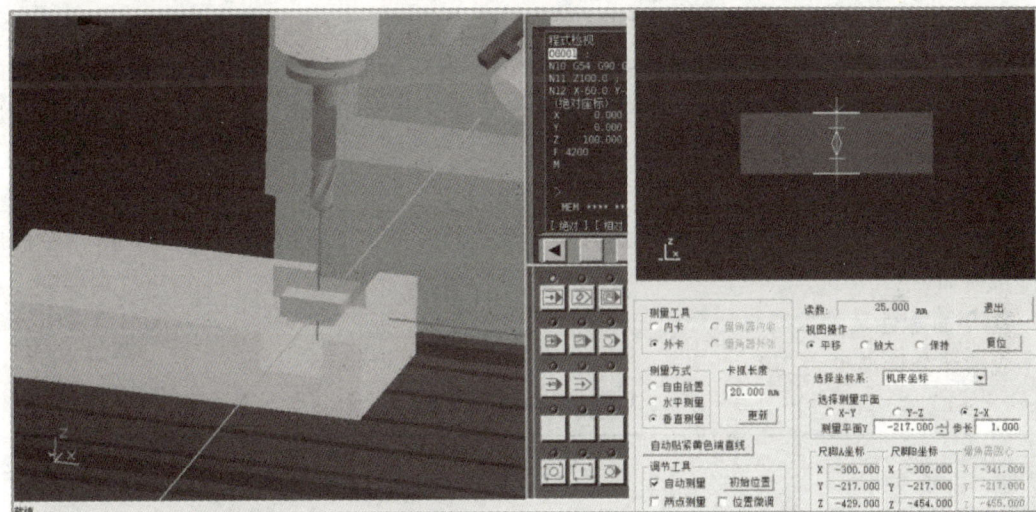

图 3-11　测量零件

10. 优化零件程序

根据零件的仿真加工，优化零件加工程序。

任务四　零件平面数控实操加工与检测

1. 毛坯、刀具、工具准备

2. 程序输入与编辑

1）开机。

2）回参考点。

3）输入程序。

4）检查程序。

3. 零件加工

1) 按工艺要求装夹工件。

2) 按编程要求，确定刀具编号，并安装基准刀具。

3) 启动主轴。若主轴启动过，直接在手动方式下按"主轴正转"键即可；否则在 MDI 方式下输入"M03S×××"，再按"循环启动"键。

4) 在手轮模式下，快速移动 X、Y、Z 轴到接近工件的位置，再移动 Z 轴到工件表面以下的某个位置，此时按"POS"键。在综合坐标中，按面板上的"Z"键，当 CRT 显示器上的"Z"闪动时，按"归零"，或输入 Z0 后按"预定"键，使 Z 轴相对坐标变为 0。

5) 确定 X 轴原点。移动 X 轴，使其与工件的一边接触（为了不破坏工件表面，操作时可在工件表面贴上薄纸片），再把 X 坐标清零；然后提刀，将刀具移动到工件的对边，使其与工件表面接触，再次提刀，把 X 的相对坐标值除以 2，使刀具移动 X/2 位置，该点就是编程坐标系 X 轴的原点。

6) 用相同的方法可找到 Y 轴原点。

7) 确定 Z 轴原点。移动刀具，使刀位点与工件上表面接触。

8) 设定工件坐标原点。对刀完成后，在"综合坐标"界面中查看并记下各轴的 X、Y、Z 值。然后选择 MDI 模式，按"OFFSET/SETING"键，再按"工件系"键，把 X、Y、Z 的机械坐标值输入到坐标系的 G54 ~ G59 中，完成后按"输入"，或分别输入 X0、Y0、Z0 后相应地按"测量"键。

9) 调出加工程序。

10) 自动加工。选择机床工作模式为"自动运行"模式，按"循环启动"键，使机床进行自动加工。

4. 平面零件尺寸检测与评分

成绩评分标准见表 3-4。

表 3-4 平面零件编程与加工评分表

| 工件编号 | | | | | 总得分 | | |
项目与比重	序号	技术要求	配分	评分标准	检测记录	得分
程序与工艺（25%）	1	程序段格式规范	5	不规范每处扣 2 分		
	2	程序正确完整	10	每错一处扣 2 分		
	3	切削用量合理	5	不合理每处扣 2 分		
	4	工艺规程规范、合理	5	不合理每处扣 2 分		
机床操作（20%）	5	刀具选择安装正确	5	不正确每次扣 2 分		
	6	对刀及坐标系设定正确	5	不正确每次扣 2 分		
	7	机床操作规范	5	不规范每次扣 2 分		
	8	工件加工不出错	5	出错全扣		
工件质量（35%）	9	25mm 长度尺寸精度符合要求	15	不合格全扣		
	10	位置公差符合精度要求	10	不合格全扣		
	11	表面粗糙度 $Ra3.2\mu m$	10	不合格全扣		

（续）

工件编号		技术要求	配分	总得分		
项目与比重	序号			评分标准	检测记录	得分
文明生产（20%）	12	安全操作	10	出错全扣		
	13	机床维护与保养	5	不合格全扣		
	14	工作场所整理	5	不合格全扣		

思考题：

1. 如何调整使用 G00 指令时的刀具移动速度？

2. G54~G59 指令的含义是什么？其作用有哪些？

3. 简述 G28、G29 指令的区别。

4. 零件如图 3-12 所示，编写零件的上表面加工程序。零件的毛坯尺寸为 80mm×80mm×35mm，加工深度为 5mm，面铣刀直径为 φ32mm。

5. 何谓刀位点？其作用是什么？

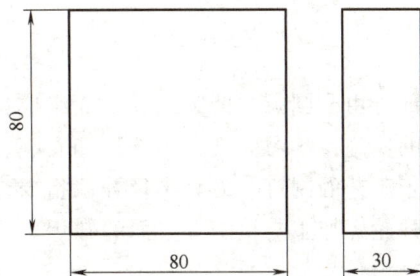

图 3-12 平面加工零件

项目二　零件外轮廓的铣削编程与加工

项目目标

◎理解子程序的定义

◎掌握子程序的格式及调用

◎掌握 G40、G41、G42 指令的编程格式及其参数的含义

◎掌握 G40、G41、G42 指令（零件外轮廓）的应用

◎掌握分层铣削时使用子程序的注意事项

◎掌握 M98、M99 指令（Z 轴多次进刀）的应用

◎具备凸台零件铣削编程能力

◎具备凸台零件数控仿真加工能力

◎具备凸台零件实操加工与尺寸检测能力

项目导入

零件如图 3-13 所示，完成凸台零件的编程与加工，毛坯尺寸为 100mm×100mm×20mm，刀具为立铣刀 φ12mm。确定工件坐标系原点，编写零件加工程序（考虑刀具半径补偿）。

项目分析

本项目典型零件是凸台零件，属于典型的外轮廓类零件。零件结构简单，零件外轮廓加

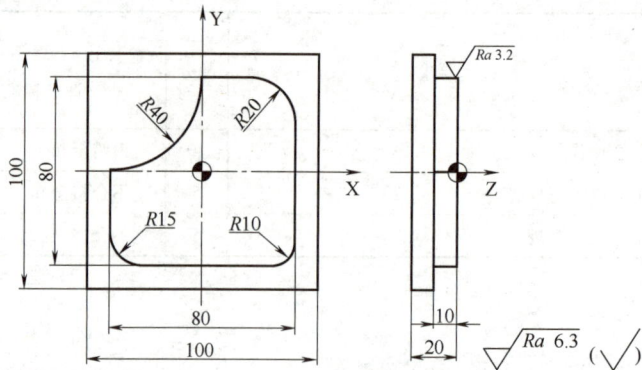

图 3-13 凸台零件

工部分由凸圆弧、凹圆弧及平面组成，加工时装夹方便，采用通用夹具装夹即可。通过本项目的实施，学习立铣刀的选择和安装、外轮廓的加工方法、外轮廓切削用量的选择、外轮廓加工工艺的制订、刀具半径补偿指令、子程序调用、零件外轮廓加工程序编制与应用以及零件外轮廓加工与检测等方面的知识。

相关知识

一、立铣刀及选用

立铣刀是数控机床上用得最多的一种铣刀，主要用于加工凸轮、台阶面、凹槽和箱体面等。

1. 普通高速钢立铣刀

图 3-14 所示为普通高速钢立铣刀，其圆柱面上的切削刃是主切削刃，端面上的切削刃是副切削刃。主切削刃一般为螺旋齿，这样可以增加切削平稳性，提高加工精度。标准立铣刀的螺旋角 β 为 40°～45°（粗齿）和 30°～35°（细齿），套式结构立铣刀的 β 为 15°～25°。

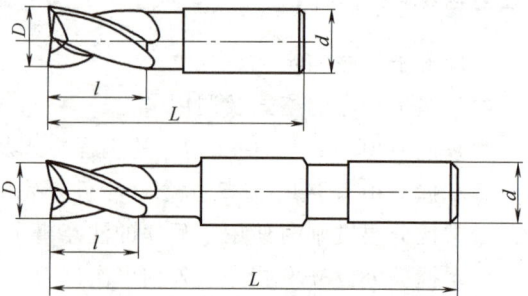

图 3-14 普通高速钢立铣刀

由于普通立铣刀端面中心处无切削刃，所以立铣刀工作时不能作轴向进给，端面刃主要用来加工与侧面相垂直的底平面。

直径较小的立铣刀，一般制成带柄形式。直径 $\phi2～\phi71mm$ 的立铣刀为直柄；直径 $\phi6～\phi63mm$ 的立铣刀为莫氏推柄；直径 $\phi25～\phi80mm$ 的立铣刀为带有螺孔的 7：24 锥柄，螺孔用来拉紧刀具；直径 $\phi40～\phi160mm$ 的立铣刀可做成套式结构。

2. 硬质合金螺旋齿立铣刀

为提高生产效率，除采用普通高速钢立铣刀外，数控铣床或加工中心普遍采用硬质合金螺旋齿立铣刀。

硬质合金螺旋齿立铣刀如图 3-15 所示。这种刀具用焊接、机夹或可转位形式将硬质合

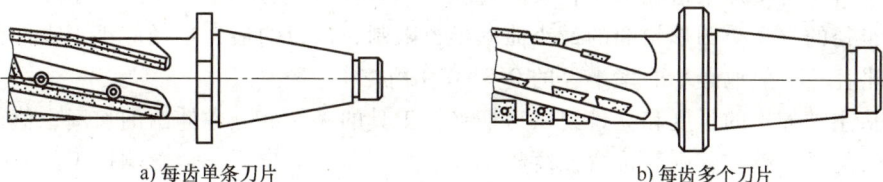

a) 每齿单条刀片   b) 每齿多个刀片

图 3-15   硬质合金螺旋齿立铣刀

金刀片装在具有螺旋槽的刀体上，它具有良好的刚性及排屑性能，可适合粗、精铣削加工，生产效率可比同类型高速钢铣刀提高 2~5 倍。

图 3-15a 所示为在每个齿槽上装单条刀片的硬质合金立铣刀。如图 3-15b 所示的硬质合金立铣刀，常被称为"玉米立铣刀"，在这种刀具的一个刀槽中装上两个或更多的硬质合金刀片，并使相邻刀齿间的接缝相互错开，利用同一刀槽中刀片之间的接缝作为分屑槽，通常在粗加工时选用。

3. 波形刃立铣刀

数控铣床或加工中心加工常选用波形刃立铣刀进行切削余量大的粗加工，能显著地提高铣削效率。波形刃立铣刀与普通立铣刀的最大区别是其切削刃为波形，如图 3-16 所示。波形刃能将狭长的薄切屑变为厚而短的碎块切屑，使排屑顺畅，有利于自动加工的连续进行；由于切削刃是波形，所以它与被加工工件接触的切削刃长度较短，刀具不易产生振动；切削刃的波形特征还使切削刃的长度增大，有利于散热，并有利于切削液渗入切削区，能充分发挥切削液的效果。

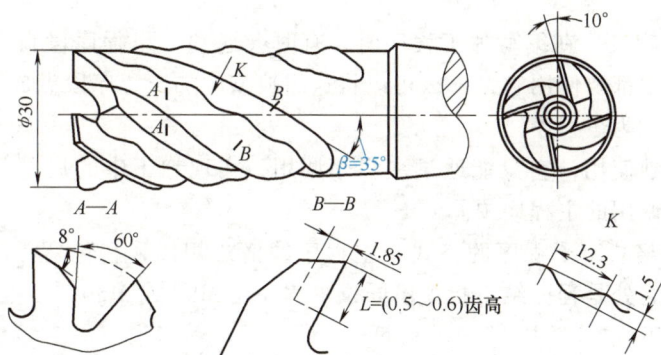

图 3-16   波形刃立铣刀

4. 立铣刀尺寸选择

在数控加工中，必须考虑的立铣刀尺寸因素包括：立铣刀直径、立铣刀长度、螺旋槽长度（侧刃长度）。

在数控加工中，立铣刀的直径必须非常精确，立铣刀的直径包括名义直径和实测直径。名义直径为刀具厂商给出的值；实测直径是精加工用作半径补偿的半径补偿值。重新刃磨过的刀具，即使用实测直径作为刀具半径偏置，也不宜将它用在精度要求较高的精加工中，这是因为重新刃磨过的刀具存在较大的圆跳动误差，影响到加工轮廓的精度。

直径大的刀具比直径小的刀具抗弯强度大，加工中不容易引起受力弯曲和振动。立铣刀铣外凸轮廓时，可按加工情况选用较大的直径，以提高刀的刚性；立铣刀铣削凹形轮廓时，铣刀最大半径的选择受凹形轮廓的最小曲率半径限制，铣刀的最大半径应小于零件内轮廓的最小曲率半径，一般取最小曲率半径的 0.8~0.9 倍。

刀具从主轴伸出的长度和立铣刀从刀柄夹持工具的工作部分中伸出的长度也值得认真考虑，立铣刀的长度越长，则其抗弯强度越小，受力弯曲程度越大，会影响加工的质量，并容易产生振动，加速切削刃的磨损。

5. 立铣刀刀齿选用

立铣刀根据其刀齿数目，可分为粗齿（z 为 3、4、6、8）、中齿（z 为 4、6、8、10）和细齿（z 为 5、6、8、10、12）。粗齿铣刀刀齿数目少，强度高，容屑空间大，适用于粗加工；细齿齿数多，工作平稳，适用于精加工；中齿介于粗齿和细齿之间。

被加工工件材料类型和加工的性质往往影响刀齿数量选择。在加工如铝、镁等塑性大的工件材料时，为避免产生积屑瘤，常用刀齿少的立铣刀。立铣刀刀齿越少，螺旋槽之间的容屑空间越大，可避免在切削量较大时产生积屑瘤。加工较硬的脆性材料时，需要重点避免刀具颤振，应选择多刀齿立铣刀。刀齿越多，切削越平稳，从而减小刀具的颤振。小直径或中等直径的立铣刀通常有两个、三个或四个刀齿，三刀齿立铣刀兼有两刀齿刀具与四刀齿刀具的优点，加工性能好，但三刀齿立铣刀不是精加工的选择，因为它很难精确测量直径尺寸。键槽铣刀不管直径多大，通常只有两个螺旋槽，它与钻头相似，可沿 Z 轴向切入实心材料。

二、编程指令

1. M98、M99 指令

（1）子程序的定义　在编写加工程序时，有时会遇到一组程序段在一个程序中多次出现，或在几个程序中都要使用它，那么可以将这组典型的加工程序段做成固定程序并单独命名，这组程序段就称为子程序。

子程序不能单独使用，它只能通过主程序调用，实现加工中的局部动作。子程序结束后，能自动返回到调用的主程序中。

（2）子程序的格式　子程序的格式与主程序的格式相似，它包括程序名、程序段、程序结束指令，不同之处是程序结束指令不同，主程序用 M02 或 M30，子程序用 M99。

子程序格式如下：

O0003；

G91　G01　Z-2.0　F100；

……

G01　X20.0　Y30.0；

M99；

（3）子程序的调用　在 FANUC 系统中，子程序的调用格式有两种。

编程格式一：M98　P××××　L××××；

地址 P 后面的四位数字为子程序名，地址 L 后面的数字表示重复调用的次数，例如 M98　P1234　L5；表示调用子程序 "O1234" 共 5 次。当只调用一次时，L 可省略不写。

编程格式二：M98　P××××××××；

在地址 P 后面的八位数字中，前四位表示调用次数，后四位表示子程序名，例如，M98 P41976；表示调用子程序"O1976"4 次。采用这种调用格式时，调用次数前的 0 可以省略，但子程序名前的 0 不能省略。

（4）子程序嵌套　为进一步简化程序，可以让子程序调用另一个子程序，这一功能称为子程序的嵌套。系统不同，子程序的嵌套级数也不相同，最多可以实现 99 级嵌套。子程序嵌套的执行过程如图 3-17 所示。

（5）子程序的应用　当零件在某个方向的总切削深度较大时，需要进行分层切削，如图 3-18 所示。

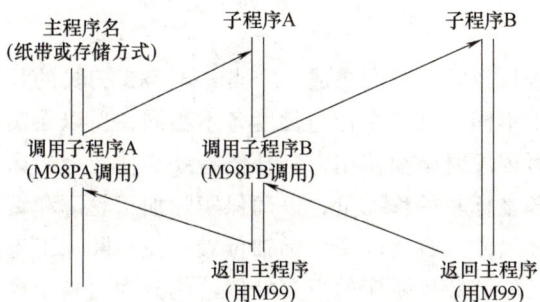

图 3-17　子程序嵌套的执行过程

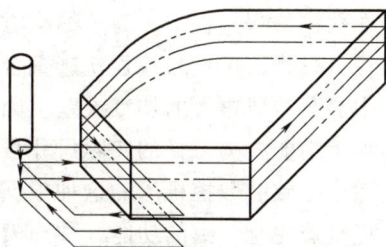

图 3-18　分层切削

（6）使用子程序注意事项

1）要注意主程序与子程序间模式代码的变换。若子程序采用了 G91 模式，返回主程序时应注意及时进行 G90 与 G91 模式的变换，如下所示。

O1234；（主程序）　　　　　　　　O1111；（子程序）
G90　G54；（G90 模式）　　　　　　G91……；
M98　P1111；（G91 模式）　　　　　……
……　　　　　　　　　　　　　　　M99；
G90……；（G90 模式）
M30；

2）在半径补偿模式中的程序不能被分支，即在主程序中加刀补，必须在主程序中取消刀补，在子程序中加刀补就必须在子程序中取消刀补，否则系统会出现程序报警，如下所示。

程序一：
O1234；（主程序）　　　　　　　　O1111；（子程序）
G90　G54；　　　　　　　　　　　G91……；
G41……；　　　　　　　　　　　……
M98　P1111；　　　　　　　　　　M99；
……
G90……；
G40……；
M30；

程序二：

O1234；（主程序）　　　　　　　　O1111；（子程序）

G90　G54；　　　　　　　　　　　　G91……；

……　　　　　　　　　　　　　　　　G41……；

M98 P1111；　　　　　　　　　　　……

G90……；　　　　　　　　　　　　G40……

M30；　　　　　　　　　　　　　　　M99；

2. 刀位点

已详述，不再赘述。

3. 刀具补偿功能

在数控编程过程中，为了编程方便，通常将数控刀具假想成一个点，不考虑刀具的长度与半径，只将刀位点与编程轨迹重合。但由于不同刀具的半径与长度各不相同，所以在实际加工中势必造成很大的加工误差。因此，编写程序时必须使用刀具补偿指令，使数控机床在实际加工中能根据刀具的实际尺寸自动调整各坐标轴的移动量，以确保实际加工轮廓和编程轨迹完全一致。数控机床的这种根据刀具实际尺寸，自动改变坐标轴位置，使实际加工轮廓和编程轨迹完全一致的功能，称为刀具补偿功能。数控铣床的刀具补偿功能分为刀具半径补偿功能和刀具长度补偿功能。

4. 刀具半径补偿

（1）刀具半径补偿的目的　　在数控铣床上进行轮廓的铣削加工时，由于刀具半径的存在，刀具中心（刀心）轨迹和工件轮廓不重合。如果数控系统不具备刀具半径自动补偿功能，则只能按刀心轨迹进行编程，即在编程时给出刀具中心运动轨迹，如图 3-19 所示的点画线轨迹，其计算相当复杂，尤其当刀具磨损、重磨或换新刀而使刀具直径改变时，必须重新计算刀心轨迹、修改程序，这样既繁琐，又不易保证加工精度。当数控系统具备刀具半径补偿功能时，只需按工件轮廓进行编程，如图 3-19 中的粗实线轨迹，数控系统会自动计算刀心轨迹，使刀具偏离工件轮廓一个半径值，完成刀具半径补偿。

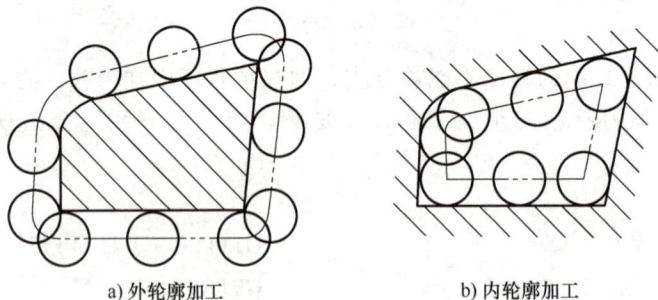

a）外轮廓加工　　　　　　　　　b）内轮廓加工

图 3-19　刀具半径补偿

（2）刀具半径补偿指令（G41、G42、G40）

编程格式：

刀具半径左补偿：G41　G01/G00　X ＿　Y ＿　F ＿　D ＿；

刀具半径右补偿：G42　G01/G00　X ＿　Y ＿　F ＿　D ＿；

取消刀具半径补偿：G40　G01/G00　X ＿　Y ＿；

说明：

X、Y：建立或取消刀具半径补偿的终点坐标值。

D：刀具偏置代号地址字，后面一般为两位数字的代号。

（3）刀具半径左、右补偿的判断方法　假设工件不动，沿着刀具的运动方向向前看，刀具位于工件左侧的刀具半径补偿，称为刀具半径左补偿；假设工件不动，沿着刀具的运动方向向前看，刀具位于零件右侧的刀具半径补偿，称为刀具半径右补偿，如图 3-20 所示。

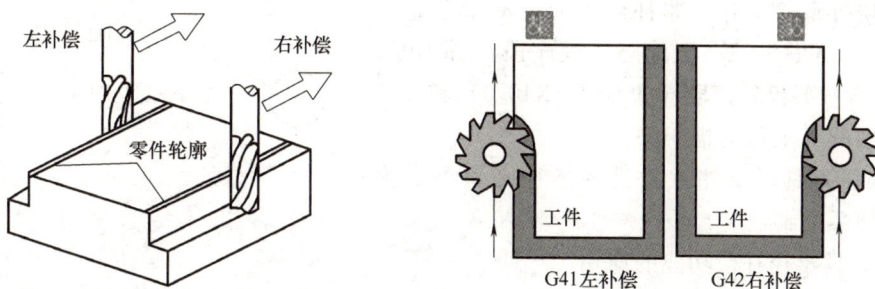

图 3-20　刀具半径左补偿和右补偿的判别

（4）刀具半径补偿的过程　刀具补偿过程的运动轨迹分为三个组成部分：刀具补偿的建立、刀具补偿的执行和刀具补偿的取消。

1）建立刀具半径补偿。刀具从起点接近工件，在编程轨迹基础上，刀具中心向左（G41）或向右（G42）偏离一个偏置量的距离。此过程不能进行零件的加工。

2）执行刀具补偿。刀具中心轨迹与编程轨迹始终偏离一个偏置量的距离。

3）取消刀具补偿。刀具撤离工件，使刀具中心轨迹终点与编程轨迹终点（如起刀点）重合。此过程不能进行零件的加工。

（5）刀具半径补偿的注意事项

1）建立或取消刀具半径补偿的程序段只能在 G00 或 G01 移动指令模式下才有效。虽然现在有部分系统也支持 G02、G03 模式，但为防止出现差错，在建立或取消半径补偿程序段中最好不使用 G02、G03 指令。

2）为保证建立或取消刀具半径补偿时刀具与工件的安全，通常采用 G01 运动方式来建立或取消刀补。如果采用 G00 运动方式来建立或取消刀补，则要采取先建立刀补再下刀、先退刀再取消刀补的加工方法。

3）为了便于计算坐标，可采用切向切入方式或法向切入方式来建立或取消刀补。若不便于沿工件轮廓线方向切向或法向切入、切出，可根据情况增加一个辅助程序段。建立或取消刀具半径补偿的常用方式如图 3-21 所示。

4）建立或取消刀具半径补偿的程

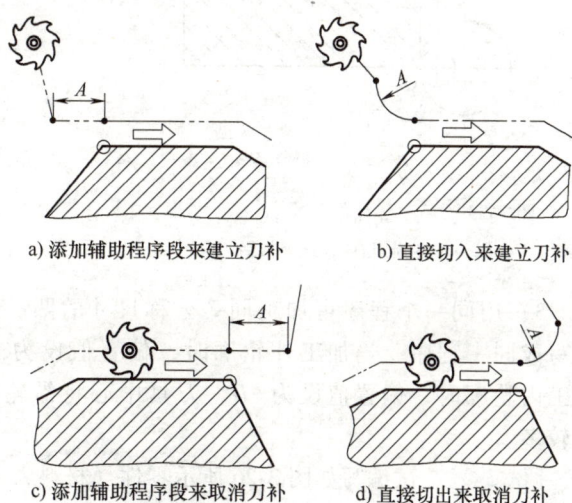

a）添加辅助程序段来建立刀补　　　b）直接切入来建立刀补

c）添加辅助程序段来取消刀补　　　d）直接切出来取消刀补

图 3-21　建立或取消刀具半径补偿的常用方式

序段的起始位置与终点位置最好与补偿方向在同一侧，如图 3-22 中的 OA，以防止在建立或取消刀具半径补偿过程中刀具产生过切现象，如图 3-22 中的 OM。

5）在刀具补偿模式下，一般不允许在连续两段以上的非补偿平面内使用移动指令，否则刀具也会出现过切等危险动作。非补偿平面移动指令通常指：只有 G、M、S、F、T 代码的程序段（如 G90，M05 等）、程序暂停程序段（如 G04 X10.0）和 G17 平面加工中的 Z 轴移动指令等。

6）选择刀具时要注意刀具的半径必须小于轮廓最小凹圆弧的半径。

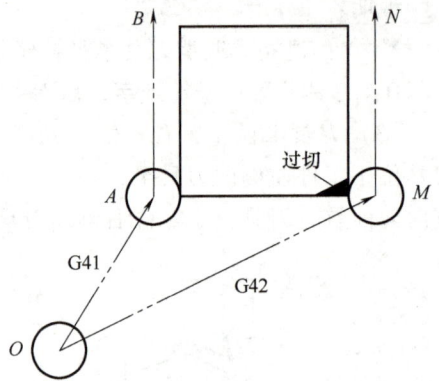

图 3-22　刀补建立时的起始与终点位置

（6）刀具半径补偿功能的应用

1）刀具因磨损、重磨、换新刀而引起刀具直径改变后，不必修改程序，只需在刀具参数设置中输入变化后的刀具直径。如图 3-23 所示，1 为未磨损刀具，2 为磨损后刀具，两者直径不同，只需将刀具参数表中的刀具半径 r_1 改为 r_2，即可适用同一程序。

2）用同一程序、同一尺寸的刀具，利用刀具半径补偿，可进行粗、精加工。如图 3-24 所示，刀具半径为 r，精加工余量为 A。粗加工时，输入刀具直径 $D=2(r+A)$，则加工出双点画线轮廓；精加工时，用同一程序，同一刀具，但输入刀具直径 $D=2r$，则加工出实线轮廓。

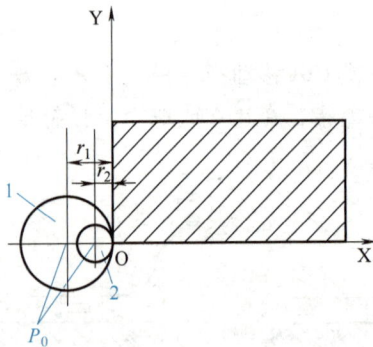

图 3-23　刀具直径变化，加工程序不变

1—未磨损刀具　2—磨损后刀具

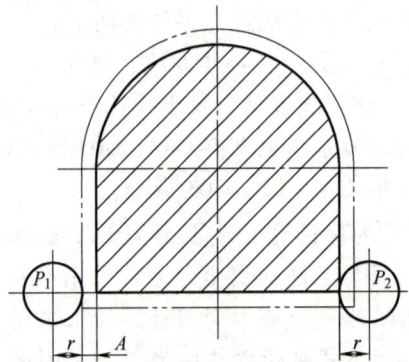

图 3-24　利用刀具半径补偿进行粗、精加工

P_1—粗加工刀心位置　P_2—精加工刀心位置

3）用同一个程序可加工同一公称尺寸的凹、凸型面。如图 3-25 所示，把内、外轮廓编写成同一程序，当加工外轮廓时，偏置值设为 $+D$，刀具中心将沿轮廓的外侧切削；当加工内轮廓时，偏置值设为 $-D$，刀具中心将沿轮廓的内侧切削。此方法在模具加工中运用较多。

【例 3-2】　试编写如图 3-26 所示零件（材料为 45 钢）的加工程序，毛坯尺寸为：60mm×60mm×25mm，刀具：立铣刀 φ12mm。加工深度为 10mm，分两次切削。

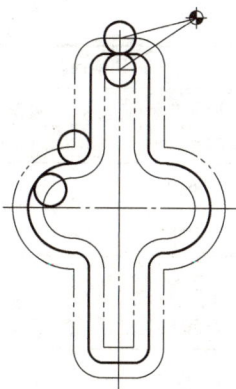

图 3-25　内、外轮廓加工方式

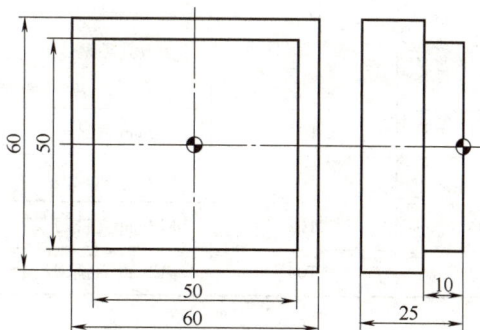

图 3-26　加工零件

加工程序：

O0001；/主程序；

N10　G54　G90　G00　X0　Y0；

N11　Z100.0；

N12　X-46.0　Y-25.0；

N13　Z0；

N14　M03　S600；

N15　M98　P21000；

N16　G90　G00　Z100.0；

N17　X0　Y0；

N18　M30；

O1000；/子程序

N10　G91　G01　Z-5.0　F50.0；

N11　G42　X5.0　Y0　D01；

N12　X66.0　Y0；

N13　X0　Y50.0；

N14　X-50.0　Y0；

N15　X0　Y-71.0；

N16　G40　G00　X-21.0；

N17　Y21.0；

N18　M99；

项目实施

任务一　凸台零件数控加工工艺编制

1. 分析零件图

如图 3-13 所示，该凸台零件由 $R10$mm、$R15$mm、$R20$mm、$R40$mm 圆弧，以及 10mm×20mm、10mm×25mm、10mm×50mm、10mm×55mm 平面组成。尺寸 $R10$mm、$R15$mm、$R20$mm、$R40$mm、10mm、80mm 是自由尺寸，公差值较大，加工较容易。凸台零件的外轮廓的表面粗糙度为 $Ra3.2\mu m$，其他表面均为 $Ra6.3\mu m$。

2. 确定装夹方案

装夹方案要按照尽量选用通用夹具，尽量减少装夹次数，在一次装夹中尽可能完成多个表面加工，以及夹紧力的作用点应布置在零件结构强度高和刚性好的位置等原则来选取。此零件为箱体类工件，毛坯尺寸为 100mm×100mm×20mm，零件的外形尺寸为 80mm×80mm×10mm。根据零件的结构特征，用高精度机用平口钳夹持工件的左、右侧面，加工工件的凸台，并把垫块放在工件的下面，防止工件因受切削力而向下移动。

3. 选择刀具及切削用量

为保证零件的尺寸精度和表面粗糙度，根据零件的加工材料和刀具材料，选择合适的切削用量参数，刀具及切削用量参数见表 3-5。

表 3-5　刀具及切削用量参数

序号	刀具号	刀具类型	加工表面	切削用量	
				主轴转速 n /（r/min）	进给速度 v_f /（mm/min）
1	T01	ϕ30mm 面铣刀	粗铣上表面	600	100
2	T02	ϕ30mm 面铣刀	精铣上表面	1000	50
3	T03	ϕ12mm 立铣刀	粗铣外轮廓	800	100
4	T04	ϕ12mm 立铣刀	精铣外轮廓	1000	50

4. 确定加工方案

根据先粗后精、先近后远的加工原则确定加工顺序。为保证零件外轮廓的尺寸精度和表面粗糙度，先夹持工件的左、右侧面，完成工件外轮廓的铣削，并控制凸台高度。

凸台零件加工工序：

1）工步一：粗铣工件上表面。

2）工步二：精铣工件上表面。

3）工步三：粗铣工件凸台。

4）工步四：精铣工件凸台。

5）工步五：去毛刺。

5. 填写工序卡

凸台零件外轮廓的数控加工工序卡，见表 3-6。

表 3-6　数控加工工序卡

数控加工工序卡		工序卡编号	零件名称		零件材料		零件号
			凸台零件		45 钢		
工序号	程序号	设备名称	工位号	夹具		夹具编号	车间
01	O0001			高精度机用平口钳			
工步号	工步内容	切削用量			刀具		量具名称	备注
		主轴转速 /（r/min）	进给速度 /（mm/min）	背吃刀量 /mm	编号	名称		
1	粗铣零件上表面	600	100	1~2	T01	面铣刀	游标卡尺	
2	精铣零件上表面	1000	50	0.5	T02	面铣刀	游标卡尺	
3	粗铣零件外轮廓	800	100	1~2	T03	立铣刀	游标卡尺	
4	精铣零件外轮廓	1000	50	0.5	T04	立铣刀	游标卡尺	
5	去毛刺	—	—	—	—			
编制		审核		日期		共 1 页	第 1 页

任务二　凸台零件数控铣削程序编制

如图 3-13 所示的凸台零件的数控加工程序见表 3-7。

表 3-7　数控加工程序

零件名称	零件编号	零件材料	数控系统
凸台零件		45 钢	FANUC 0i-Mate

凸台上表面铣削加工程序（略）

凸台外轮廓铣削加工程序

程序内容	说明
O0001;	主程序名
N10　G54　G90　G00　X0　Y0;	建立工件坐标系
N11　Z100.0;	刀具快速移动到工件上部 100mm 处
N12　X−66.0　Y−40.0;	刀具快速移动到 X 轴−66.0mm、Y 轴−40.0mm 处
N13　Z0;	刀具快速移动到工件上表面
N14　M03　S800;	主轴正转，转速 800r/min（精铣时，主轴转速 1000r/min）
N15　M98　P21000;	调用子程序 O1000 两次
N16　G90　G00　Z100.0;	刀具快速移动到工件上部 100mm 处
N17　X0　Y0;	刀具快速移动到工件坐标系原点
N18　M05;	机床主轴停止
N19　M30;	程序结束
O1000;	子程序名
N10　G91　G01　Z−5.0　F100.0;	刀具 Z 轴方向进刀 5mm，进给速度 100mm/min（精铣时，进给速度 50mm/min）
N11　G42　X5.0　Y0　D01;	
N12　X91.0　Y0;	
N13　G03　X10.0　Y10.0　R10.0;	
N14　X0　Y50.0;	
N15　G03　X−20.0　Y20.0　R20.0;	
N16　G01　X−20.0　Y0;	铣削外轮廓
N17　G02　X−40.0　Y−40.0　R40.0;	
N18　G01　X0　Y−25.0;	
N19　G03　X15.0　Y−15.0　R15.0;	
N20　G01　X25.0　Y0;	
N21　X0　Y−26.0;	
N22　G40　G00　X−66.0　Y0;	取消刀补，刀具快速移动到起始点
N23　X0　Y26.0;	
N24　M99;	子程序结束，返回主程序

任务三　凸台零件数控铣削仿真加工

1. 仿真软件准备

打开仿真软件，单击"选择机床" ⊟ （见图 3-27a），然后在弹出的对话框中完成

"控制系统"和"机床类型"的设置后，单击"确定"按钮，进入操作状态，如图 3-27b 所示。

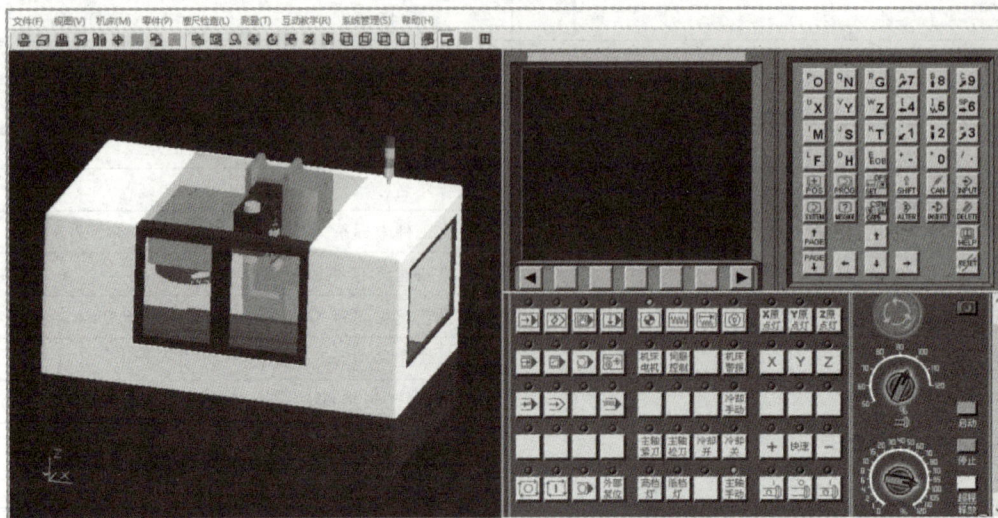

a) 选择机床

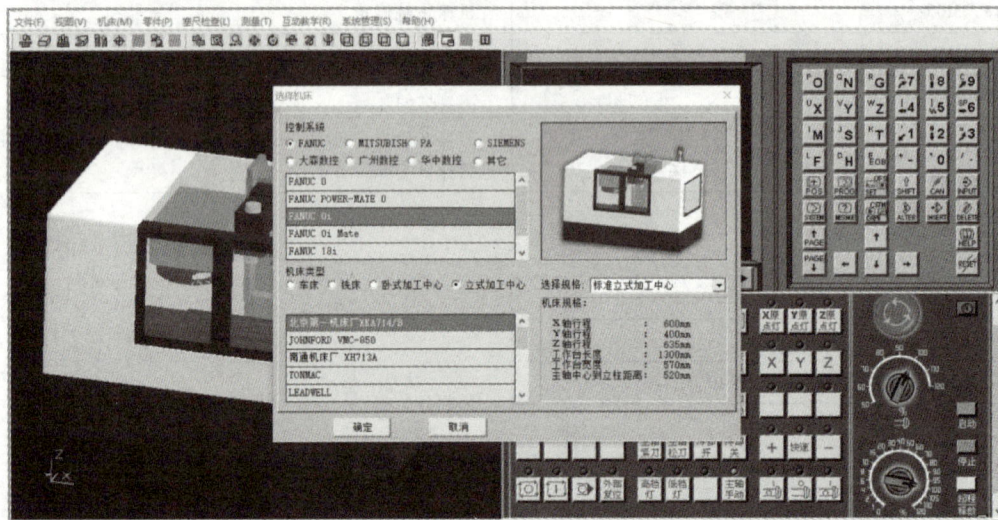

b) 选择控制系统和机床类型

图 3-27　仿真软件准备

2. 激活机床

检查急停按钮是否松开至 ◎ 状态，若未松开，按急停按钮 ◎ ，将其松开。然后按 键 启动电源，如图 3-28 所示。

3. 回参考点

按 键，进入"回参考点"模式，按操作面板上的 X 键，使 X 轴方向移动指示灯变亮 ，再按 + 键，使 X 轴回原点，此时 X 轴回原点指示灯变亮 。同样，再分别按 Y 轴、 Z 轴方向键 Y 、 Z ，使对应的移动指示灯变亮，再按 + 键，使 Y 轴、Z 轴回原点，此时 Y 轴、Z 轴回原点指示灯变亮 ，如图 3-29 所示。

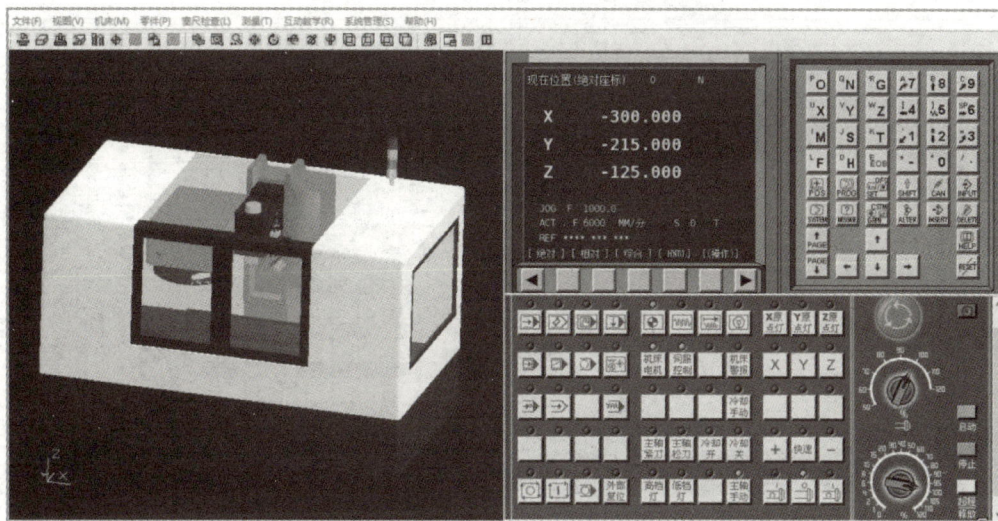

图 3-28 激活机床

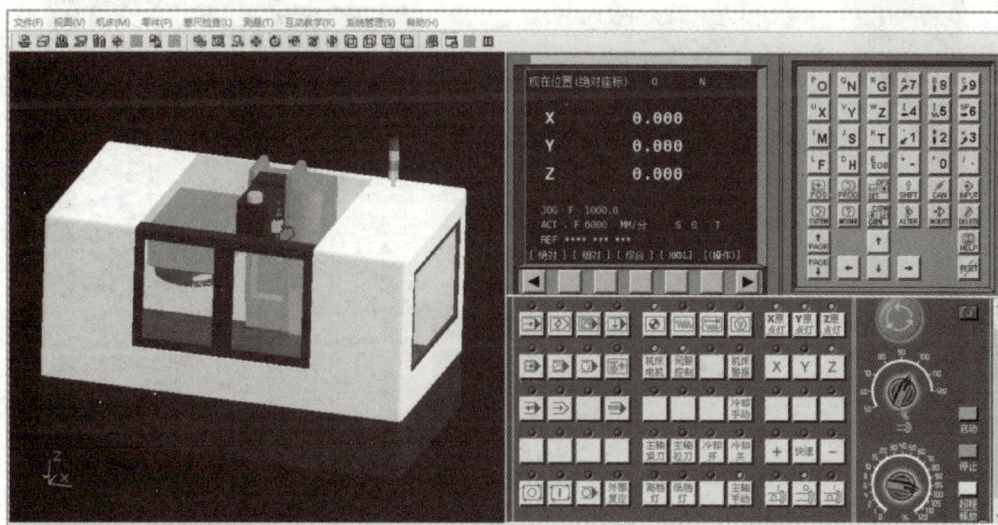

图 3-29 机床回参考点

4. 毛坯的选择和安装

选择毛坯：依次单击菜单栏中的"零件"→"定义毛坯"，或在工具条上选择 ，如图 3-30a 所示。选择夹具：依次单击菜单栏中的"零件"→"安装夹具"，或者在工具栏中单击图标 ，如图 3-30b 所示。安装毛坯：依次单击菜单栏中的"零件"→"放置零件"，或者在工具栏中单击图标 ，系统弹出"选择零件"对话框，选择定义的毛坯，零件安装如图 3-30c 所示。

5. 刀具的选择和安装

依次单击菜单栏中的"机床"→"选择刀具"，或单击工具条上的小图标 ，弹出选择刀具的对话框，如图 3-31a 所示；选择所需要的刀具，将其添加到机床主轴，然后单击"确认"，刀具安装如图 3-31b 所示。

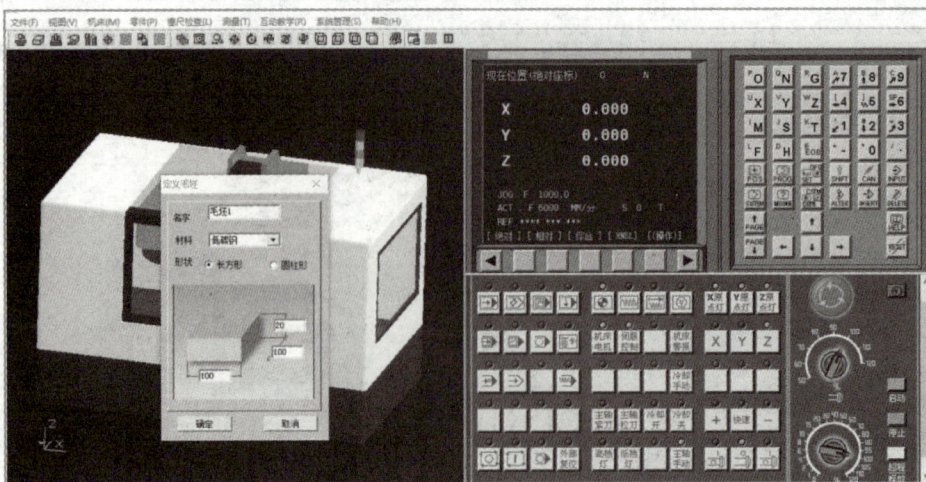

a) 定义毛坯

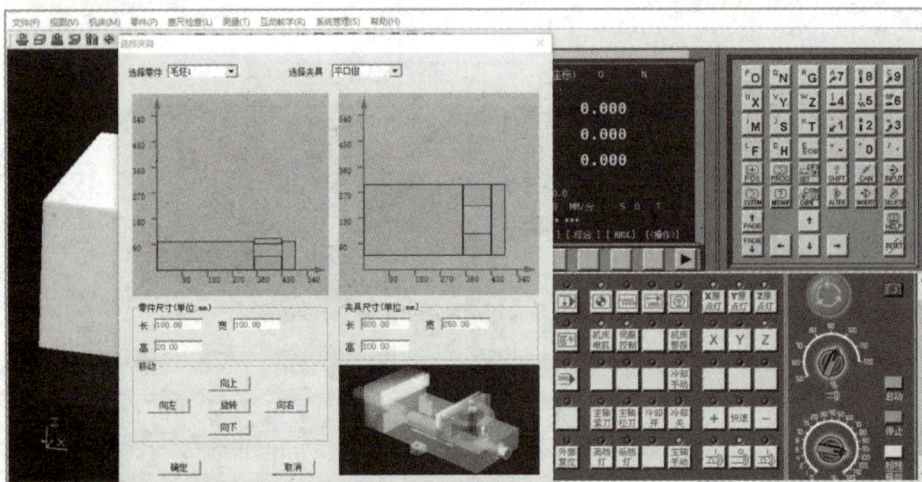

b) 安装夹具

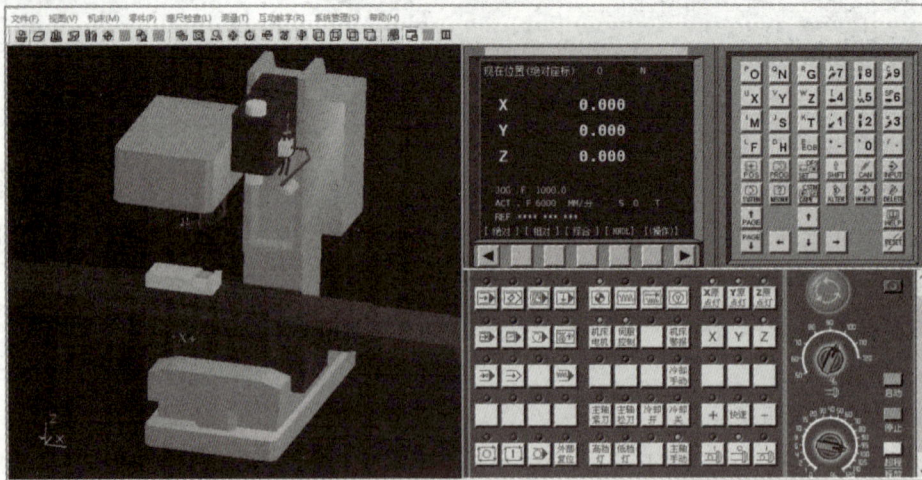

c) 安装毛坯

图 3-30   毛坯的选择和安装

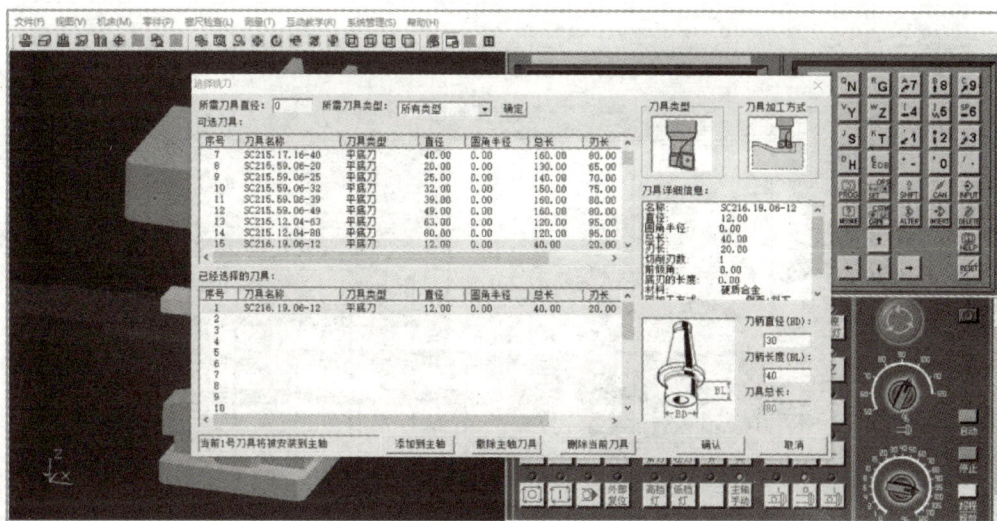

a) 选择刀具

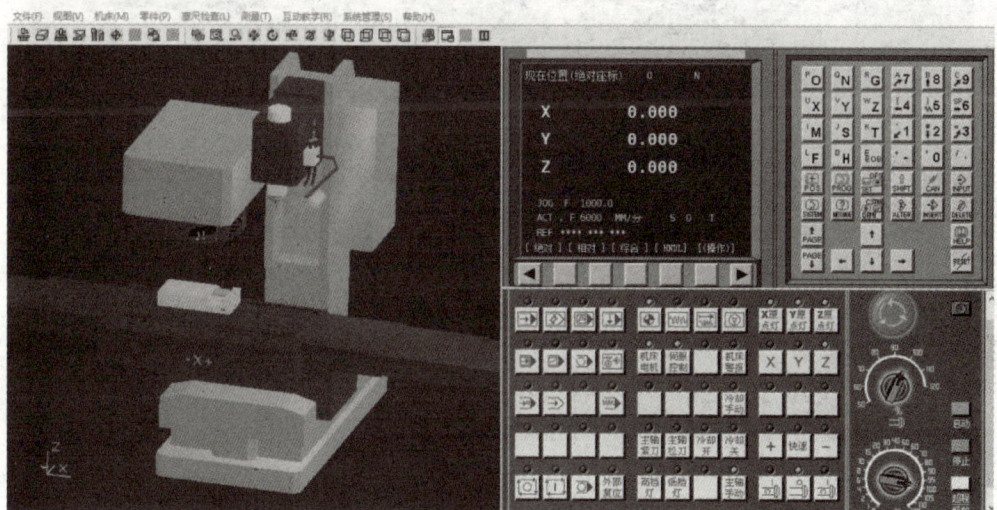

b) 安装刀具

图 3-31　选择和安装刀具

6. 对刀操作

依次单击菜单栏中的"机床"→"基准工具"，在弹出的"基准工具"对话框中，左边的是刚性靠棒，右边的是寻边器，如图 3-32a 所示。X 轴、Y 轴对刀一般使用基准工具，基准工具包括刚性靠棒和寻边器两种；Z 轴对刀一般采用实际加工刀具。对刀坐标值如图 3-32b 所示。

7. 程序输入与校验

在操作面板上按模式选择键 ⬙，进入编辑模式，在系统面板上按 PROG 键，进入程序显示界面。在操作面板上按模式选择键 ➡，切换到自动模式，在系统面板上按 CUSTOM GRAPH 键，系统进入轨迹检查界面。按循环启动键 Ⅰ 开始模拟执行程序，如图 3-33 所示。

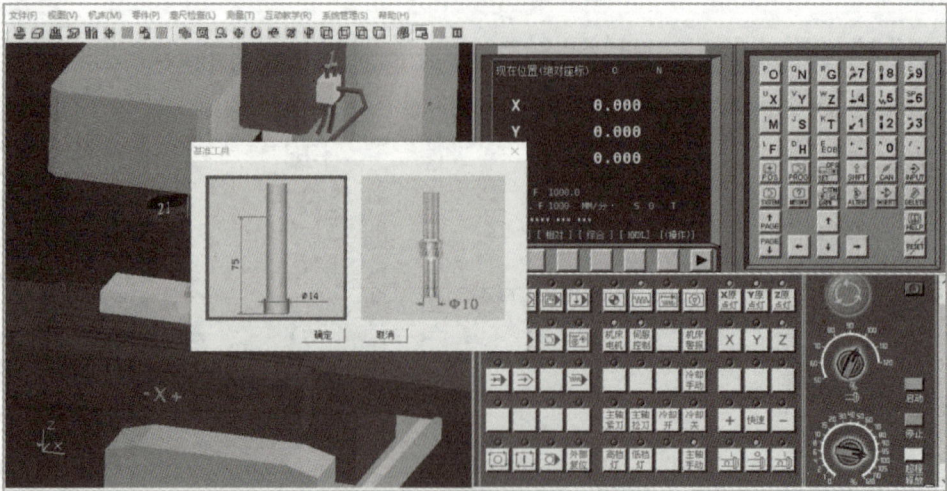

a) 选择基准工件

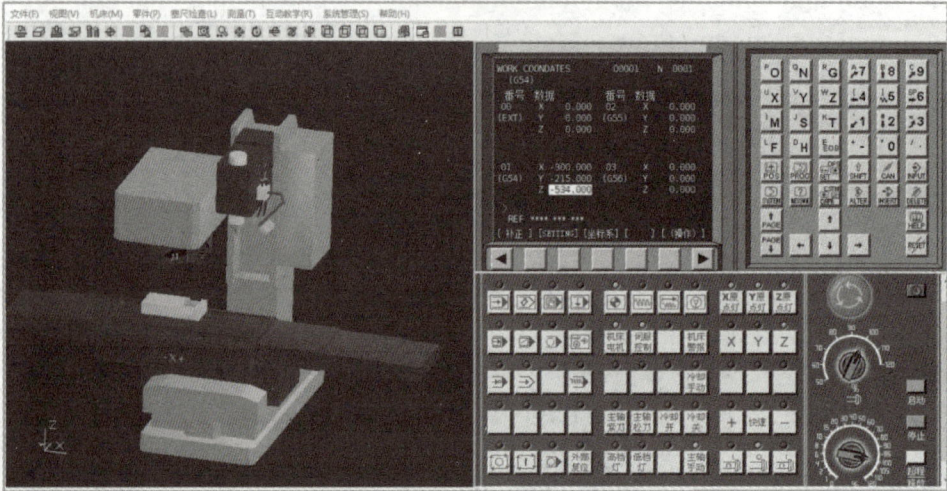

b) 对刀坐标值

图 3-32　对刀

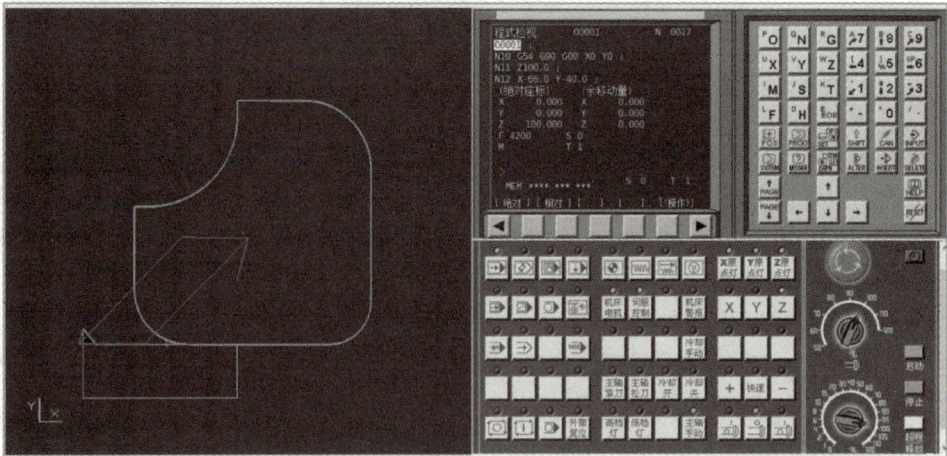

图 3-33　程序校验

8. 仿真加工

仿真加工，如图 3-34 所示。

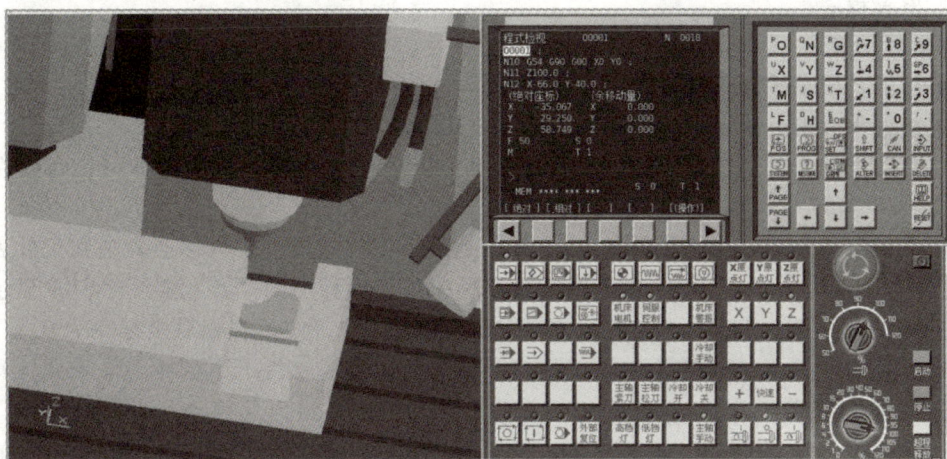

图 3-34　仿真加工

9. 零件测量

零件加工完成后，依次单击菜单栏中的"测量"→"剖面图测量"，进入"测量"对话框，如图 3-35 所示。

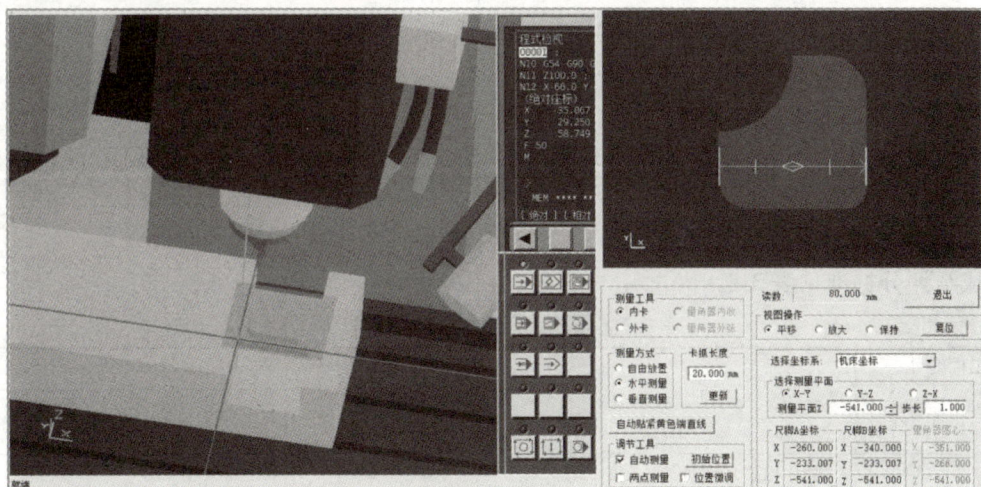

图 3-35　测量零件

10. 优化零件程序

根据零件的仿真加工，优化零件加工程序。

任务四　凸台零件数控实操加工与检测

1. 毛坯、刀具、工具准备

2. 程序输入与编辑

1）开机。

2）回参考点。

3）输入程序。

4）检查程序。

3. 零件加工

1）按工艺要求装夹工件。

2）按编程要求，确定刀具编号并安装基准刀具。

3）启动主轴。若主轴启动过，直接在手动方式下按"主轴正转"键即可；否则在 MDI 方式下输入"M03 S×××"，再按"循环启动"键。

4）在手轮模式下，快速移动 X、Y、Z 轴到接近工件的位置，再移动 Z 轴到工件表面以下的某个位置，此时按"POS"键。在综合坐标中，按面板上的"Z"键，当 CRT 显示器上的"Z"闪动时，按"归零"，或输入 Z0 后按"预定"键，使 Z 轴相对坐标变为 0。

5）确定 X 轴原点。移动 X 轴，使其与工件的一边接触（为了不破坏工件表面，操作时可在工件表面贴上薄纸片），再把 X 坐标清零；然后提刀，将刀具移动到工件的对边，使其与工件表面接触，再次提刀，把 X 的相对坐标值除以 2，使刀具移动 X/2 位置，该点就是编程坐标系 X 轴的原点。

6）用相同的方法可找到 Y 轴原点。

7）确定 Z 轴原点。移动刀具，使刀位点与工件上表面接触。

8）设定工件坐标原点。对刀完成后，在"综合坐标"界面中查看并记下各轴的 X、Y、Z 值。然后选择 MDI 模式，按"OFFSET/SETING"键，再按"工件系"键，把 X、Y、Z 的机械坐标值输入到坐标系的 G54~G59 中，完成后按"输入"或分别输入 X0、Y0、Z0 后相应地按"测量"键。

9）调出加工程序。

10）自动加工。选择机床工作模式为"自动运行"模式，按"循环启动"键，使机床进行自动加工。

4. 凸台零件尺寸检测与评分

成绩评分标准见表 3-8。

表 3-8 凸台零件编程与加工评分表

工件编号					总得分		
项目与比重	序号	技术要求		配分	评分标准	检测记录	得分
程序与工艺（25%）	1	程序段格式规范		5	不规范每处扣 2 分		
	2	程序正确完整		10	每错一处扣 2 分		
	3	切削用量合理		5	不合理每处扣 2 分		
	4	工艺规程规范、合理		5	不合理每处扣 2 分		
机床操作（20%）	5	刀具选择安装正确		5	不正确每次扣 2 分		
	6	对刀及坐标系设定正确		5	不正确每次扣 2 分		
	7	机床操作规范		5	不规范每次扣 2 分		
	8	工件加工不出错		5	出错全扣		
工件质量（35%）	9	$R10\text{mm}$、$R15\text{mm}$、$R20\text{mm}$、$R40\text{mm}$、$80\text{mm}\times80\text{mm}\times10\text{mm}$ 尺寸精度符合要求		25	不合格每处扣 5 分		
	10	表面粗糙度 $Ra3.2\mu\text{m}$、$Ra6.3\mu\text{m}$		10	不合格每处扣 3 分		

（续）

工件编号				配分	总得分		
项目与比重	序号		技术要求		评分标准	检测记录	得分
文明生产（20%）	11		安全操作	10	出错全扣		
	12		机床维护与保养	5	不合格全扣		
	13		工作场所整理	5	不合格全扣		

思考题：

1. 铣削零件的外轮廓时，为什么设定刀具半径补偿？

2. 刀具半径左、右补偿的判断方法是什么？

3. 简述刀具半径补偿的过程，试举例说明。

4. 简述刀具半径补偿功能的应用。

5. 若采用 G00 运动方式来建立或取消刀补，应注意哪些问题？

6. 调用子程序的格式有哪些？试举例说明。

7. 使用子程序注意事项有哪些？

8. 在主程序和子程序之间，刀具半径补偿指令是否能分支？试举例说明。

9. 零件如图 3-36 所示，试编写零件（材料为 45 钢）加工程序，毛坯尺寸为 100mm×80mm×20mm，零件的表面粗糙度为 $Ra3.2\mu m$。

10. 试编写如图 3-37 所示工件（材料为 45 钢）的加工程序，分析零件的加工工艺，确定工件坐标系原点，毛坯尺寸为 100mm×100mm×20mm，刀具为立铣刀 $\phi 10mm$，加工深度为 10mm，分两次切削。

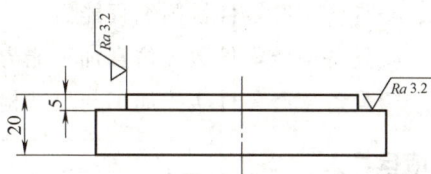

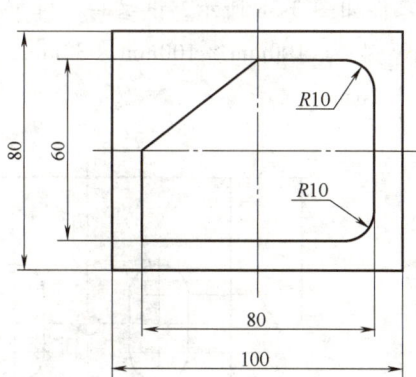

图 3-36 零件图

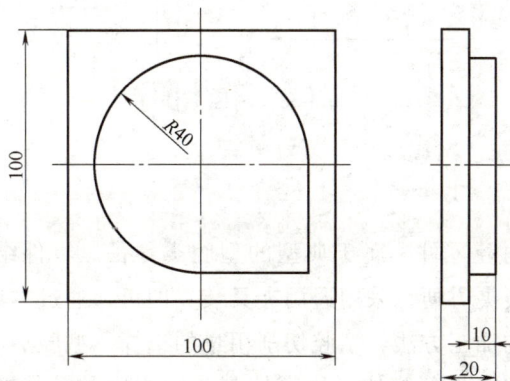

图 3-37 外轮廓零件

项目三　零件型腔的铣削编程与加工

◎了解内轮廓铣削的进给路线

◎了解切削用量的选用原则

◎了解切削液选用的基本知识

◎掌握 G40、G41、G42 指令（零件内轮廓）的应用

◎掌握 M98、M99 指令（零件相同结构）的应用

◎具备型腔零件铣削编程能力

◎具备型腔零件数控仿真加工能力

◎具备型腔零件实操加工与尺寸检测能力

项目导入

零件如图 3-38 所示，试编写零件（材料为 45 钢）的加工程序，完成零件内腔的加工，毛坯尺寸为 100mm × 100mm × 30mm，刀具为键槽铣刀 ϕ12mm，零件的表面粗糙度为 Ra3.2 μm。

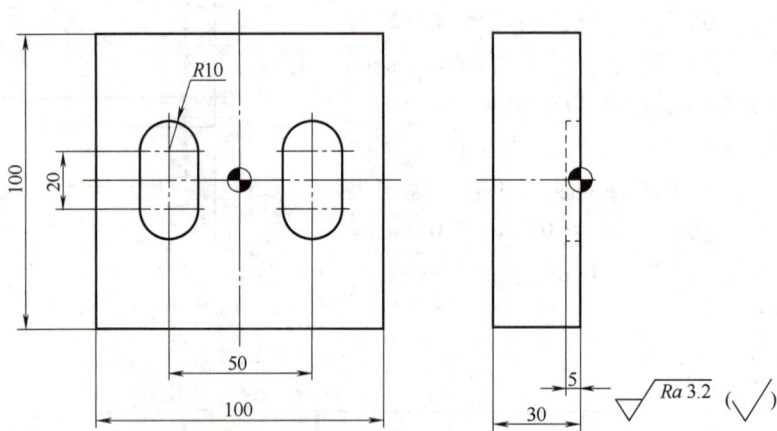

图 3-38　内腔零件

项目分析

本项目典型零件是内腔零件，属于典型的型腔类零件。零件结构简单，零件内腔由圆弧、平面组成，加工时装夹方便，采用通用夹具装夹即可。通过本项目的实施，学习键槽铣刀的选择和安装、型腔的加工方法、型腔切削用量的选择、型腔加工工艺的制订、刀具半径补偿指令、子程序调用、零件型腔加工程序编制与应用以及零件型腔加工与检测等方面的知识。

相关知识

一、铣削内轮廓的进给路线

1. 铣削封闭的内轮廓表面

若内轮廓曲线不允许外延，如图 3-39a 所示，刀具只能沿内轮廓曲线的法向切入、切出，此时刀具的切入、切出点应尽量选在内轮廓曲线的两几何元素的交点处。当内部几何元素相切无交点时，如图 3-39b 所示，为防止刀补取消时在轮廓拐角处留下凹口，刀具切入、切出点应远离拐角。

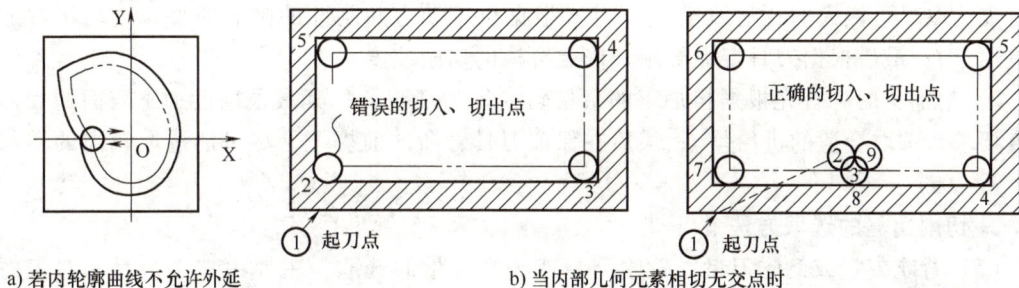

a) 若内轮廓曲线不允许外延　　　　b) 当内部几何元素相切无交点时

图 3-39　内轮廓加工刀具的切入和切出

2. 内圆铣削

当用圆弧插补铣削内圆弧时也要遵循从切向切入、切出的原则，最好使用从圆弧过渡到圆弧的加工路线，以提高内孔表面的加工精度和质量，如图 3-40 所示。

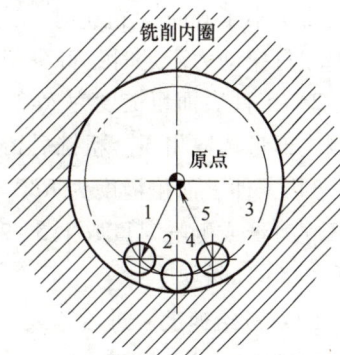

图 3-40　内圆铣削

3. 铣削内槽的进给路线

内槽是指以封闭曲线为边界的平底凹槽。一律用平底立铣刀加工内槽，刀具圆角半径应符合内槽的图样要求。图 3-41 所示为加工内槽的三种进给路线。图 3-41a 和图 3-41b 分别为用行切法和环切法加工内槽的进给路线。这两种进给路线的共同点是都能切净内腔中的全部材料，不留死角，不伤轮廓，同时尽量减少了重复进给的进刀量。不同点是行切法的进给路线比环切法短，但行切法将在每两次进给的起点与终点间留下残留面积，从而达不到所要求的表面粗糙度值；用环切法获得的表面粗糙度值要小于行切法，但环切法需要逐次向外扩展轮廓线，刀位点计算稍微复杂一些。采用如图 3-41c 所

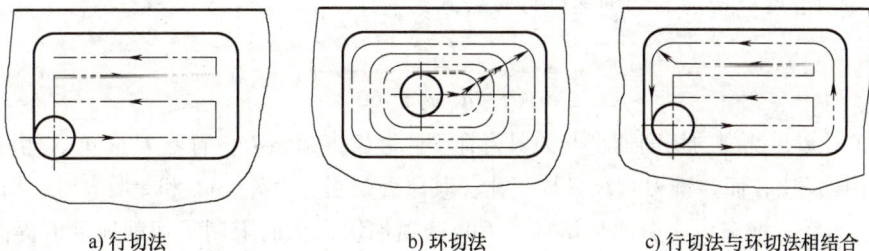

a) 行切法　　　　　　b) 环切法　　　　　c) 行切法与环切法相结合

图 3-41　内槽加工进给路线

示的进给路线,先用行切法切去中间部分余量,最后用环切法环切轮廓表面,既能使总的进给路线较短,又能获得较小的表面粗糙度值。

二、切削用量的选用

1. 切削用量的选用原则

合理的切削用量能在充分利用刀具的切削性能、机床的使用性能及保证工件加工质量的前提下,获得高生产率和低成本的切削加工。不同的加工性质,对切削加工的要求是不一样的。因此,在选择切削用量时,考虑的侧重点也有所区别。

1)粗加工时,应尽量保证较高的金属切除率和必要的刀具寿命。因此,选择切削用量应首先选取尽可能大的背吃刀量 a_p;其次根据机床动力和刚性的限制条件,选取尽可能大的进给量 f;最后根据刀具寿命要求,确定合适的切削速度 v_c。

2)精加工时,首先根据粗加工的余量确定背吃刀量 a_p;其次根据已加工表面的表面粗糙度要求,选取合适的进给量 f;最后在保证刀具寿命的前提下,尽可能选取较高的切削速度 v_c。

2. 切削用量的选取方法

(1)背吃刀量或侧吃刀量　背吃刀量或侧吃刀量的选取,主要由加工余量和对表面质量的要求决定。

1)工件表面粗糙度为 $Ra12.5 \sim 25\mu m$ 时,如果圆周铣削的加工余量小于 5mm,端铣的加工余量小于 6mm,粗铣时一次进给就可以达到要求。但在加工余量较大、工艺系统刚性较差或机床动力不足时,可分两次进给完成。

2)工件表面粗糙度为 $Ra3.2 \sim 12.5\mu m$ 时,可分粗铣和精铣两步进行。粗铣时背吃刀量或侧吃刀量选取相同。粗铣后留 $0.5 \sim 1mm$ 余量,然后在精铣时将其切除。

3)工件表面粗糙度为 $Ra0.8 \sim 3.2\mu m$ 时,可分粗铣、半精铣、精铣三步进行。半精铣时背吃刀量或侧吃刀量取 $1.5 \sim 2mm$;精铣时,圆周铣侧吃刀量取 $0.3 \sim 0.5mm$,端铣背吃刀量取 $0.5 \sim 1mm$。

(2)进给速度　进给速度(v_f)是单位时间内工件与铣刀沿进给方向的相对位移,它与铣刀转速(n)、铣刀齿数(z)及每齿进给量(f_z)的关系为: $v_f = f_z z n$。

每齿进给量 f_z 的选取主要取决于工件材料的力学性能、刀具材料、工件表面粗糙度等因素。工件材料的强度和硬度越高,每齿进给量就越小,反之则越大。硬质合金铣刀的每齿进给量高于同类高速钢铣刀。工件表面粗糙度 Ra 越小,每齿进给量就越小。工件刚性差或刀具强度低时,应取小值。

(3)切削速度　铣削的切削速度计算公式为

$$v_c = \frac{C_v d^q}{T^m f_z^{y_v} a_p^{x_v} a_e^{p_v} z^{x_v} 60^{1-m}} K_v$$

由上式可知,铣削的切削速度与刀具寿命 T、每齿进给量 f_z、背吃刀量 a_p、侧吃刀量 a_e、铣刀齿数 z 成反比,而与铣刀直径 d 成正比。其原因是当 f_z、 a_p、 a_e 和 z 增大时,切削刃负荷增加,工作齿数也增多,使切削热增加,刀具磨损加快,从而限制了切削速度的提高。同时,刀具寿命的提高使允许使用的切削速度降低。但加大铣刀直径 d 则可改善散热条件,因而提高切削速度。式中的系数及指数是经过试验求出的，可参考有关切削用量手册选用。

三、切削液的选用

1. 切削液的作用

切削液的主要作用是润滑、冷却、清洗和防锈。由于各种切削液的性能不同，导致其在加工中所起的作用也各不相同。

2. 切削液的种类

切削液主要分为水基切削液和油基切削液两类。水基切削液的主要成分是水、化学合成水和乳化液，冷却能力强。油基切削液的主要成分是各种矿物油、动物油、植物油或由它们组成的复合油，并可添加各种添加剂，因此其润滑性能突出。

3. 切削液的选择

粗加工或半精加工时，切削热量大。因此，切削液的作用应以冷却散热为主。精加工时，为了获得良好的加工表面质量，切削液应以润滑为主。硬质合金刀具的耐热性能好，一般可不用切削液。如果要使用切削液，一定要采用连续冷却的方法。

4. 切削液的使用方法

切削液的使用普遍采用浇注法。对于深孔加工、难加工材料的加工以及高速或强力切削加工，应采用高压冷却法。切削时，切削液工作压力为 1～10MPa，流量为 50～150L/min。使用切削液也可采用喷雾冷却法，加工时，切削液经高压处理并通过喷雾装置雾化后被高速喷射到切削区。

四、编程指令

1. 指令 M98、M99

（1）指令 M98、M99 格式及其参数的含义 已详述，不再赘述。

（2）子程序的应用 同平面内多个相同轮廓工件的加工，在数控编程时，只编写其中一个轮廓的加工程序，然后用主程序调用，如图 3-42 所示。

2. 刀具半径补偿指令（G40、G41、G42）

已详述，不再赘述。

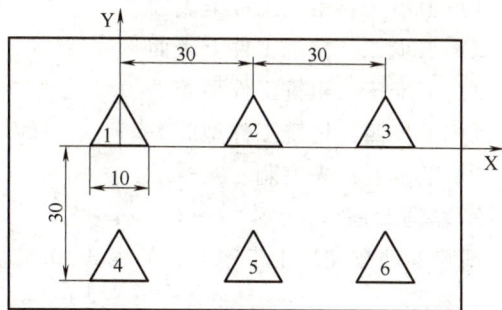

图 3-42 子程序的多次调用

项目实施

任务一 零件型腔数控加工工艺编制

1. 分析零件图

如图 3-38 所示，该内腔零件由四处 $R10mm$ 圆弧以及四处 $5mm×20mm$ 平面组成。尺寸 $R10mm$、$5mm$、$20mm$ 是自由尺寸，公差值较大，加工较容易。零件内腔的表面粗糙度为 $Ra3.2μm$。

2. 确定装夹方案

装夹方案要按照尽量选用通用夹具，尽量减少装夹次数，在一次装夹中尽可能完成多个表面加工，以及夹紧力的作用点应布置在零件结构强度高和刚性好的位置等原则来选取。此零件为箱体类工件，毛坯尺寸为 100mm×100mm×30mm，零件型腔的外形尺寸为 40mm×20mm×5mm。根据零件的结构特征，用高精度机用平口钳夹持工件的左、右侧面，加工工件的型腔，并把垫块放在工件的下面，防止工件因受切削力而向下移动。

3. 选择刀具及切削用量

为保证零件的尺寸精度和表面粗糙度，根据零件的加工材料和刀具材料，选择合适的切削用量参数，刀具及切削用量参数见表 3-9。

表 3-9　刀具及切削用量参数

序号	刀具号	刀具类型	加工表面	切削用量	
				主轴转速 n /（r/min）	进给速度 v_f /（mm/min）
1	T01	φ30mm 面铣刀	粗铣上表面	600	100
2	T02	φ30mm 面铣刀	精铣上表面	1000	50
3	T03	φ12mm 键槽铣刀	粗铣内轮廓	800	100
4	T04	φ12mm 键槽铣刀	精铣内轮廓	1000	50

4. 确定加工方案

根据先粗后精、先近后远的加工原则确定加工顺序。为保证零件型腔的尺寸精度和表面粗糙度，夹持工件的左、右侧面，完成工件的型腔铣削，并控制型腔高度。

型腔零件加工工序：

1）工步一：粗铣工件上表面。

2）工步二：精铣工件上表面。

3）工步三：粗铣工件型腔。

4）工步四：精铣工件型腔。

5）工步五：去毛刺。

5. 填写工序卡

型腔零件数控加工工序卡，见表 3-10。

表 3-10　数控加工工序卡

数控加工工序卡		工序卡编号	零件名称		零件材料		零件号
			型腔零件		45 钢		
工序号	程序号	设备名称	工位号	夹具		夹具编号	车间
01	O0001			高精度机用平口钳			
工步号	工步内容	切削用量			刀具		量具名称	备注
		主轴转速 /（r/min）	进给速度 /（mm/min）	背吃刀量 /mm	编号	名称		
1	粗铣零件上表面	600	100	1~2	T01	面铣刀	游标卡尺	
2	精铣零件上表面	1000	50	0.5	T02	面铣刀	游标卡尺	

（续）

工步号	工步内容	切削用量			刀具		量具名称	备注
		主轴转速 /(r/min)	进给速度 /(mm/min)	背吃刀量 /mm	编号	名称		
3	粗铣零件型腔	800	100	1~2	T03	键槽铣刀	游标卡尺	
4	精铣零件型腔	1000	50	0.5	T04	键槽铣刀	游标卡尺	
5	去毛刺	—	—	—	—	—	—	
编制		审核			日期		共 1 页	第 1 页

任务二 型腔零件数控铣削程序编制

如图 3-38 所示型腔零件的数控加工程序见表 3-11。

表 3-11 数控加工程序

零件名称	零件编号	零件材料	数控系统
型腔零件		45 钢	FANUC 0i-Mate

型腔零件上表面铣削加工程序（略）

零件型腔铣削加工程序

程序内容	说明
O0001;	主程序名
N10 G54 G90 G00 X0 Y0;	建立工件坐标系
N11 Z100.0;	刀具快速移动到工件上部 100mm 处
N12 X-25.0 Y0;	刀具快速移动到 X 轴-25.0mm、Y 轴 0mm 处
N13 Z5.0;	刀具快速移动到工件上部 5mm 处
N14 M03 S800;	主轴正转，转速 800r/min（精铣时，主轴转速 1000r/min）
N15 M98 P1000;	调用子程序 O1000
N22 G90 G00 X25.0 Y0;	刀具快速移动到 X 轴 25.0mm、Y 轴 0mm 处
N23 M98 P1000;	调用子程序 O1000
N24 G90 G00 Z100.0;	刀具快速移动到工件上部 100mm 处
N25 X0 Y0;	刀具快速移动到工件坐标系原点
N26 M05;	机床主轴停止
N27 M30;	程序结束
O1000;	子程序名
N10 G91 G01 Z-10.0 F100.0;	刀具 Z 轴方向进刀 10mm，进给速度 100mm/min（精铣时，进给速度 50mm/min）
N11 G41 X10.0 Y10.0 D01;	
N12 G03 X-20.0 Y0 R10.0;	
N13 G01 X0 Y-20.0;	铣削零件内槽
N14 G03 X20.0 Y0 R10.0;	
N15 G01 X0 Y20.0;	

（续）

程序内容	说明
N16 Z10.0;	抬刀
N17 G40 X-10.0 Y-10.0;	取消刀具半径补偿
N18 M99;	子程序结束,返回主程序

任务三 型腔零件数控铣削仿真加工

1. 仿真软件准备

打开仿真软件,单击"选择机床" (见图 3-43a),然后在弹出的对话框中完成"控制系统"和"机床类型"的设置后,单击"确定"按钮,进入操作状态,如图 3-43b 所示。

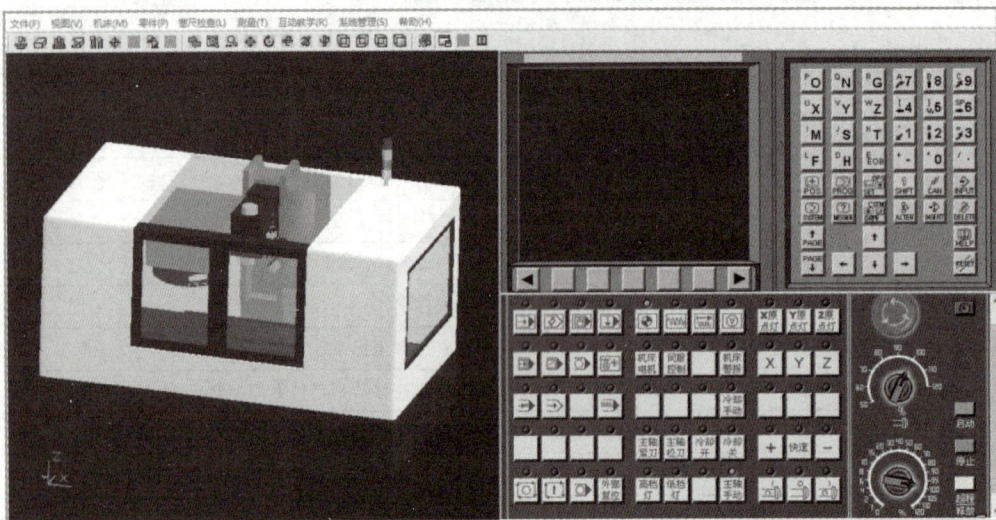

a) 选择机床

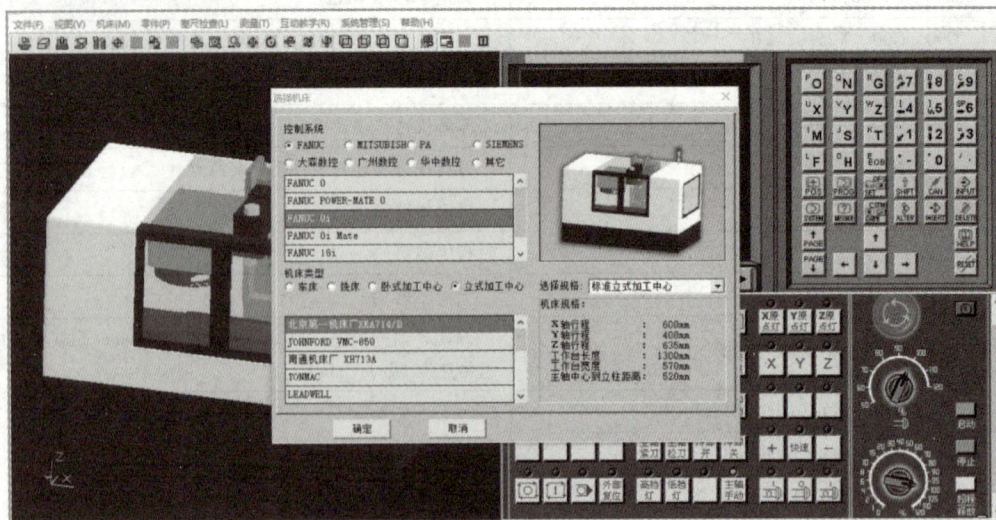

b) 选择控制系统和机床类型

图 3-43 仿真软件准备

2. 激活机床

检查急停按钮是否松开至 ⊙ 状态，若未松开，按急停按钮 ⊙ ，将其松开。然后按 ▣ 键启动电源，如图 3-44 所示。

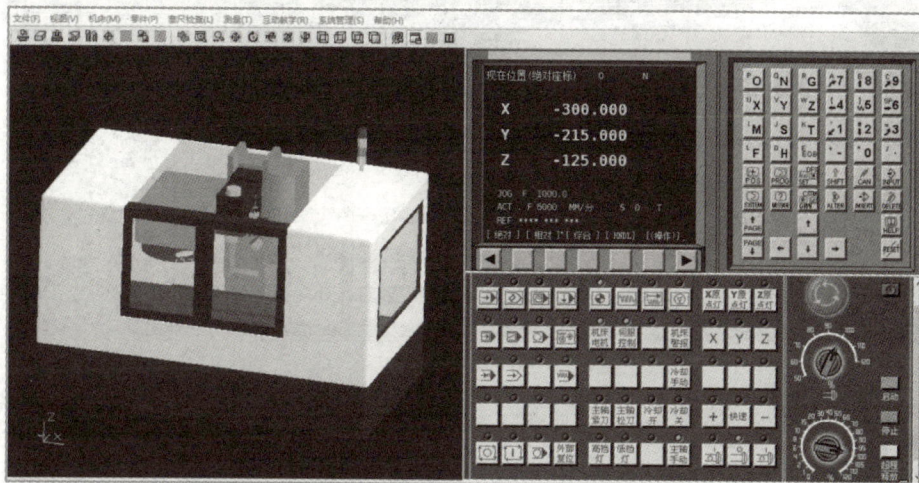

图 3-44　激活机床

3. 回参考点

按 ▣ 键，进入"回参考点"模式，按操作面板上的 X 键，使 X 轴方向移动指示灯变亮 X ，再按 + 键，使 X 轴回原点，此时 X 轴回原点指示灯变亮 ▣ 。同样，再分别按 Y 轴、Z 轴方向键 Y 、 Z ，使对应的移动指示灯变亮，再按 + 键，使 Y 轴、Z 轴回原点，此时 Y 轴、Z 轴回原点指示灯变亮 ▣▣ ，如图 3-45 所示。

图 3-45　机床回参考点

4. 毛坯的选择和安装

选择毛坯：依次单击菜单栏中的"零件"→"定义毛坯"，或在工具条上选择 ▱ ，如图 3-46a 所示。选择夹具：依次单击菜单栏中的"零件"→"安装夹具"，或者在工具栏中单

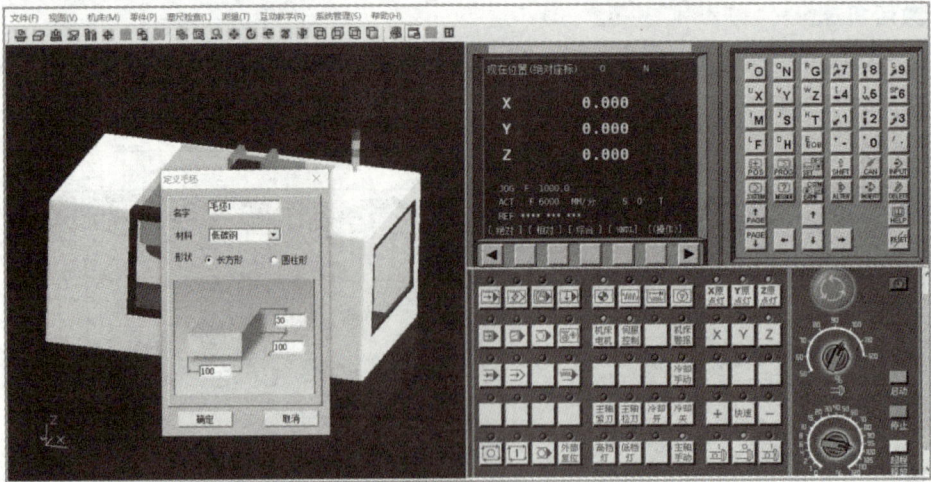

a) 定义毛坯

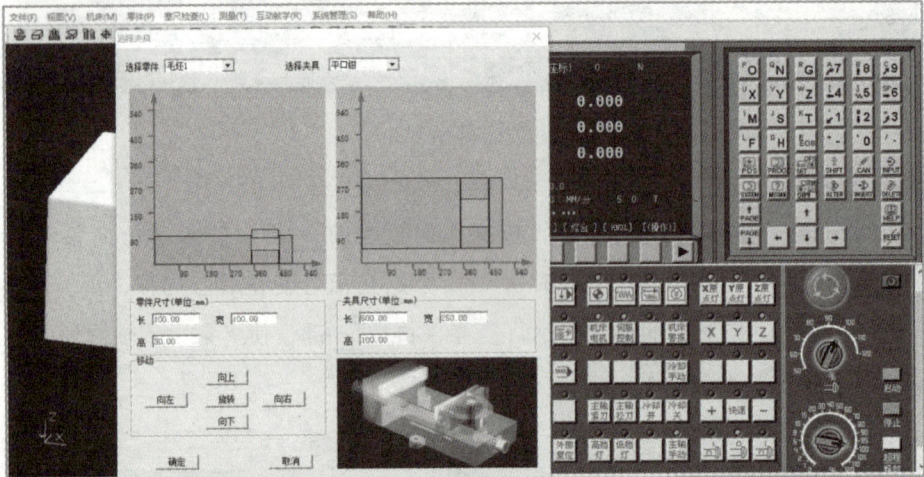

b) 安装夹具

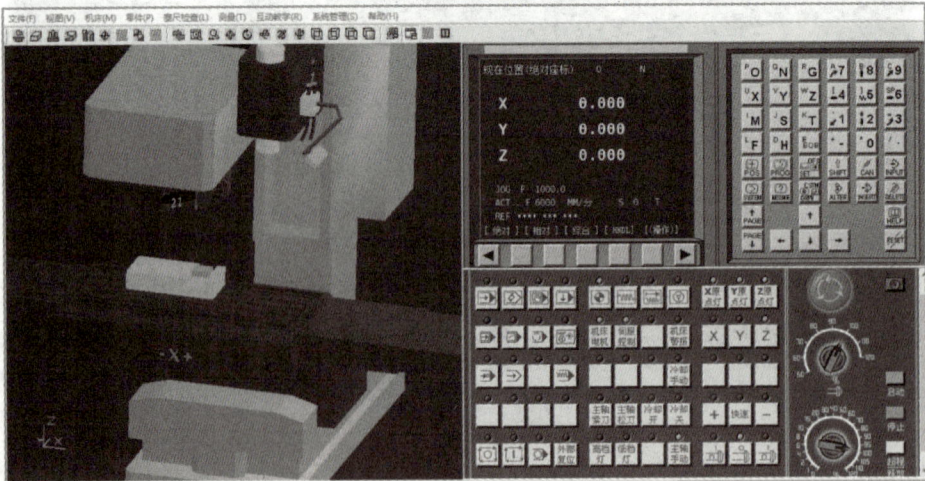

c) 安装毛坯

图 3-46　毛坯的选择和安装

击图标 ，如图 3-46b 所示。安装毛坯：依次单击菜单栏中的"零件"→"放置零件"，或者在工具栏中单击图标 ，系统弹出"选择零件"对话框，选择定义的毛坯，零件安装如图 3-46c 所示。

5. 刀具的选择和安装

依次单击菜单栏中的"机床"→"选择刀具"，或单击工具条上的小图标 ，弹出选择刀具的对话框，如图 3-47a 所示；选择所需要的刀具，将其添加到机床主轴，然后单击"确认"，刀具安装如图 3-47b 所示。

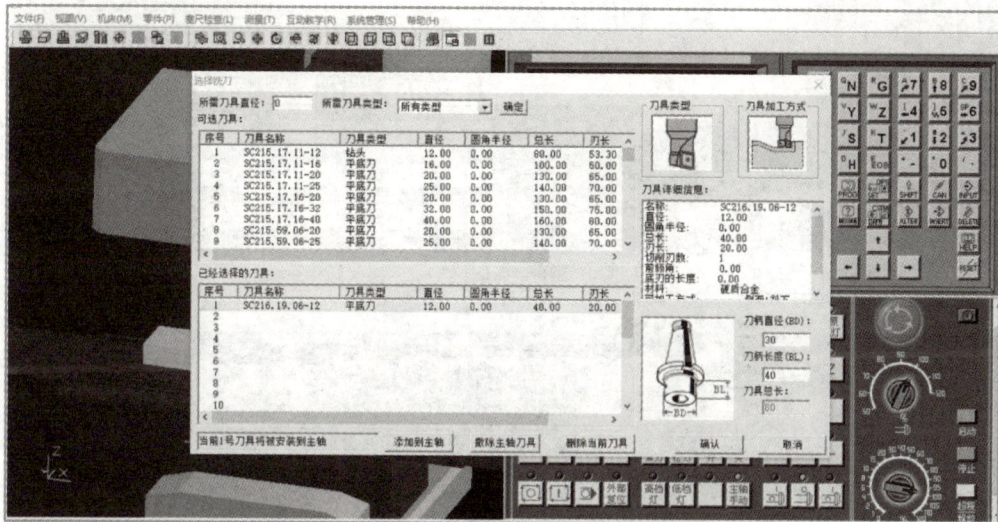

a) 选择刀具

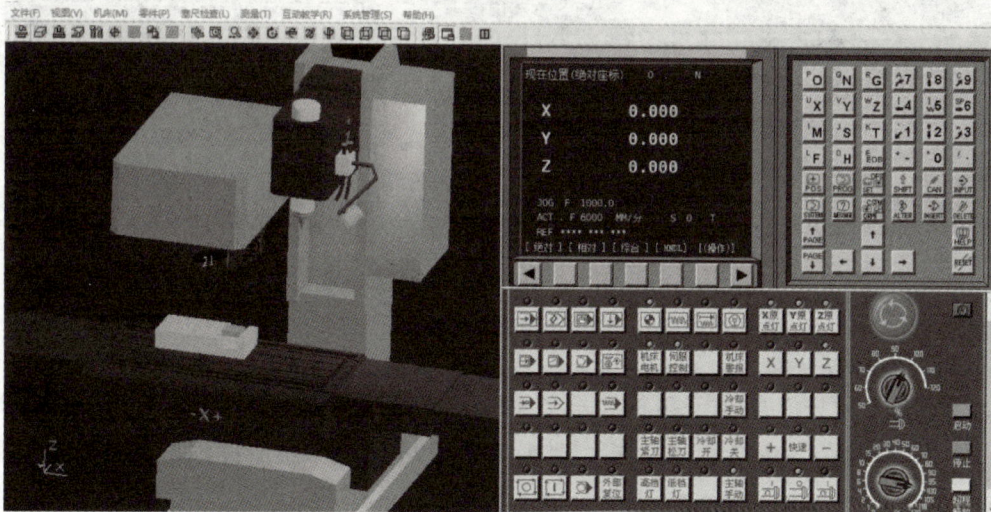

b) 安装刀具

图 3-47　刀具的选择和安装

6. 对刀操作

依次单击菜单栏中的"机床"→"基准工具"，在弹出的"基准工具"对话框中，左边的是刚性靠棒，右边的是寻边器，如图 3-48a 所示。X 轴、Y 轴对刀一般使用基准工具，基准工具包括刚性靠棒和寻边器两种；Z 轴对刀一般采用实际加工刀具。对刀坐标值如图 3-48b 所示。

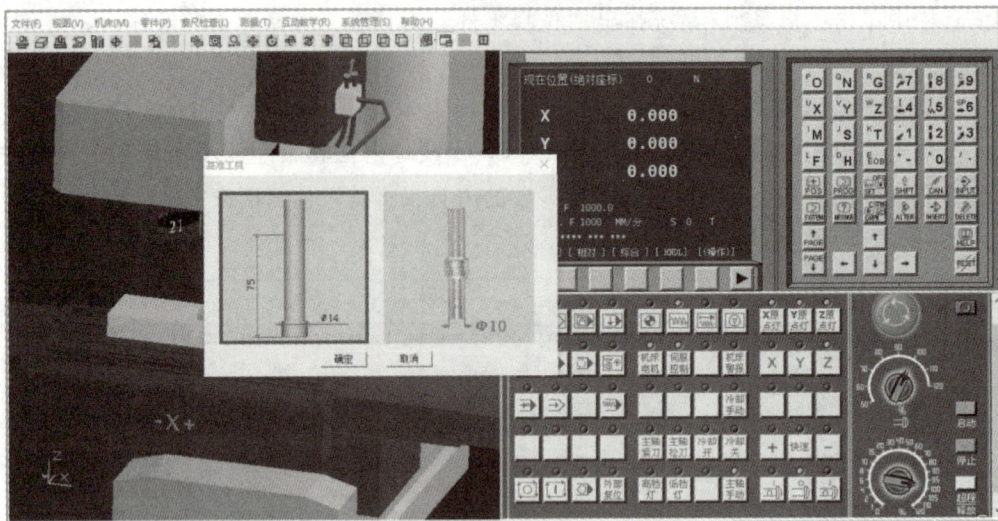

a) 选择基准工件

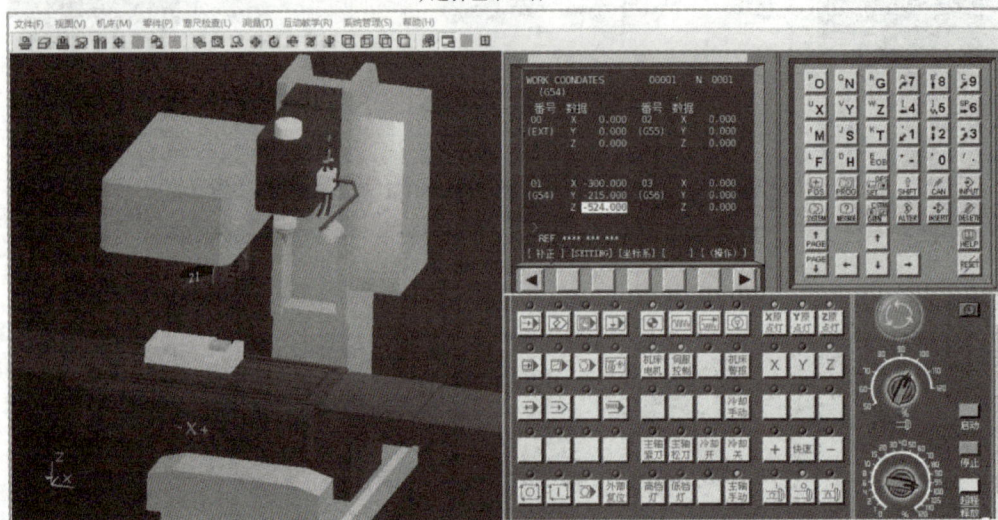

b) 对刀坐标值

图 3-48　对刀

7. 程序输入与校验

在操作面板上按模式选择键 ⊠，进入编辑模式，在系统面板上按 PROG 键，进入程序显示界面。在操作面板上按模式选择键 ⟶，切换到自动模式，在系统面板上按 CUSTOM GRAPH 键，系统进入轨迹检查界面。按循环启动键 Ⅰ 开始模拟执行程序，如图 3-49 所示。

8. 仿真加工

仿真加工，如图 3-50 所示。

9. 零件测量

零件加工完成后，依次单击菜单栏中的"测量"→"剖面图测量"，进入"测量"对话框，如图 3-51 所示。

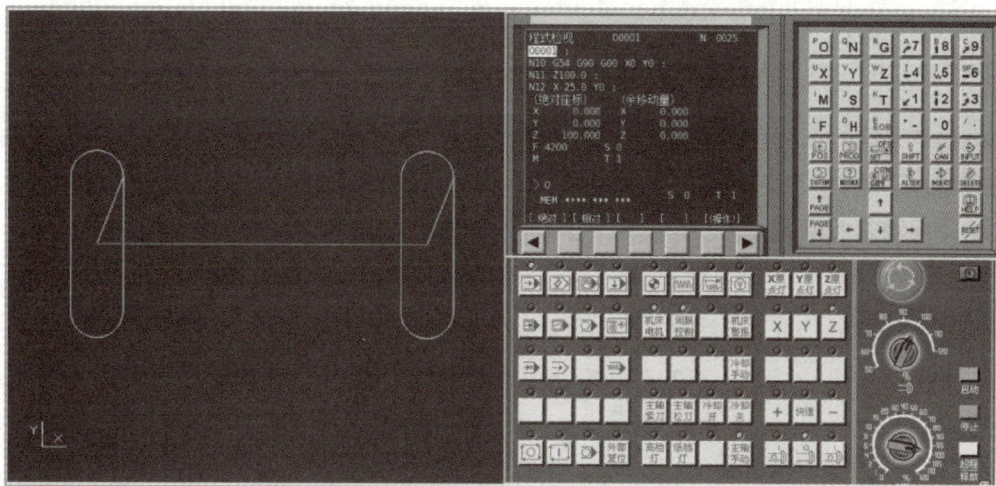

图 3-49　程序校验

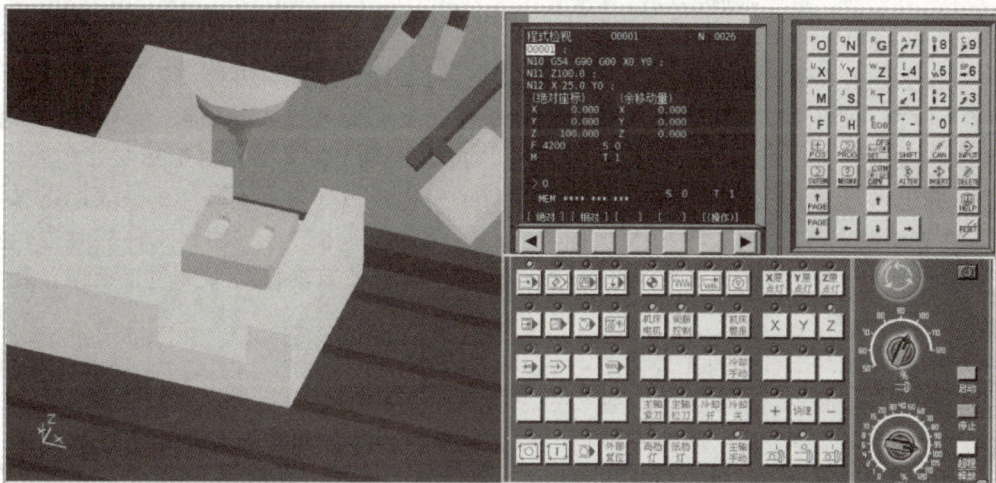

图 3-50　仿真加工

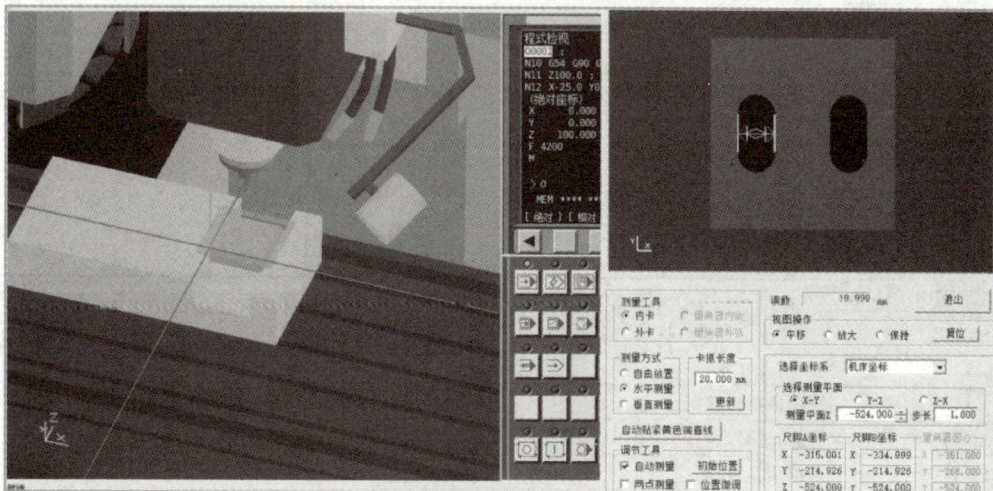

图 3-51　测量零件

10. 优化零件程序

根据零件的仿真加工，优化零件加工程序。

任务四　型腔零件数控实操加工与检测

1. 毛坯、刀具、工具准备

2. 程序输入与编辑

1）开机。

2）回参考点。

3）输入程序。

4）检查程序。

3. 零件加工

1）按工艺要求装夹工件。

2）按编程要求，确定刀具编号并安装基准刀具。

3）启动主轴。若主轴启动过，直接在手动方式下按"主轴正转"键即可；否则在 MDI 方式下输入"M03S×××"，再按"循环启动"。

4）在手轮模式下，快速移动 X、Y、Z 轴到接近工件的位置，再移动 Z 轴到工件表面以下的某个位置，此时按"POS"键。在综合坐标中，按面板上的"Z"键，当 CRT 显示器上的"Z"闪动时，按"归零"，或输入 Z0 后按"预定"键，使 Z 轴相对坐标变为 0。

5）确定 X 轴原点。移动 X 轴，使其与工件的一边接触（为了不破坏工件表面，操作时可在工件表面贴上薄纸片），再把 X 坐标清零；然后提刀，将刀具移动到工件的对边，使其与工件表面接触，再次提刀，把 X 的相对坐标值除以 2，使刀具移动 X/2 位置，该点就是编程坐标系 X 轴的原点。

6）用相同的方法可找到 Y 轴原点。

7）确定 Z 轴原点。移动刀具，使刀位点与工件上表面接触。

8）设定工件坐标原点。对刀完成后，在"综合坐标"界面中查看并记下各轴的 X、Y、Z 值。然后选择 MDI 模式，按"OFFSET/SETING"键，再按"工件系"软键，把 X、Y、Z 的机械坐标值输入到坐标系的 G54～G59 中，完成后按"输入"或分别输入 X0、Y0、Z0 后相应地按"测量"键。

9）调出加工程序。

10）自动加工。选择机床工作模式为"自动运行"模式，按"循环启动"键，使机床进行自动加工。

4. 型腔零件尺寸检测与评分

成绩评分标准见表 3-12。

表 3-12　型腔零件编程与加工评分表

工件编号					总得分		
项目与比重	序号	技术要求		配分	评分标准	检测记录	得分
程序与工艺（25%）	1	程序段格式规范		5	不规范每处扣 2 分		
	2	程序正确完整		10	每错一处扣 2 分		
	3	切削用量合理		5	不合理每处扣 2 分		
	4	工艺规程规范、合理		5	不合理每处扣 2 分		

（续）

工件编号		技术要求	配分	总得分		
项目与比重	序号			评分标准	检测记录	得分
机床操作（20%）	5	刀具选择安装正确	5	不正确每次扣2分		
	6	对刀及坐标系设定正确	5	不正确每次扣2分		
	7	机床操作规范	5	不规范每次扣2分		
	8	工件加工不出错	5	出错全扣		
工件质量（35%）	9	四处尺寸 $R10mm$、$5mm \times 20mm$	32	不合格每处扣4分		
	10	表面粗糙度 $Ra3.2\mu m$	3	不合格每处扣1分		
文明生产（20%）	11	安全操作	10	出错全扣		
	12	机床维护与保养	5	不合格全扣		
	13	工作场所整理	5	不合格全扣		

思考题：

1. 编写相同轮廓零件的加工程序有哪些方法？

2. 铣削相同轮廓零件时，如何确定零件的加工工艺？试举例说明。

3. 铣削内腔时，进刀方式有哪些？试举例说明。

4. 零件如图 3-52 所示，试编写工件（材料为 45 钢）的加工程序，毛坯尺寸为 100mm×100mm×30mm，刀具为立铣刀 ϕ10mm，零件的表面粗糙度为 $Ra3.2\mu m$。

5. 零件如图 3-53 所示，试编写工件（材料为 45 钢）加工程序，毛坯尺寸为 100mm×100mm×30mm，刀具为铣刀 ϕ8mm，零件的表面粗糙度为 $Ra3.2\mu m$。

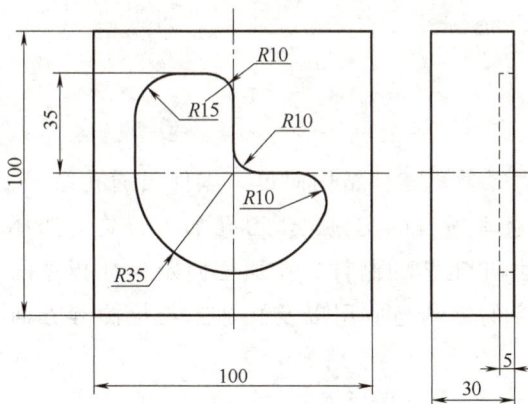

图 3-52　型腔零件

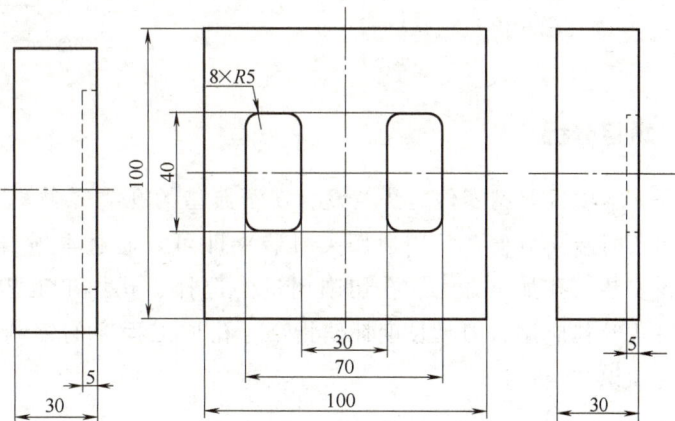

图 3-53　相同内轮廓结构零件

项目四　零件孔的铣削编程与加工

项目目标

◎ 了解孔加工工艺的制订

◎了解孔加工切削用量的选择

◎孔加工刀具的选择和安装

◎掌握孔加工循环指令的编程格式及其参数的含义

◎掌握孔加工循环指令的应用

◎具备孔零件铣削编程能力

◎具备孔零件数控仿真加工能力

◎具备孔零件实操加工与尺寸检测能力

项目导入

零件如图 3-54 所示，试编写孔零件（材料为 45 钢）加工程序，毛坯尺寸为 $\phi 60mm \times 15mm$，刀具为麻花钻 $\phi 10mm$，零件的表面粗糙度为 $Ra3.2\mu m$。

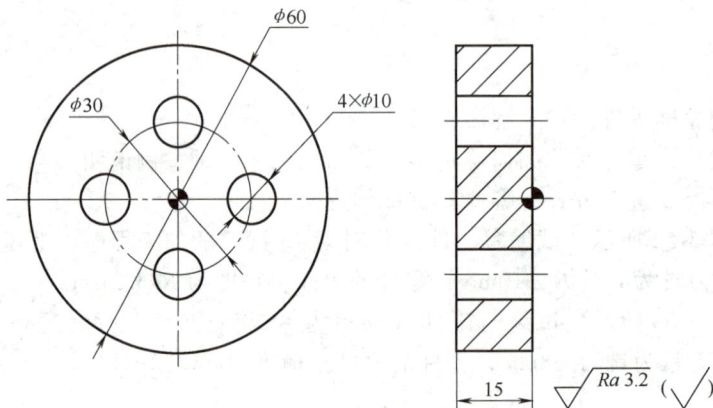

图 3-54 法兰盘

项目分析

本项目典型零件是法兰盘，属于典型的孔类零件。零件结构简单，零件由通孔组成，加工时装夹方便，采用通用夹具装夹即可。通过本项目的实施，学习孔加工刀具的选择和安装、孔加工方法、孔切削用量的选择、孔加工工艺的制订、孔加工固定循环指令的格式及其应用、刀具长度补偿指令、孔加工程序的编制与应用以及孔加工与检测等方面的知识。

相关知识

一、孔加工固定循环指令

孔加工是数控加工中最常见的加工工序，数控铣床和加工中心通常都具有能完成钻孔、镗孔、铰孔和攻螺纹等加工的固定循环功能。该类指令为模态指令，可以在一个程序段内完成某个孔加工的全部动作（孔加工、退刀、孔底暂停等），从而大大减少编程的工作量。FANUC 0i 系统数控铣床/加工中心的固定循环指令见表 3-13。

表 3-13 孔加工固定循环指令及其动作一览表

G 代码	加工动作	孔底动作	退刀动作	功能
G73	间歇进给	—	快速进给	钻深孔
G74	切削进给	暂停、主轴正转	切削进给	攻左螺纹
G76	切削进给	主轴准停	快速进给	精镗孔
G80	—	—	—	取消固定循环
G81	切削进给	—	快速进给	钻孔
G82	切削进给	暂停	快速进给	钻孔与锪孔
G83	间歇进给	—	快速进给	钻深孔
G84	切削进给	暂停、主轴反转	切削进给	攻右螺纹
G85	切削进给	—	切削进给	铰孔
G86	切削进给	主轴停	快速进给	镗孔
G87	切削进给	主轴正转	快速进给	反镗孔
G88	切削进给	暂停、主轴停	手动	镗孔
G89	切削进给	暂停	切削进给	镗孔

1. 孔加工固定循环指令的基本动作

如图 3-55 所示，孔加工固定循环一般由下述六个动作组成（图中用虚线表示的是快速进给，用实线表示的是切削进给）：

动作 1：X 轴和 Y 轴定位，使刀具快速定位到孔加工的位置。

动作 2：快进到 R 点，刀具自初始点快速进给到 R 点。

动作 3：孔加工，以切削进给的方式执行孔加工的动作。

动作 4：孔底动作，包括暂停、主轴准停、刀具移位等动作。

动作 5：返回到 R 点（使用指令 G99 时）。继续加工其他孔且可以安全移动刀具时，选择返回 R 点。

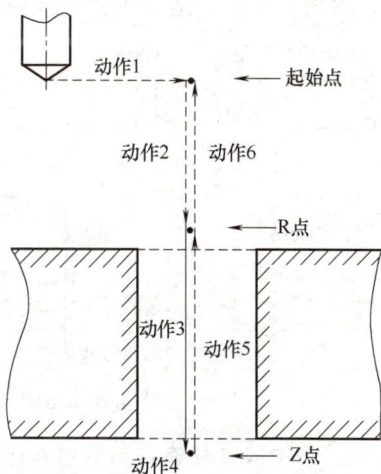

图 3-55 孔加工固定循环动作组成

动作 6：返回到起始点（使用指令 G98 时），孔加工完成后一般应选择返回起始点。

2. 固定循环指令编程格式

编程格式：G90/G91 G98/G99 G73~G89 X__ Y__ Z__ R__ Q__ P__ F__ L__；

说明：

1）G 是孔加工固定循环指令，指 G73~G89。

2）X、Y 指定孔在 XY 平面的坐标位置（增量或绝对值）。

3）Z 指定孔底坐标值。在增量方式时，是 R 点到孔底的距离；在绝对值方式时，是孔底的 Z 坐标值。

4）R 在增量方式中是起始点到 R 点的距离；而在绝对值方式中是 R 点的 Z 坐标值。

5）Q 在 G73、G83 中，是用来指定每次进给的深度；在 G76、G87 中是用来指定刀具位移量。

6）P 指定暂停的时间，最小单位为 1ms。

7）F 为进给速度，单位为 mm/min。

8）L 指定固定循环的重复次数。只循环一次时，L 可不指定。

二、常用的孔加工固定循环指令

1. 钻孔固定循环指令（G81）

编程格式：G81　X __　Y __　Z __　R __　F __；

说明：

本指令属于普通孔钻削加工固定循环指令，孔加工动作如图 3-56 所示。

2. 锪孔钻孔循环指令（G82）

编程格式：G82　X __　Y __　Z __　R __　P __　F __；

说明：

与 G81 指令的动作轨迹一样，仅在孔底增加了暂停时间，因而可以得到准确的孔深尺寸，表面更光滑，适用于锪孔或镗阶梯孔，如图 3-57 所示。

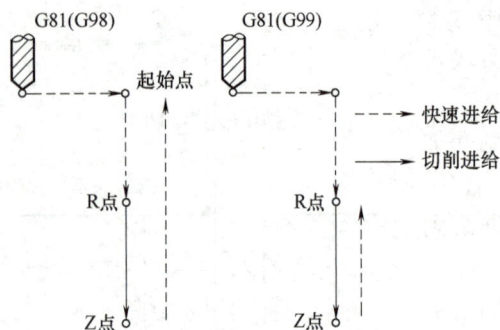

图 3-56　G81 指令动作图

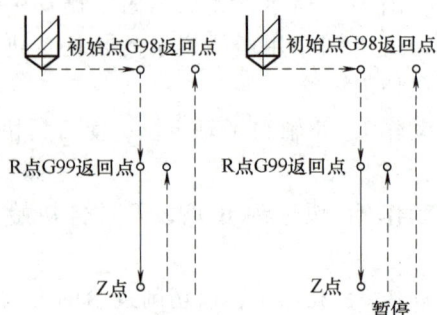

图 3-57　G81 与 G82 指令动作区别

3. 高速深孔钻循环指令（G73）

编程格式：G73　X __　Y __　Z __　R __　Q __　F __；

说明：

孔加工动作如图 3-58 所示，分多次工作进给，每次进给的深度由 Q 指定（一般 2~3mm），且每次工作进给后都快速退回一段距离 d，d 值由参数设定（通常为 0.1 mm）。这种加工方法，通过 Z 轴的间断进给可以比较容易地实现断屑与排屑。

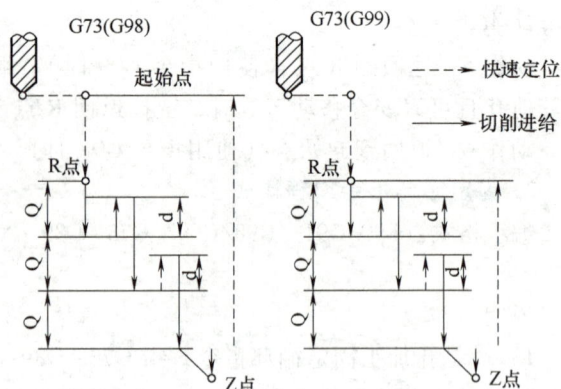

图 3-58　G73 指令动作图

4. 深孔钻循环指令（G83）

编程格式：G83　X __　Y __　Z __　R __　Q __　F __；

说明：

孔加工动作如图 3-59 所示。本指令适用于加工较深的孔，与 G73 指令不同的是每次刀具间歇进给后退至 R 点，可把切屑带出孔外，以免切屑将钻槽塞满而增加钻削阻力及切削液无法到达切削区。图中的 d 值由参数设定，当重复进给时，刀具快速下降，到 d 规定的距离时转为切削进给，Q 为每次进给的深度。

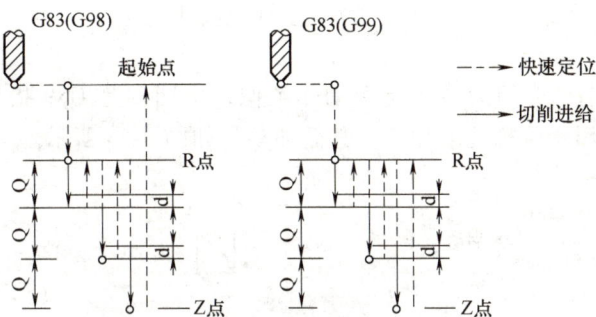

图 3-59　G83 指令动作图

5. 铰孔循环指令（G85）

编程格式：G85　X ___　Y ___　Z ___　R ___　F ___；

说明：

该指令的孔加工动作与 G81 指令类似，但返回行程中，从 Z 点到 R 点为切削进给，以保证孔壁光滑，其循环动作如图 3-60 所示。此指令常用于铰孔和扩孔加工，也可用于粗镗孔加工。

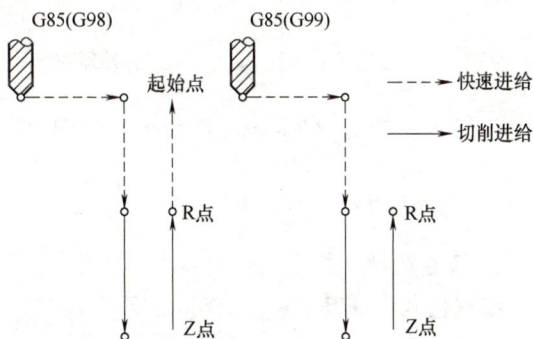

图 3-60　G85 指令动作图

6. 粗镗孔循环指令（G86）

编程格式：G86　X ___　Y ___　Z ___　R ___　P ___　F ___；

说明：

该指令的孔加工动作与 G81 指令类似，但进给到孔底后，主轴停止，返回到 R 点（G99）或起始点（G98）后主轴再重新启动，其循环动作如图 3-61 所示。采用这种方式加工，如果连续加工的孔间距较小，则可能出现刀具已经定位到下一个孔加工的位置而主轴尚未到达规定的转速的情况，为此可以在各孔动作之间加入暂停指令 G04，以便主轴获得规定的转速。

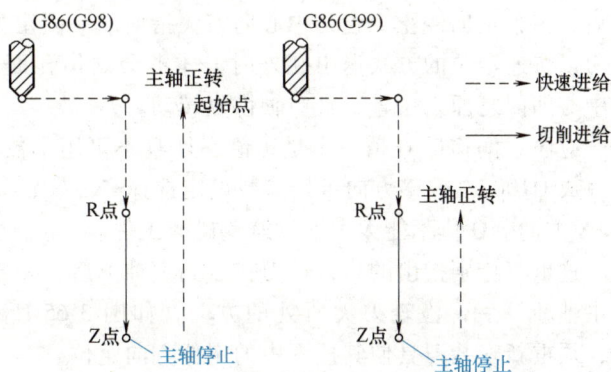

图 3-61　G86 指令动作图

7. 粗镗孔循环指令（G88）

编程格式：G88　X ___　Y ___　Z ___　R ___　P ___　F ___；

说明：

刀具以切削进给方式加工到孔底，然后刀具在孔底暂停后主轴停转，这时可通过手动方式从孔中安全退出刀具。其循环动作如图 3-62 所示。这种加工方式虽能提高孔的加工精度，但加效率较低。因此，该指令常在单件加工中采用。

8. 粗镗孔循环指令（G89）

编程格式：G89 X＿ Y＿ Z＿ R＿ P＿ F＿；

说明：

G89 指令动作与前节介绍的 G85 指令动作类似，不同的是 G89 指令动作在孔底增加了暂停，因此该指令常用于阶梯孔的加工。其循环动作如图 3-63 所示。

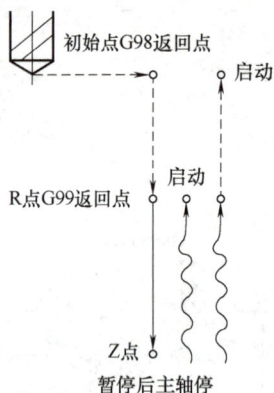

图 3-62　G88 指令动作图　　　　　图 3-63　G89 指令动作图

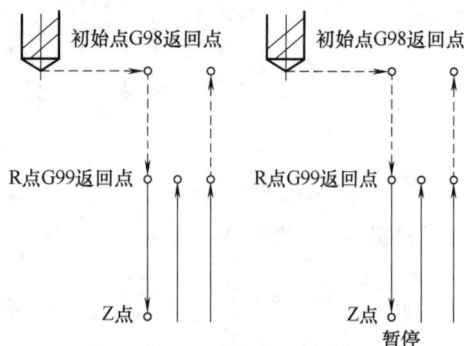

9. 精镗孔循环指令（G76）

编程格式：G76 X＿ Y＿ Z＿ R＿ Q＿ P＿ F＿；

说明：

孔加工动作如图 3-64 所示。图中 P 表示在孔底有暂停，OSS 表示主轴准停，Q 表示刀具移动量。采用这种方式镗孔可以保证提刀时不划伤内孔表面。执行 G76 指令时，镗刀先快速定位至 X、Y 坐标点，再快速定位到 R 点，接着以 F 指定的进给速度镗孔至 Z 指定的深度后，主轴定向停止，镗刀中心向刀尖指向的一固定方向偏移，使刀尖离开加工孔面，这样镗刀以快速定位的方式退出孔外时，才不会划伤孔面。当镗刀退回到 R 点或起始点时，刀具中心即回复原来位置，且主轴恢复转动。

应注意偏移量 Q 值一定是正值，且 Q 不可用小数点方式表示该数值，如欲偏移 1.0mm，应写成 Q1000。偏移方向可用参数设定选择+X、+Y、−X 及−Y 的任何一个方向，一般设定为+X 方向。Q 值不能太大，以避免碰撞工件。

这里要特别指出的是，镗刀在装到主轴上后，一定要在 CRT/MDI 方式下执行 M19 指令使主轴准停后，检查刀尖所处的方向，如图 3-65 所示。若与图中位置相反（相差 180°）时，须重新安装刀具使其按图中的定位方向定位。

【例 3-3】　如图 3-66 所示零件，试用精镗孔循环指令 G76 编写加工程序。

加工程序：

O00001；

……

图 3-64　G76 指令动作图

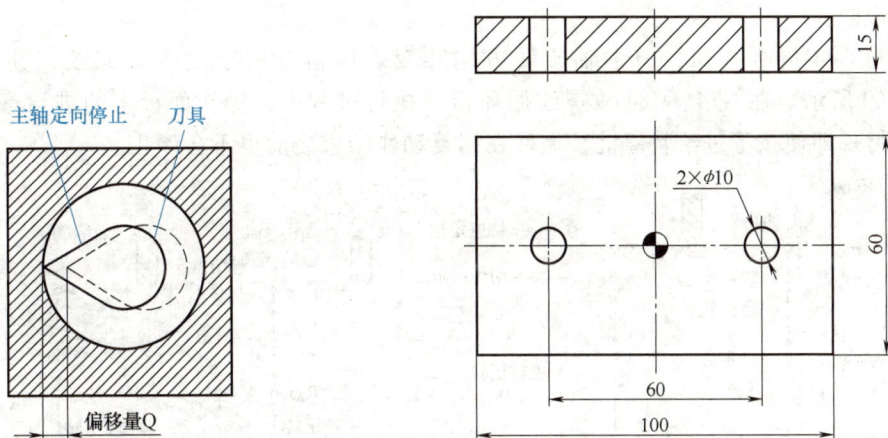

图 3-65　主轴定向停止与偏移

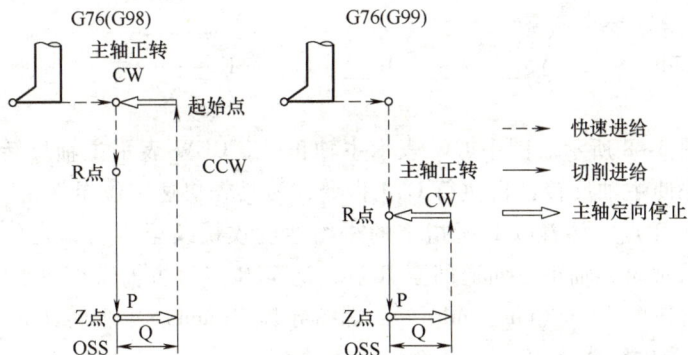

图 3-66　孔板类零件

```
M03    S600    M08;
G98    G76    X30.0    Y0    Z-15.0    R5.0    Q1000    P1000    F60;
X-30.0;
G80    M09;
G91    G28    Z0;
M30;
```

10. 反镗孔循环指令（G87）

编程格式：G87 X __ Y __ Z __ R __ Q __ F __;

说明：

反镗孔动作指令如图 3-67 所示。执行 G87 循环指令时，刀具在 G17 平面内快速定位后，主轴准停，刀具向刀尖相反方向偏移 Q，然后快速移动到孔底，在这个位置刀具按原偏移量反向移动相同的 Q 值，主轴正转并以切削进给方式加工到 Z 平面，主轴再次

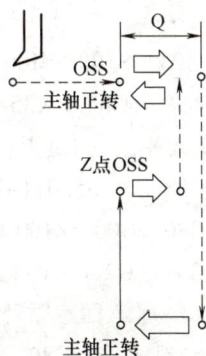

图 3-67　G87 指令动作图

准停，并沿刀尖相反方向偏移 Q，快速提刀至初始平面并按原偏移量返回到 G17 平面的定位点，主轴开始正转，循环结束。由于执行 G87 循环指令时，刀尖无须在孔中经工件表面退出，故加工表面质量较好，所以该循环指令常用于精密孔的镗削加工。

11. 攻左旋螺纹循环指令（G74）

编程格式：G74　X＿＿　Y＿＿　Z＿＿　R＿＿　P＿＿　F＿＿；

说明：

加工动作如图 3-68 所示。图中 CW 表示主轴正转，CCW 表示主轴反转。此指令用于攻左旋螺纹，故需先使主轴反转，再执行 G74 指令，刀具先快速定位至 X、Y 所指定的坐标位置，再快速定位到 R 点，接着以 F 所指定的进给速度攻螺纹至 Z 所指定的坐标位置后，主轴转换为正转且同时向 Z 轴正方向退回至 R 点，退至 R 点后主轴恢复原来的反转。

攻螺纹的进给速度为：$v_f(\text{mm} \cdot \text{min}^{-1})$ ＝ 螺纹导程 $P(\text{mm})$ × 主轴转速 $n(\text{r} \cdot \text{mm}^{-1})$。

12. 攻右旋螺纹循环指令（G84）

编程格式：G84　X＿＿　Y＿＿　Z＿＿　R＿＿　P＿＿　F＿＿；

说明：

与 G74 指令类似，但主轴旋转方向相反。该指令用于攻右旋螺纹，其循环动作如图 3-69 所示。在 G74、G84 攻螺纹循环指令执行过程中，操作面板上的进给率调整旋钮无效，另外即使按下进给暂停键，循环在回复动作结束之前也不会停止。

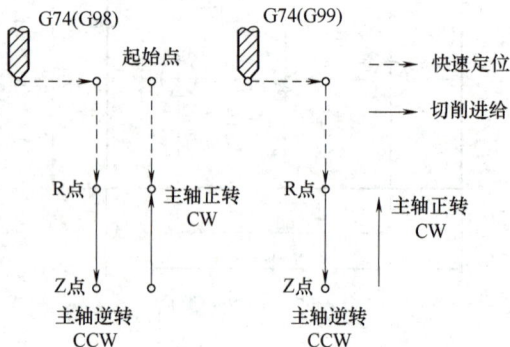

图 3-68　G74 指令动作图　　　　　　　　　图 3-69　G84 指令动作图

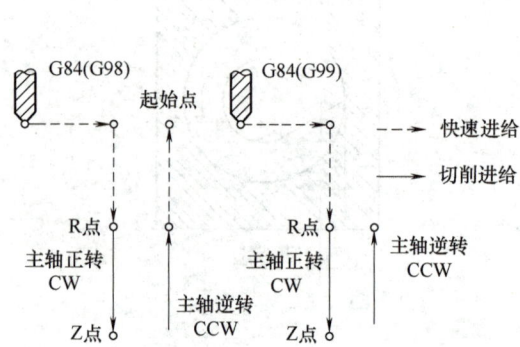

【例 3-4】　如图 3-70 所示，试用攻螺纹循环指令编写 2×M10×1.5 螺纹通孔的加工程序。

O0006；

……

M03　S100　M09；

G99　G84　X35.0　Y0　Z－20.0　R5.0　F150；

（孔 1 攻螺纹，刀具返回 R 点）

G98　X－35.0；（孔 2 攻螺纹，刀具返回起始点）

G80　G00　Z100.0；（取消攻螺纹循环，回起始位置）

G91　G28　Z0；（Z 轴回参考点）

图 3-70　攻螺纹循环指令示例

13. 取消固定循环指令（G80）

编程格式：G80；

说明：

当固定循环指令不再使用时，应用 G80 指令取消固定循环，从而恢复到一般基本指令状态（如 G00、G01、G02、G03 等），此时固定循环指令中的孔加工数据（如 Z 点、R 点值等）也被取消。

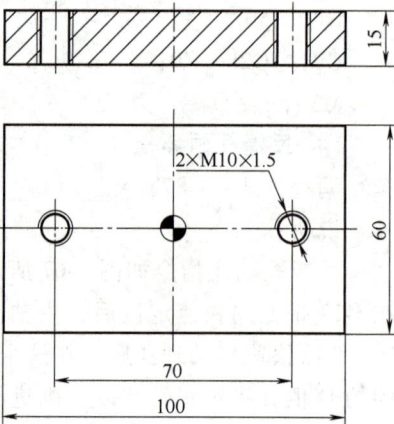

三、孔加工固定循环指令的注意事项

1）G73～G89 指令是模态指令。一旦指定将一直有效，直到出现其他孔加工固定循环指令，或固定循环取消指令（G80），或 G00、G01、G02、G03 等插补指令才失效。因此，多孔加工时孔加工固定循环指令只需指定一次，后面的程序段只需给出其他孔的位置即可。

2）固定循环中的参数（Z、R、Q、P）是模态的。因此，当变更固定循环方式时，可用的参数可以继续使用，不需重设。但中间如果隔有 G80 或 G01、G02、G03 指令，则这些参数不再受固定循环的影响，需要重新设置。

3）在使用固定循环指令编程时，一定要在前面程序段中指定 M03（或 M04）指令，使主轴启动。

4）若在固定循环指令程序段中同时指定一个 M 代码（如 M05、M09），则该 M 代码并不是在循环指令执行完成后才被执行，而是执行完循环指令的第一个动作（X、Y 轴向定位）后，即被执行。因此，固定循环指令不能和 M 代码同时出现在同一个程序段中。

5）当用 G80 指令取消孔加工固定循环后，刀具将恢复至固定循环之前的插补模态（如G01、G02、G03），M05 指令也自动生效（G80 指令可使主轴停转）。

6）在固定循环中，刀具半径尺寸补偿（G41、G42）无效，刀具长度补偿（G43、G44）有效。

7）在固定循环指令中，地址 R 与地址 Z 的数据指定与 G90 或 G91 的方式选择有关。选择 G90 方式时，R 与 Z 一律取其终点坐标值，如图 3-71a 所示；选择 G91 方式时，则 R 是指自起始点到 R 点间的距离，Z 是指自 R 点到孔底平面上 Z 点的距离，如图 3-71b 所示。

8）起始点是为安全下刀而规定的点。该点可以设定在距离零件表面任意一个安全高度处。当使用同一把刀具加工若干孔时，只有两孔间存在障碍需要跳跃或全部孔加工完毕时，才使用 G98 功能使刀具返回到起始点。

9）R 点又叫参考点，是刀具下刀时自快进转为工进的转换起点。它距工件表面的距离主要受工件表面尺寸变化的影响，一般可取 2～5mm。使用 G98 指令时，刀具将返回到初始点，如图 3-72a 所示；使用 G99 指令时，刀具将返回到参考点，如图 3-72b 所示。

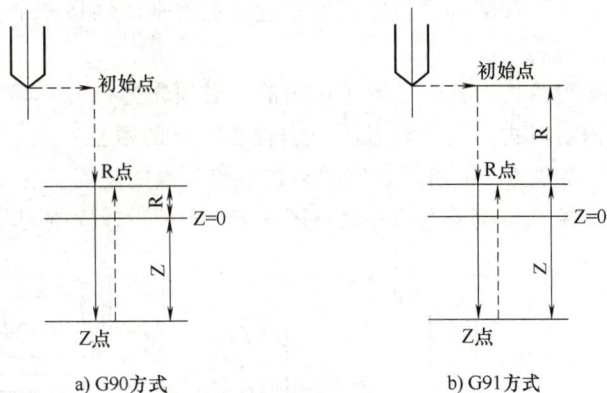

图 3-71　不同方式下的 R、Z 值

10）加工盲孔时，孔底平面就是孔底的 Z 轴高度；加工通孔时，一般刀具还要伸出工件底平面一段距离，这主要是保证全部孔深都加工到规定尺寸。因此，钻削加工时还应考虑钻头钻尖对孔深的影响。

11）孔加工循环与平面选择指令（G17、G18 或 G19）无关，即不管选择了哪个平面，孔加工都是在 XY 平面上定位并在 Z 轴方向上加工孔。

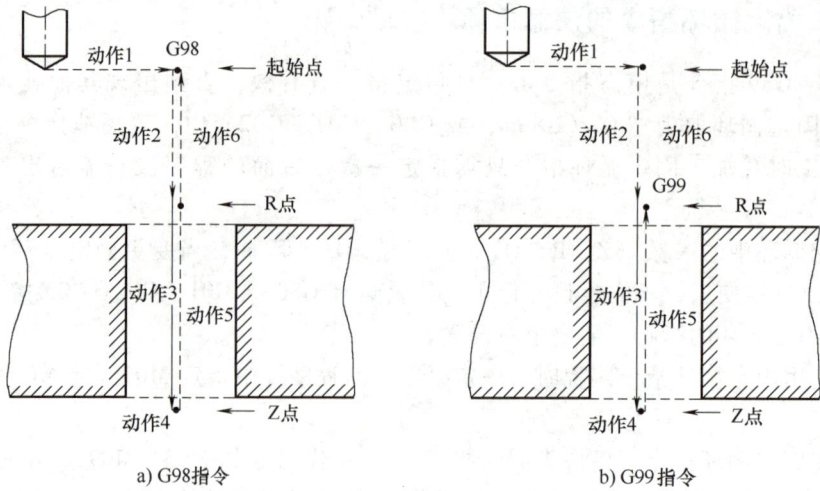

a) G98指令　　　　　　　　　　　　　　b) G99指令

图 3-72　刀具返回指令

四、刀具长度补偿指令（G43、G44、G49）

数控机床上加工直径、深度不同的孔时，一般采用加工中心进行加工。在实际加工过程中，要加工不同直径的孔，就需通过换刀指令选择不同的刀具，这就使刀具的长度发生变化，造成了非基准刀的刀位点起始位置和基准刀的刀位点起始位置不重合。在编程过程中，若对刀具长度的变化不做适当处理，就会造成零件报废，甚至撞刀。为此，在数控加工中引入了刀具长度补偿的概念，以避免上述问题并提高工作效率。

刀具长度补偿是使刀具垂直于走刀平面偏移一个刀具长度修正值，因此编程过程中无需考虑刀具长度。

刀具长度补偿在发生作用前，必须先进行刀具参数的设置。设置的方法有机内试切法、机内对刀法、机外对刀法和编程法。有的数控系统补偿的是刀具的实际长度与标准刀具的差，如图 3-73a 所示。有的数控系统补偿的是刀具相对于相关点的长度，图 3-73b 所示为平头立铣刀与相关点的补偿；图 3-73c 所示为球立铣刀与相关点的补偿。

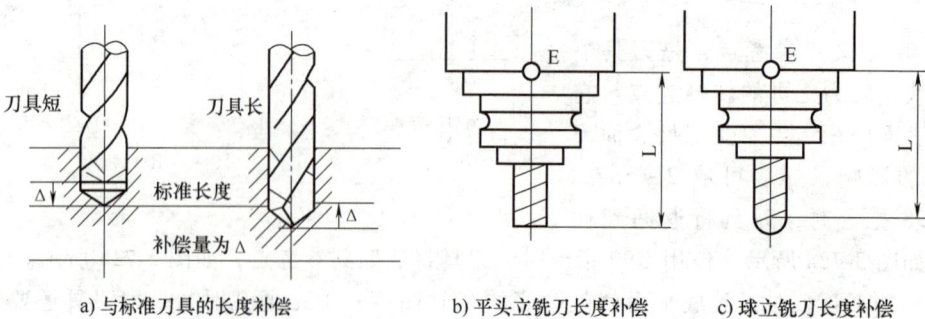

a) 与标准刀具的长度补偿　　　b) 平头立铣刀长度补偿　　　c) 球立铣刀长度补偿

图 3-73　刀具长度补偿

对于 FANUC 系统，刀具长度补偿指令为 G43、G44、G49。G43 为刀具长度正补偿；G44 为刀具长度负补偿；G49 为撤消刀具长度补偿指令。

1. 刀具长度补偿的建立

编程格式：G43/G44　G00/G01　Z ___　H ___；

说明：

1）Z 为编程值，H 为长度补偿值的寄存器号码。偏置量与偏置号相对应，由 CRT/MDI 操作面板预先设在偏置存储器中。

2）使用 G43、G44 指令时，无论用绝对尺寸还是用增量尺寸编程，程序中指定的 Z 轴移动的终点坐标值，都要与 H 所指定寄存器中的偏移量进行运算，G43 时相加，G44 时相减，然后把运算结果作为终点坐标值进行加工。G43、G44 均为模态代码。

执行 G43 时：

Z 实际值 = Z 指令值+（H××）

执行 G44 时：

Z 实际值 = Z 指令值-（H××）

式中　H××—编号为××的寄存器中的刀具长度补偿量。

2. 刀具长度补偿取消

编程格式：

G00/G01　G49　Z ___；

或　G00/G01　G43/G44　Z ___　H00；

3. 注意事项

1）刀具长度补偿的建立只有在移动指令下才能生效。

2）有些数控系统，如 FAGOR 8055M，采用 G43 指令激活刀具长度补偿（加/减运算取决于寄存器中的偏置量的正、负），采用 G44 指令取消刀具长度补偿。

项目实施

任务一　法兰盘数控加工工艺编制

1. 分析零件图

如图 3-54 所示，该法兰盘零件由四处 $\phi10mm$ 的内孔组成，零件结构简单。尺寸 $\phi10mm$ 是自由尺寸，公差值较大，加工较容易。零件的表面粗糙度为 $Ra3.2\mu m$。零件材料为 45 钢，切削加工性能较好。

2. 确定装夹方案

装夹方案要按照尽量选用通用夹具，尽量减少装夹次数，在一次装夹中尽可能完成多个表面加工，以及夹紧力的作用点应布置在零件结构强度高和刚性好的位置等原则来选取。此零件为盘类工件，毛坯尺寸为 $\phi60mm\times15mm$，零件内孔尺寸为 $\phi10mm\times15mm$。根据零件的结构特征，用高精度自定心卡盘夹持工件的外圆，加工工件的内孔，并把垫块放在工件的下面，防止零件因受切削力而向下移动。

3. 选择刀具及切削用量

为保证零件的尺寸精度和表面粗糙度，根据零件的加工材料和刀具材料，选择合适的切削用量参数，刀具及切削用量参数见表 3-14。

表 3-14　刀具及切削用量参数

序号	刀具号	刀具类型	加工表面	切削用量	
				主轴转速 n /（r/min）	进给速度 v_f /（mm/min）
1	T01	$\phi3mm$ 中心钻	钻中心孔	1000	30
2	T02	$\phi10mm$ 麻花钻	$4\times\phi10$ 孔加工	500	40

4. 确定加工方案

根据先粗后精、先近后远的加工原则确定加工顺序。为保证零件孔的尺寸精度和表面粗糙度，夹持工件的外圆，完成工件内孔的加工。

法兰盘加工工序：

1）工步一：钻中心孔。

2）工步二：钻孔。

3）工步三：去毛刺。

5. 填写工序卡

法兰盘数控加工工序卡，见表 3-15。

表 3-15　数控加工工序卡

数控加工工序卡		工序卡编号	零件名称	零件材料		零件号
			法兰盘	45 钢		
工序号	程序号	设备名称	工位号	夹具	夹具编号	车间
01	O0001			高精度自定心卡盘		
工步号	工步内容	切削用量			刀具		量具名称	备注
		主轴转速 /（r/min）	进给速度 /（mm/min）	背吃刀量 /mm	编号	名称		
1	钻中心孔	1000	30	—	T01	中心钻	—	
2	钻孔	500	40	5	T02	麻花钻	游标卡尺	
3	去毛刺	—	—	—	—	—	—	
编制		审核		日期		共 1 页	第 1 页

任务二　法兰盘数控铣削程序编制

如图 3-54 所示零件孔的数控加工程序见表 3-16。

表 3-16　数控加工程序

零件名称	零件编号	零件材料	数控系统
法兰盘		45 钢	FANUC 0i Mate

法兰盘钻中心孔程序(略)	

法兰盘钻孔程序	

程序内容	说明
O0001；	主程序名
N10　G54　G90　G00　X0　Y0；	建立工件坐标系
N11　Z100.0；	刀具快速移动到工件上部 100mm 处
N12　M03　S500　M08；	主轴正转，转速 500r/min，打开冷却泵
N13　G99　G81　X15.0　Y0　Z-20.0　R5.0　F40.0；	
N14　X0　Y15.0；	
N15　X-15.0　Y0；	加工孔
N16　G98　X0　Y-15.0；	
N17　G80　M09；	取消固定循环，关闭冷却泵
N18　M05；	机床主轴停止
N19　M30；	程序结束

任务三　法兰盘数控铣削仿真加工

1. 仿真软件准备

打开仿真软件，单击"选择机床" 🖶 （见图 3-74a），然后在弹出的对话框中完成"控制系统"和"机床类型"的设置后，单击"确定"按钮，进入操作状态，如图 3-74b 所示。

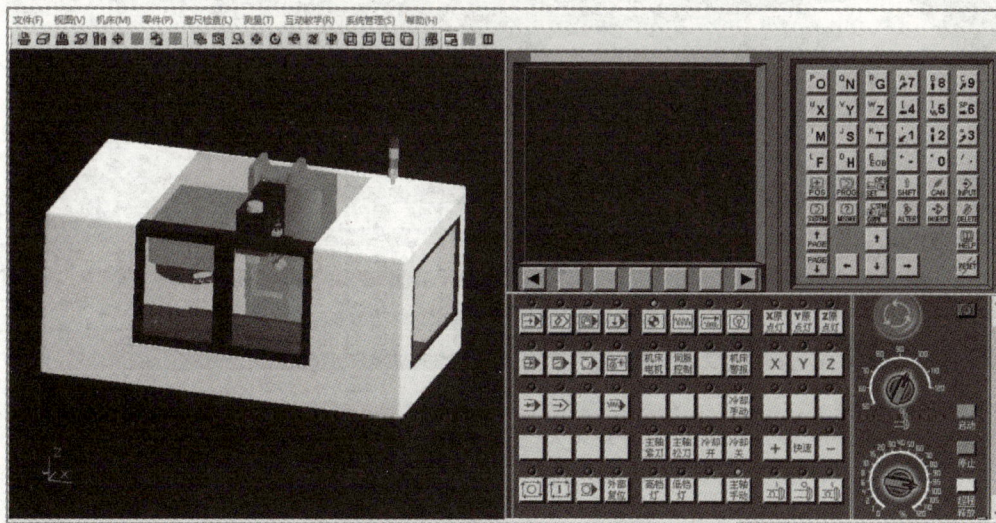

a）选择机床

图 3-74　仿真软件准备

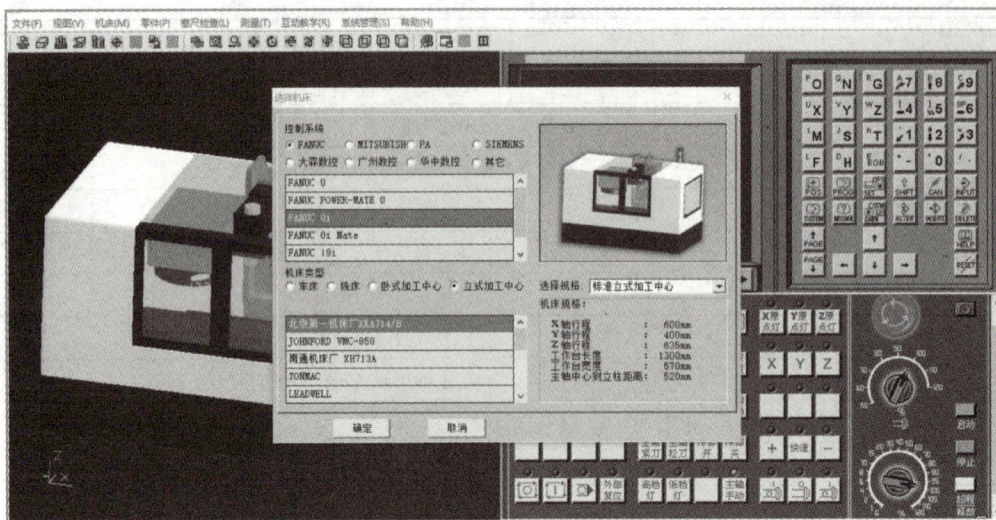

b) 选择控制系统和机床类型

图 3-74   仿真软件准备（续）

2. 激活机床

检查急停按钮是否松开至 ⊙ 状态，若未松开，按急停按钮 ⊙，将其松开。然后按 ▣ 键启动电源，如图 3-75 所示。

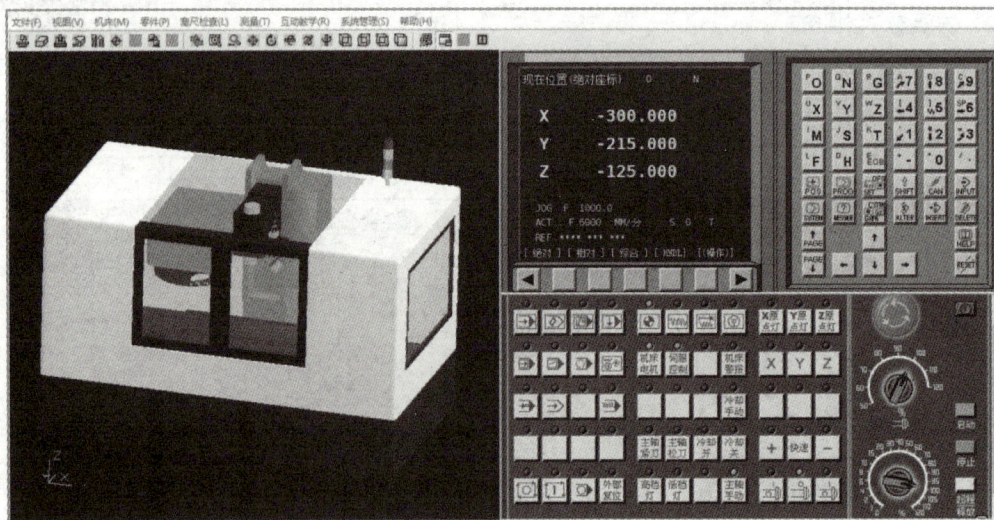

图 3-75   激活机床

3. 回参考点

按 ▣ 键，进入"回参考点"模式，按操作面板上的 ▣ 键，使 X 轴方向移动指示灯变亮 ▣，再按 ▣ 键，使 X 轴回原点，此时 X 轴回原点指示灯变亮 ▣。同样，再分别按 Y 轴、Z 轴方向键 ▣ 、▣ ，使对应的移动指示灯变亮，再按 ▣ 键，使 Y 轴、Z 轴回原点，此时 Y

轴、Z 轴回原点指示灯变亮 ![Y原点灯] ![Z原点灯]，如图 3-76 所示。

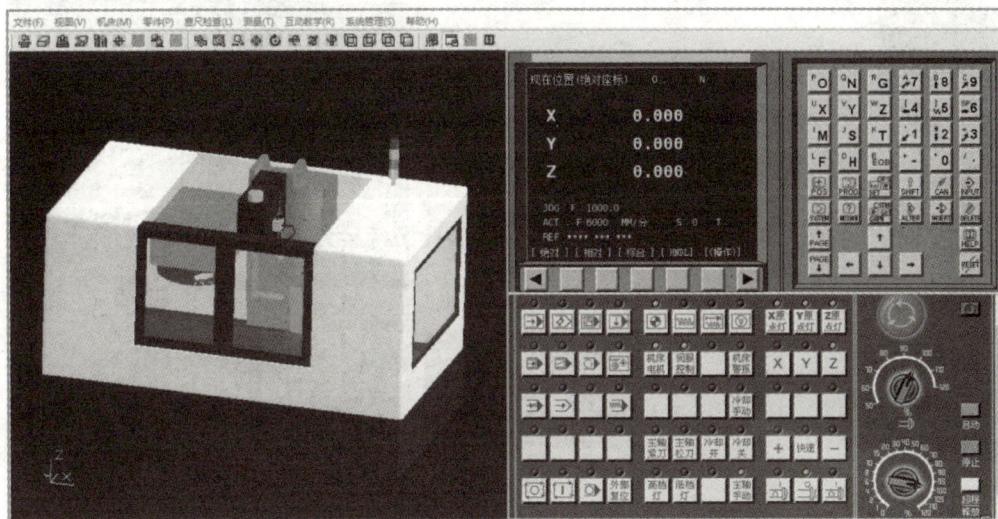

图 3-76　机床回参考点

4. 毛坯的选择和安装

选择毛坯：依次单击菜单栏中的"零件"→"定义毛坯"，或在工具条上选择 ![图标]，如图 3-77a 所示。选择夹具：依次单击菜单栏中的"零件"→"安装夹具"，或者在工具栏中单击图标 ![图标]，如图 3-77b 所示。安装毛坯：依次单击菜单栏中的"零件"→"放置零件"，或者在工具栏中单击图标 ![图标]，系统弹出"选择零件"对话框，选择定义的毛坯，零件安装如图 3-77c 所示。

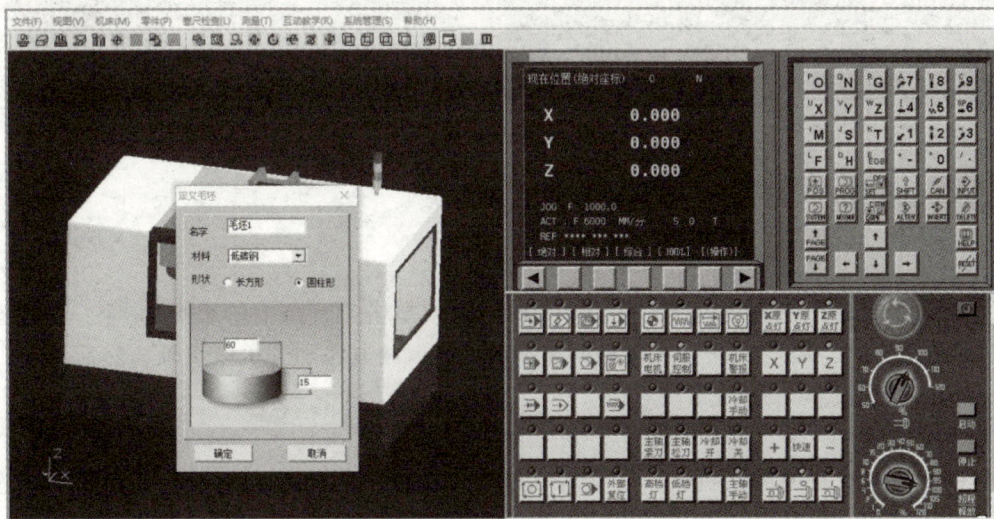

a) 定义毛坯

图 3-77　毛坯的选择和安装

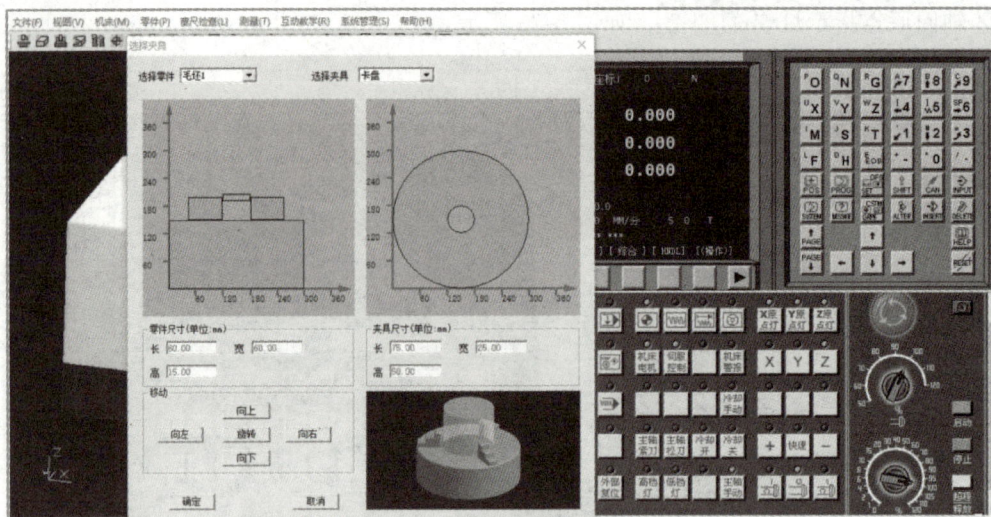

b) 安装夹具

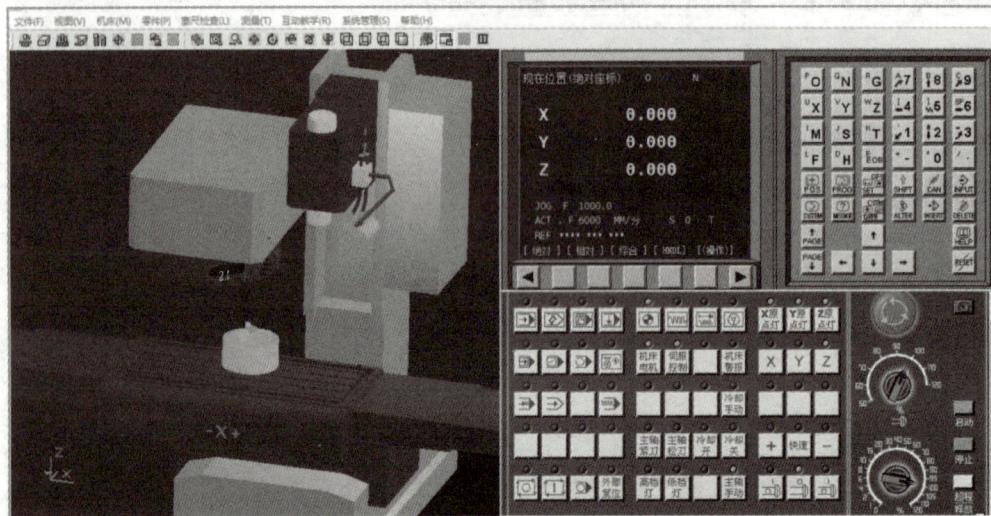

c) 安装毛坯

图 3-77　毛坯的选择和安装（续）

5. 刀具的选择和安装

依次单击菜单栏中的"机床"→"选择刀具"，或单击工具条上的小图标 ，弹出选择刀具的对话框，如图 3-78a 所示；选择所需要的刀具，将其添加到机床主轴，然后单击"确认"，刀具安装如图 3-78b 所示。

6. 对刀操作

依次单击菜单栏中的"机床"→"基准工具"，在弹出的"基准工具"对话框中，左边的是刚性靠棒，右边的是寻边器，如图 3-79a 所示。X 轴、Y 轴对刀一般使用基准工具，基准工具包括刚性靠棒和寻边器两种；Z 轴对刀一般采用实际加工刀具。对刀坐标值如图 3-79b 所示。

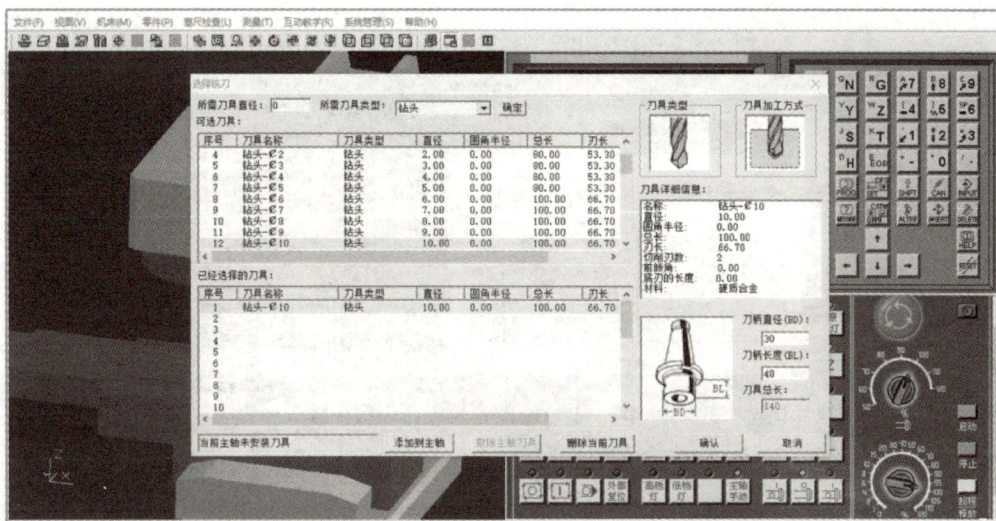

a) 选择刀具

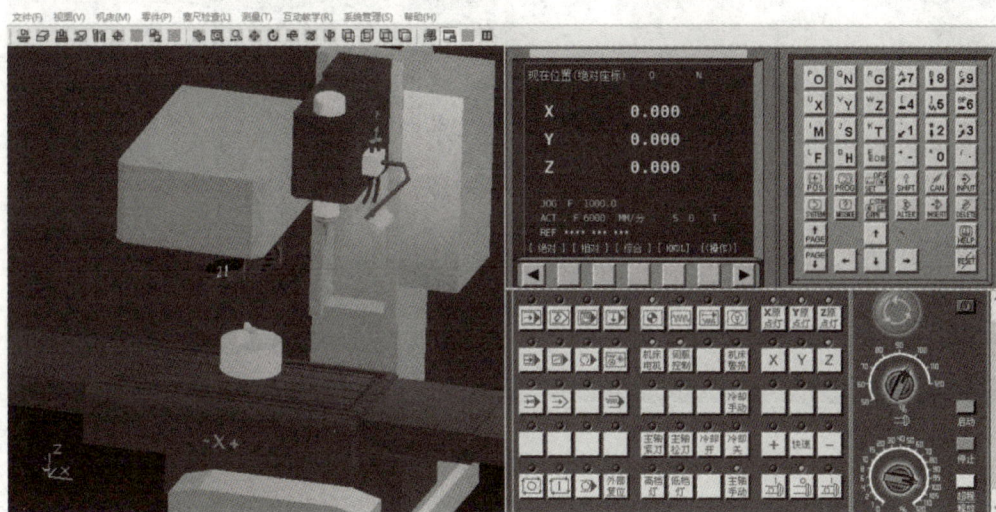

b) 安装刀具

图 3-78 刀具的选择和安装

7. 程序输入与校验

在操作面板上按模式选择键 ⟨◇⟩，进入编辑模式，在系统面板上按 PROG 键，进入程序显示界面。在操作面板上按模式选择键 →，切换到自动模式，在系统面板上按 CUSTOM GRAPH 键，系统进入轨迹检查界面。按循环启动键 ⟨Ⅱ⟩ 开始模拟执行程序，如图 3-80 所示。

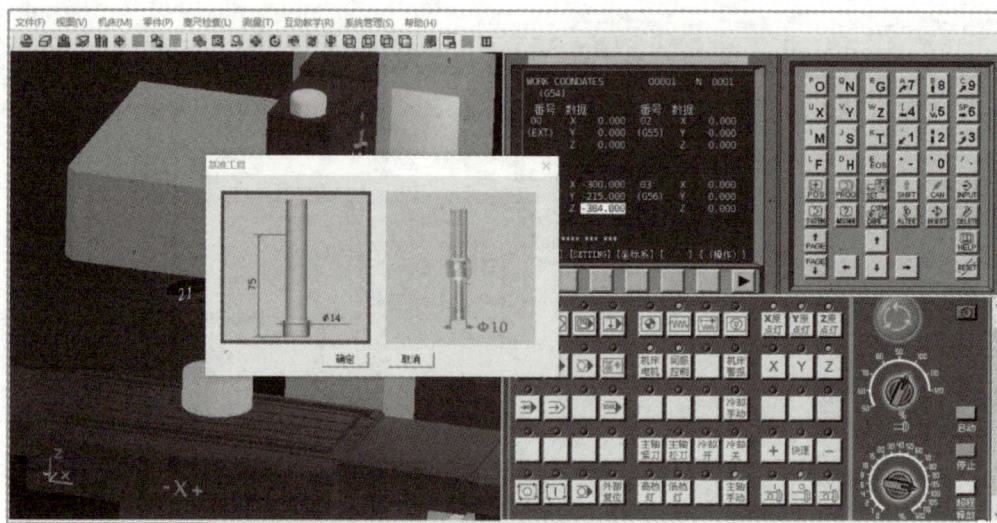

a) 选择基准工件

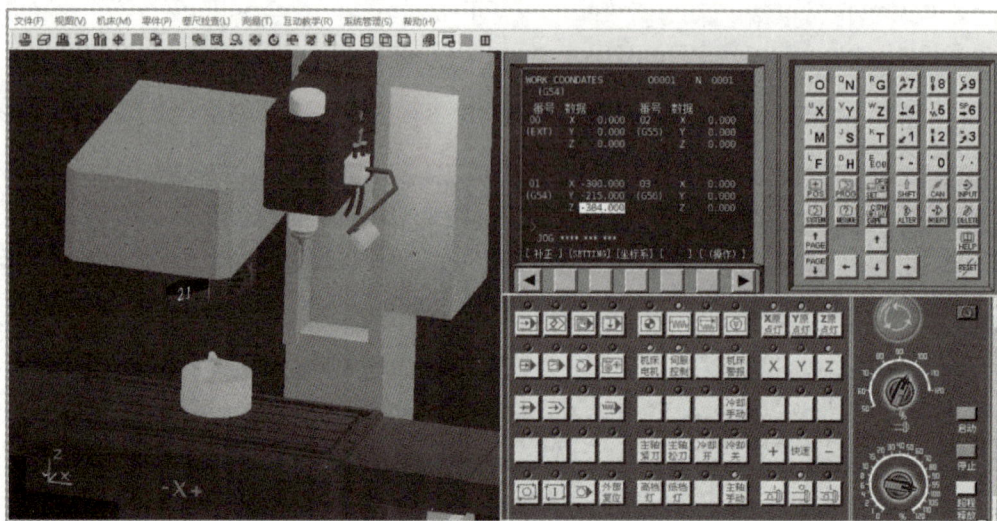

b) 对刀坐标值

图 3-79 对刀

8. 仿真加工

仿真加工，如图 3-81 所示。

9. 零件测量

零件加工完成后，依次单击菜单中的"测量"→"剖面图测量"，进入"测量"对话框，如图 3-82 所示。

10. 优化零件程序

根据零件的仿真加工，优化零件加工程序。

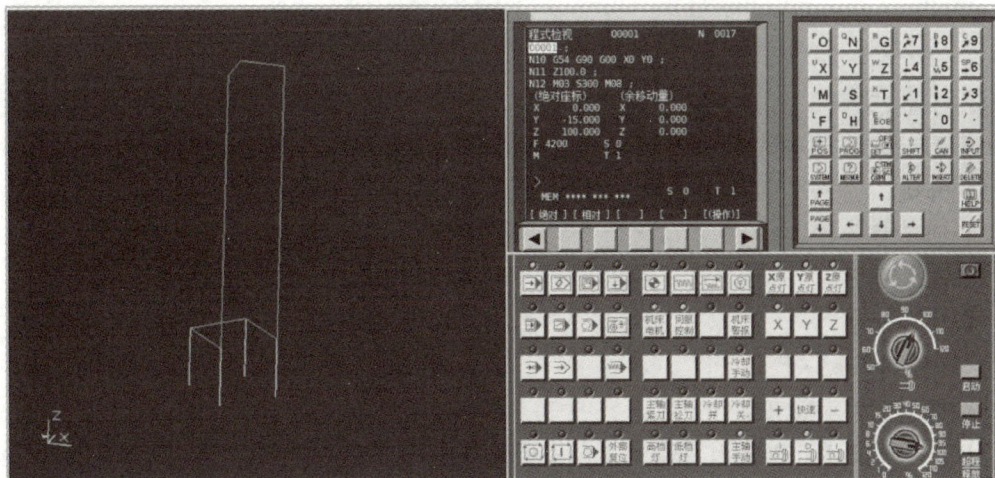

图 3-80　程序校验

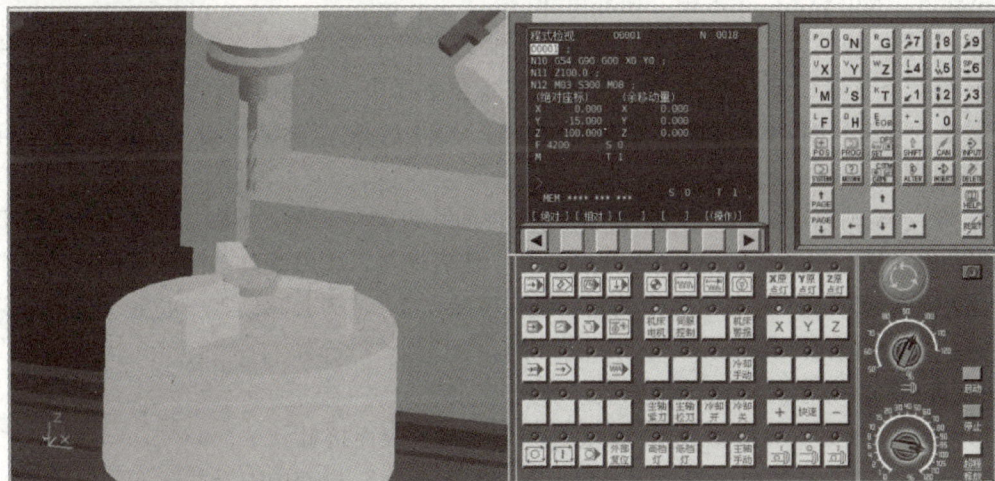

图 3-81　仿真加工

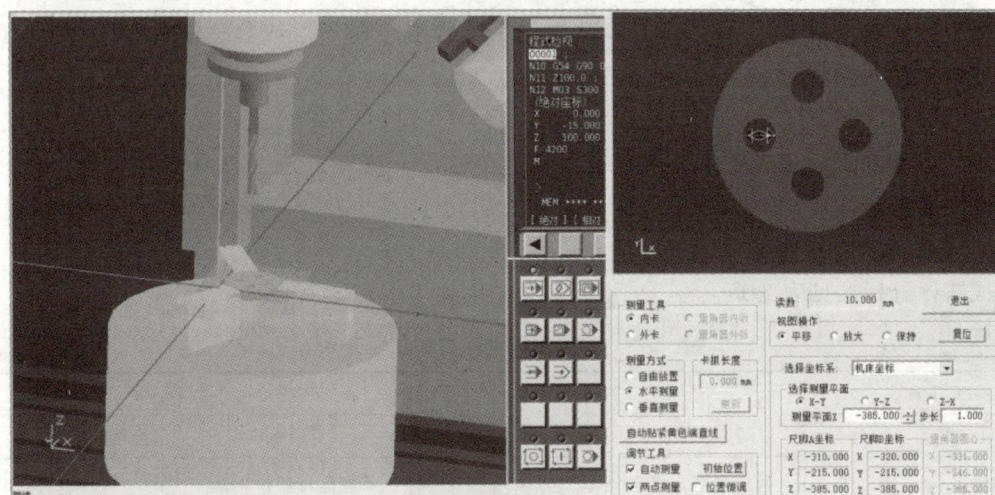

图 3-82　测量零件

任务四　法兰盘数控实操加工与检测

1. 毛坯、刀具、工具准备

2. 程序输入与编辑

1）开机。

2）回参考点。

3）输入程序。

4）检查程序。

3. 零件加工

1）按工艺要求装夹工件。

2）按编程要求，确定刀具编号并安装基准刀具。

3）启动主轴。若主轴启动过，直接在手动方式下按"主轴正转"键即可；否则在 MDI 方式下输入"M03S×××"，再按"循环启动"。

4）在手轮模式下，快速移动 X、Y、Z 轴到接近工件的位置，再移动 Z 轴到工件表面以下的某个位置，此时按"POS"键。在综合坐标中，按面板上的"Z"键，当 CRT 显示器上的"Z"闪动时，按"归零"，或输入 Z0 后按"预定"键，Z 轴相对坐标变为 0。

5）确定 X 轴原点。移动 X 轴，使其与工件的一边接触（为了不破坏工件表面，操作时可在工件表面贴上薄纸片），再把 X 坐标清零；然后提刀，将刀具移动到工件的对边，使其与工件表面接触，再次提刀，把 X 的相对坐标值除以 2，使刀具移动 X/2 位置，该点就是编程坐标系 X 轴的原点。

6）用相同的方法可找到 Y 轴原点。

7）确定 Z 轴原点。移动刀具，使刀位点与工件上表面接触。

8）设定工件坐标原点。对刀完成后，在"综合坐标"界面中查看并记下各轴的 X、Y、Z 值。然后选择 MDI 模式，按"OFFSET/SETING"键，再按"工件系"软键，把 X、Y、Z 的机械坐标值输入到坐标系的 G54～G59 中，完成后按"输入"或分别输入 X0、Y0、Z0 后相应地按"测量"键。

9）调出加工程序。

10）自动加工。选择机床工作模式为"自动运行"模式，按"循环启动"键，使机床进行自动加工。

4. 法兰盘尺寸检测与评分

成绩评分标准见表 3-17。

表 3-17　法兰盘的编程与加工评分表

| 工件编号 | | | | 总得分 | | |
项目与比重	序号	技术要求	配分	评分标准	检测记录	得分
程序与工艺 （25%）	1	程序段格式规范	5	不规范每处扣 2 分		
	2	程序正确完整	10	每错一处扣 2 分		

（续）

工件编号		技术要求	配分	总得分		
项目与比重	序号			评分标准	检测记录	得分
程序与工艺 （25%）	3	切削用量合理	5	不合理每处扣2分		
	4	工艺规程规范、合理	5	不合理每处扣2分		
机床操作 （20%）	5	刀具选择安装正确	5	不正确每次扣2分		
	6	对刀及坐标系设定正确	5	不正确每次扣2分		
	7	机床操作规范	5	不规范每次扣2分		
	8	工件加工不出错	5	出错全扣		
工件质量 （35%）	9	四处 ϕ10mm 的孔	28	不合格每处扣7分		
	10	表面粗糙度值为 $Ra3.2\mu m$	7	不合格每处扣2分		
文明生产 （20%）	11	安全操作	10	出错全扣		
	12	机床维护与保养	5	不合格全扣		
	13	工作场所整理	5	不合格全扣		

思考题：

1. 在数控铣床（加工中心）上加工孔时，固定循环指令的基本动作有哪些？

2. G80 指令的作用是什么？

3. G73 指令与 G83 指令有哪些区别？

4. 铰孔循环指令 G85 有何特点？

5. G73 指令中的退刀距离如何设定，编写程序时需要设定吗？

6. 深孔加工的关键问题是什么？

7. 铰孔固定循环指令和深孔固定循环指令在加工动作方面有何区别？试举例说明。

8. 零件如图 3-83 所示，试编写工件（材料为 45 钢）的加工程序，毛坯尺寸为 60mm×60mm×15mm，刀具为麻花钻 ϕ10mm，零件的表面粗糙度为 $Ra3.2\mu m$。

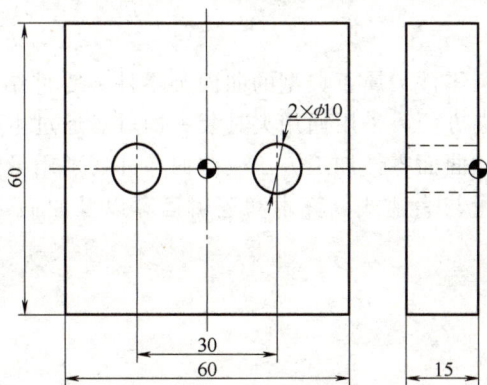

图 3-83　钻孔零件

197

项目五 零件曲面的铣削编程与加工

项目目标

◎了解零件曲面加工工艺

◎掌握变量及表达式、算术和逻辑运算

◎掌握常用的控制语句

◎具备曲面零件铣削编程能力

◎具备曲面零件数控仿真加工能力

◎具备曲面零件实操加工与尺寸检测能力

项目导入

零件如图 3-84 所示，试编写零件（材料为 45 钢）的加工程序，毛坯尺寸为 100mm×100mm×25mm，刀具为铣刀 ϕ12mm。

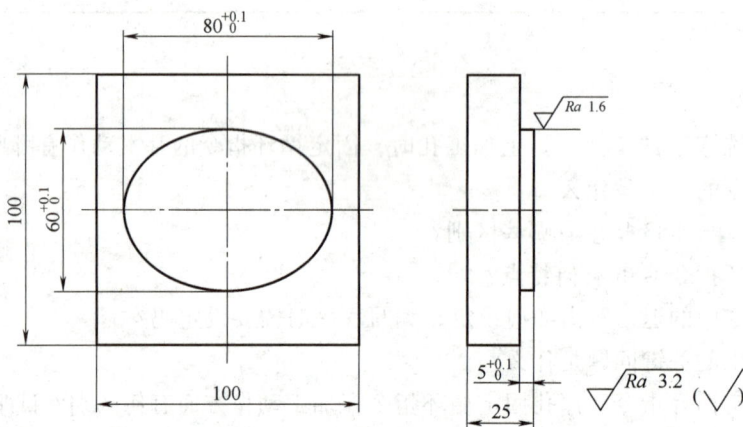

图 3-84 曲面零件

项目分析

本项目典型零件是椭圆零件，属于典型的曲面类零件。零件结构简单，由 80mm×60mm 椭圆凸台组成，加工时装夹方便，采用通用夹具装夹即可。通过本项目的实施，学习曲面零件加工刀具的选择和安装、曲面零件加工方法、曲面零件切削用量选择、曲面零件加工工艺制订、宏程序的定义、变量与表达式、算术和逻辑运算以及曲面零件的编程与加工等方面知识。

相关知识

一、宏程序

用户可以把实现某种功能的一组指令像子程序一样预先存入储存器，并用一个指令代表该功能。这样，在程序中只要指定该指令就能实现这个功能。那么，这组指令被称为用户宏程序本体，简称宏程序。把代表该功能的指令称为用户宏程序调用指令，简称宏指令。它允许使用变量、算术和逻辑操作及条件分支，使得用户可以自行编辑软件包、固定循环程序。

二、变量

1. 变量的概述

普通程序总是将一个具体的数值赋给一个地址，例如 G02 和 Z100.0。为了使程序更具通用性、灵活性，则在用户宏程序中引用了变量。当使用变量时，变量值可以由程序或 MDI 面板设定。

例：#2 = #1 + 100；

G00　Z#1　F300；

2. 变量的表示方法

一个变量由变量符号"#"和变量号组成，如#i（i = 0，1，2，3……），例#1，#3。变量号也可以用表达式指定，这时表达式要用方括号括起来，如# [#1+10]。

3. 变量值的表示

在程序中定义变量时，可以省略小数点。例：当#1 = 123 被定义时，变量#1 的实际值为 123.000。当变量的值未定义时，被看作空变量。

4. 变量的类型

变量根据变量号分为空变量、局部变量、公共变量、系统变量四种，见表 3-18。

表 3-18　变量类型

变量号	变量类型	功能
#0	空变量	这个变量总是空的，不能赋值
#1 ~ #33	局部变量	局部变量只能在宏程序中使用，以保持操作的结果。关闭电源时，局部变量被初始化成空变量
#100 ~ #149（#199） #500 ~ #531（#999）	公共变量	公共变量可在不同的宏程序间共享。关闭电源时，变量#100 ~ #149 被初始化成空变量，而变量#500 ~ #531 能保持数据。公共变量#150 ~ #199 和#532 ~ #999 可以选用
#1000 ~	系统变量	系统变量用于读写各种 CNC 数据项，如当前位置、刀具补偿值等

5. 变量的引用

1）在程序中引用变量，只需指定一个地址字并在其后跟一个变量号，例 G01　X#1。

2）当用表达式指定一个变量时，须用方括号括起来，例 G01　X [#1+#2]　F#3。

3）当取引用的变量值的相反值时，可以在"#"号前加"-"号，例 G00　X-#1。

4）当引用一个未定义的变量时，则会忽略变量及引用变量的地址。例：#1 = 0，#2 = "空"，则程序段"G00　X#1　Y#2；"的执行结果是"G00　X0"。

5）程序号"O"、顺序号"N"、任选段跳跃号"/"不能使用变量。

例：

O#10；

/ #11 G00　X50.0；

N#12　Y200.0；

以上 3 个程序段都是错误的。

三、算术和逻辑运算

可以用变量完成下表中列出的算术和逻辑运算。运算命令的右项的表达式，可以含有常数和由一个功能块或操作符组成的变量，表达式中的变量#j 和#k 可以用常数替换；运算命令的左项的变量也可以用表达式替换，见表 3-19。

表 3-19　FANUC 0i 算术和逻辑运算一览表

功能	格式	备注/示例
赋值、替换	#i = #j	#100 = #1, #100 = 20.0
加法	#i = #j+#k	#100 = #101+#102
减法	#i = #j-#k	#101 = 80-#103
乘法	#i = #j * #k	#102 = #1 * #2
除法	#i = #j/#k	#103 = #101/25.0
正弦	#i = SIN[#j]	
反正弦	#i = ASIN[#j]	角度以度为单位，如 80°30′表示成 80.5°
余弦	#i = COS[#j]	#100 = SIN[#101]
反余弦	#i = ACOS[#j]	#100 = COS[38.3+24.8]
正切	#i = TAN[#j]	#100 = TAN[#1/#2]
反正切	#i = ATAN[#j]	
平方根	#i = SQRT[#j]	#105 = SQRT[#100]
绝对值	#i = ABS[#j]	#106 = ABS[-#102]
舍入	#i = ROUND[#j]	#107 = ROUND[3.414]
上取整	#i = FIX[#j]	#108 = FIX[3.4]
下取整	#i = FUP[#j]	#109 = FUP[3.4]
自然对数	#i = LN[#j]	#110 = LN[#3]
指数函数	#i = EXP[#j]	#111 = EXP[#12]
OR(或)	#i = #j OR #k	
XOR(异或)	#i = #j XOR #k	逻辑运算一位一位地按二进制执行
AND(与)	#i = #j AND #k	
将 BCD 码转换成 BIN 码	#i = BIN[#j]	用于与 PMC 间信号的交换
将 BIN 码转换成 BCD 码	#i = BCD[#j]	

运算优先次序如下：

1）函数。

2）乘、除、逻辑与（ * 、/、AND）。

3）加、减、逻辑或、逻辑异或（+、-、OR、XOR）。

例 "#10 = #20+#30 * COS［#4］" 的运算次序为先余弦，再乘，最后相加。

括号 "［　］" 用于改变运算次序，括号内的运算优先进行。

四、控制语句

在程序中，使用控制语句可以改变程序的流向。控制语句通常有以下 3 种转移格式。

1. 无条件分支（GOTO 语句）

语句功能：转移到标有顺序号 n 的程序段，顺序号可以用表达式。

编程格式：GOTO n；

说明：

n 是程序段顺序号，可用常数（1~9999）或变量表示式指定。

例：GOTO 10；

GOTO #12；

2. 条件分支（IF 语句）

语句功能：在 IF 后面指定一个条件表达式，如果指定的条件表达式能够被满足，则转移到标有顺序号 n 的程序段，否则执行下一程序段。

编程格式：IF［条件表达式］ GOTO n；

说明：

一个条件表达式中一定要有一个操作符，这个操作符插在两个变量或一个变量和一个常数之间，并且要用方括号括起来，即［表达式　操作符　表达式］。

操作符见表 3-20。

表 3-20　操作符

操作符	意义	操作符	意义
EQ	=	GE	≥
NE	≠	LT	<
GT	>	LE	≤

例：IF［#10　GE　50］ GOTO 20；

N10　X#11；

……

N20　G01　X10.0　Y20.0；

……

3. 循环（WHILE 语句）

语句功能：在 WHILE 后指定一个条件表达式，当条件表达式能够被满足时，执行 DO 到 END 之间的语句，否则执行 END 后的程序段。

编程格式：

WHILE［条件表达式］ DO m；（m=1，2，3）

……

……

END m；

m 只能在 1、2、3 中取值，否则出现 126 号报警。

例：

O0001；

#1 = 0；

#2 = 20；

WHILE［#2 LE 50］DO2；

#1 = #1+#2；

#2 = #2+2；

END2；

G01 X20.0 Y30.0；

……

M30；

五、椭圆的数学计算

椭圆如图 3-85 所示。

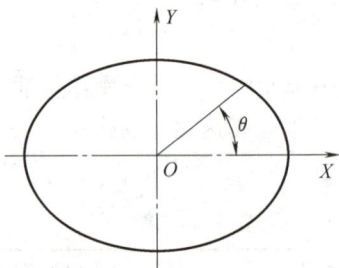

图 3-85 椭圆

1）椭圆标准方程：$X^2/a^2 + Y^2/b^2 = 1$。

2）椭圆参数方程：$X = a * \cos\theta$ $Y = b * \sin\theta$。

项目实施

任务一 椭圆零件数控加工工艺编制

1. 分析零件图

如图 3-84 所示，该椭圆零件由 80mm×60mm 椭圆凸台组成，零件结构简单。尺寸 5mm、60mm、80mm 的公差值小，加工精度高。椭圆的侧表面粗糙度为 $Ra1.6\mu m$，零件其他的表面粗糙度为 $Ra3.2\mu m$。零件材料为 45 钢，切削加工性能较好。

2. 确定装夹方案

装夹方案要按照尽量选用通用夹具，尽量减少装夹次数，在一次装夹中尽可能完成多个表面加工，以及夹紧力的作用点应布置在零件结构强度高和刚性好的位置等原则来选取。此零件为曲面类工件，毛坯尺寸为 100mm×100mm×25mm，椭圆的外形尺寸为 80mm×60mm×5mm。根据零件的结构特征，用高精度机用平口钳夹持工件的左、右侧面，加工工件的凸台，并把垫块放在工件的下面，防止工件因受切削力而向下移动。

3. 选择刀具及切削用量

为保证零件的尺寸精度和表面粗糙度，根据零件的加工材料和刀具材料，选择合适的切削用量参数，刀具及切削用量参数见表 3-21。

表 3-21　刀具及切削用量参数

序号	刀具号	刀具类型	加工表面	切削用量	
				主轴转速 n/（r/min）	进给速度 v_f（mm/min）
1	T01	面铣刀	上表面	800	100
2	T02	面铣刀	上表面	1500	50
3	T03	ϕ12mm 立铣刀	粗铣外轮廓	1000	100
4	T04	ϕ12mm 立铣刀	精铣外轮廓	2000	50

4. 确定加工方案

根据先粗后精、先近后远的加工原则确定加工顺序。为保证零件凸台的尺寸精度和表面粗糙度，夹持工件的左、右侧面，完成工件曲面的铣削，并控制工件凸台高度。

椭圆零件加工工序：

1）工步一：粗铣零件上表面。

2）工步二：精铣零件上表面。

3）工步三：粗铣零件椭圆。

4）工步四：精铣零件椭圆。

5）工步五：去毛刺。

5. 填写工序卡

椭圆零件数控加工工序卡，见表 3-22。

表 3-22　数控加工工序卡

数控加工工序卡		工序卡编号		零件名称		零件材料		零件号
				椭圆零件		45 钢		
工序号	程序号		设备名称	工位号	夹具		夹具编号	车间
01	O0001				高精度机用平口钳			
工步号	工步内容	切削用量			刀具		量具名称	备注
		主轴转速/（r/min）	进给速度/（mm/min）	背吃刀量/mm	编号	名称		
1	粗铣零件上表面	800	100	1~2	T01	面铣刀	游标卡尺	
2	精铣零件上表面	1500	50	0.5	T02	面铣刀	游标卡尺	
3	粗铣零件椭圆曲面	1000	100	1~2	T03	立铣刀	游标卡尺	
4	精铣零件椭圆曲面	2000	50	0.5	T04	立铣刀	游标卡尺	
5	去毛刺	—	—	—	—	—	—	
编制		审核			日期		共 1 页	第 1 页

任务二　椭圆零件数控铣削程序编制

如图 3-84 所示椭圆零件的数控加工程序见表 3-23。

表 3-23　数控加工程序

程序	说明
O0001；	程序名
N10　G54　G90　G00　X0　Y0；	建立工件坐标系
N11　Z100.0；	刀具下降至安全平面 Z100mm 处
N12　X65.0　Y0；	刀具快速移动到 X65.0mm、Y0mm 处
N13　Z5.0；	刀具快速移动到工件上表面 5mm 处
N14　M03　S1000；	主轴正转，转速 1000r/min（精铣时，主轴转速 2000r/min）
N15　G01　Z-5.0　F100.0；	刀具下降至 Z-5.0mm 处，进给速度为 100mm/min（精铣时，进给速度 50mm/min）
N16　G42　X40.0　Y0　D01；	右刀补，刀具移动到 X40.0mm、Y0mm 处
N17　#100＝0；	椭圆加工起始角度
N18　#101＝3.0；	角度每次递增量
N19　#102＝360.0；	椭圆加工终止角度
N20　#103＝40.0；	椭圆长半轴
N21　#104＝30.0；	椭圆短半轴
N22　WHILE［#100LE#102］DO1；	如果椭圆加工角度#100≤#102，循环执行从 DO1 至 END1 之间的程序，否则执行 END1 以后的程序
N23　#105＝#103*COS［#100］；	节点 X 坐标
N24　#106＝#104*SIN［#100］；	节点 Y 坐标
N25　G01　X#105　Y#106　F100.0；	加刀补直线插补至各节点（精铣时，进给速度 50mm/min）
N26　#100＝#100+#101；	加工角度依次递增 3°
N27　END1；	循环 1 结束
N28　G01　Z30.0；	抬刀至 Z30.0mm 处
N29　G00　Z100.0；	刀具快速升高至安全平面 Z100.0mm 处
N30　G40　X0　Y0；	取消刀补，快速移动到 X0 Y0 处
N31　M05；	主轴停转
N32　M30；	程序结束

任务三　椭圆零件数控铣削仿真加工

1. 仿真软件准备

打开仿真软件，单击"选择机床" 🖳 （见图 3-86a），然后在弹出的对话框中完成"控制系统"和"机床类型"的设置后，单击"确定"按钮，进入操作状态，如图 3-86b 所示。

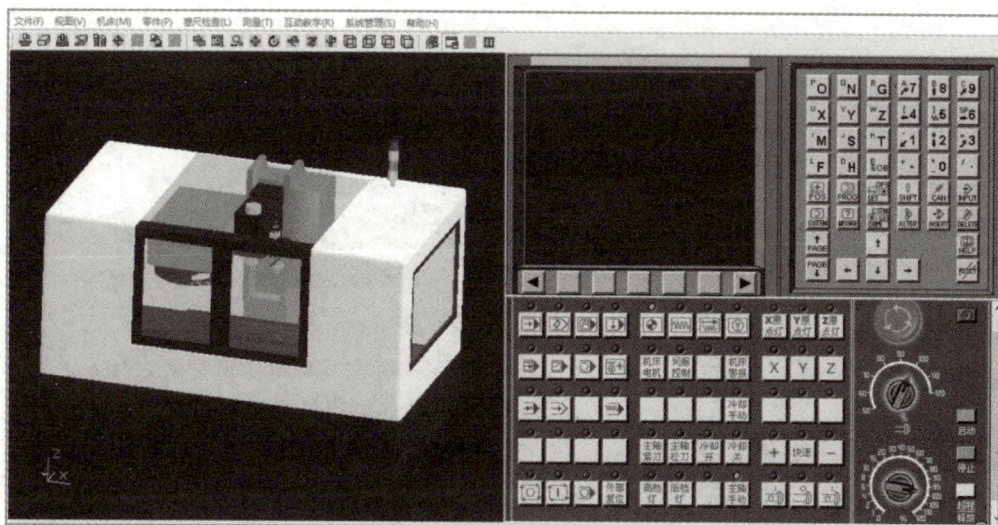

a) 选择机床

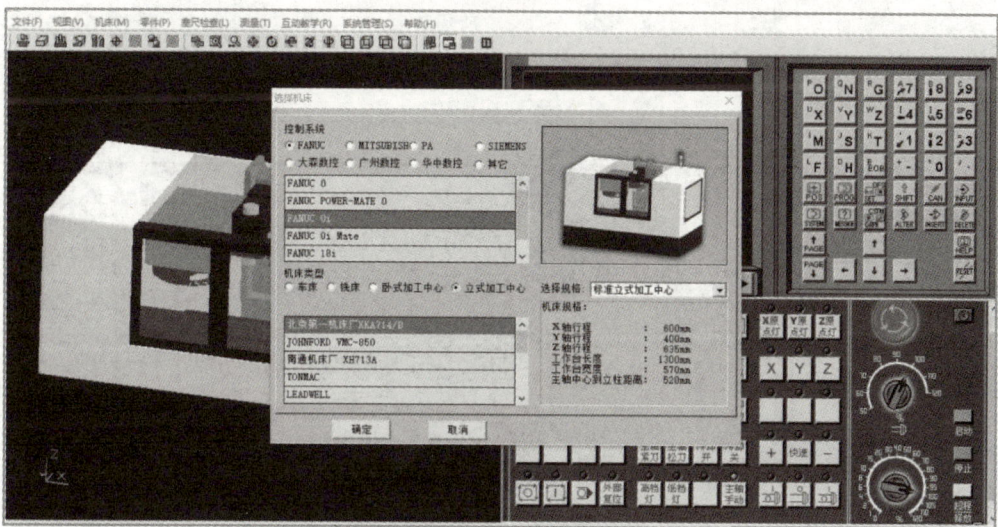

b) 选择控制系统和机床类型

图 3-86　仿真软件准备

2. 激活机床

检查急停按钮是否松开至 状态，若未松开，按急停按钮 ，将其松开。然后按 键启动电源，如图 3-87 所示。

3. 回参考点

按 键，进入"回参考点"模式，按操作面板上的 键，使 X 轴方向移动指示灯变亮 ，再按 键，使 X 轴回原点，此时 X 轴回原点指示灯变亮 。同样，再分别按 Y 轴、Z 轴方向键 、，使对应的移动指示灯变亮，再按 键，使 Y 轴、Z 轴回原点，此时 Y 轴、Z 轴回原点指示灯变亮，，如图 3-88 所示。

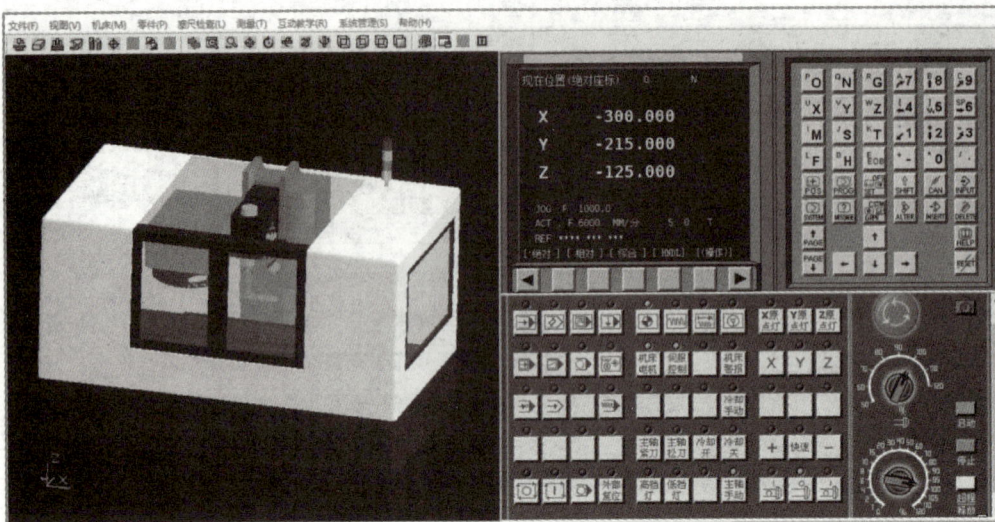

图 3-87　激活机床

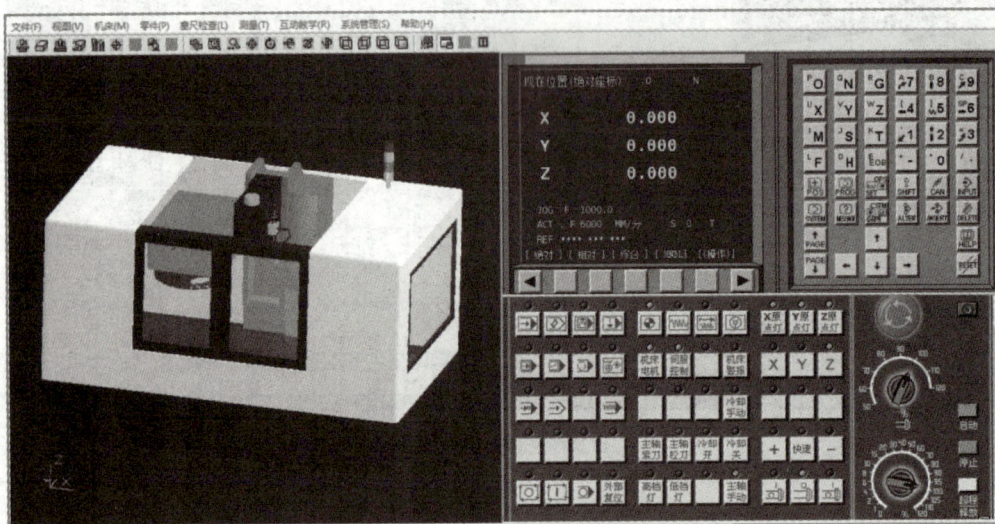

图 3-88　机床回参考点

4. 毛坯的选择和安装

选择毛坯：依次单击菜单栏中的"零件"→"定义毛坯"，或在工具条上选择 ⬜ ，如图 3-89a 所示。选择夹具：依次单击菜单栏中的"零件"→"安装夹具"，或者在工具栏中单击图标 ⬛ ，如图 3-89b 所示。安装毛坯：依次单击菜单栏中的"零件"→"放置零件"，或者在工具栏中点击图标 ⬛ ，系统弹出"选择零件"对话框，选择定义的毛坯，零件安装如图 3-89c 所示。

a）定义毛坯

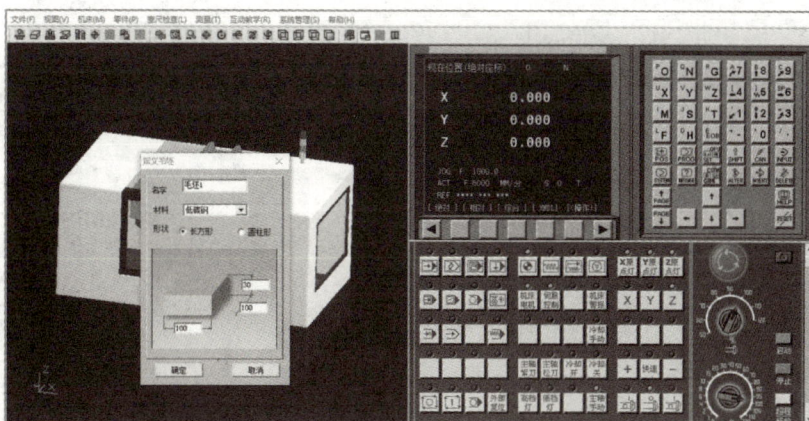

b）安装夹具

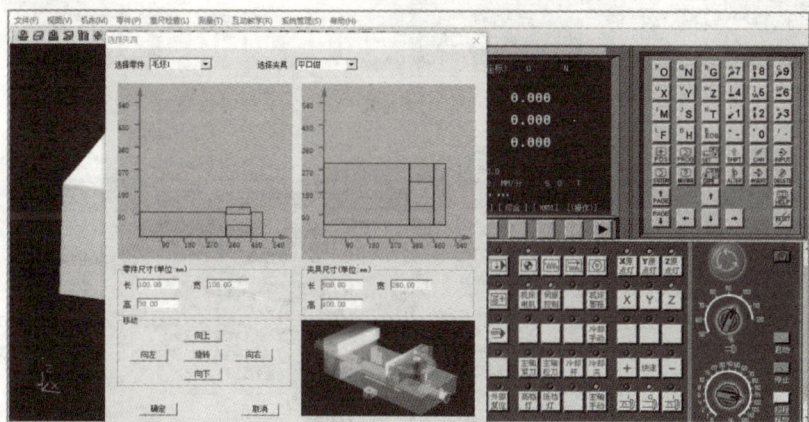

c）安装毛坯

图 3-89　毛坯的选择和安装

5. 刀具的选择和安装

依次单击菜单栏中的"机床"→"选择刀具"，或单击工具条上的小图标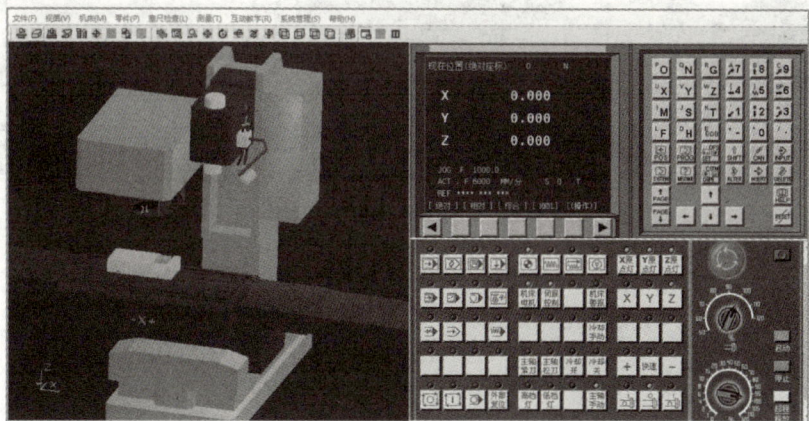，弹出选择刀具的对话框，如图 3-90a 所示；选择所需要的刀具，将其添加到机床主轴，然后单击"确认"，刀具安装如图 3-90b 所示。

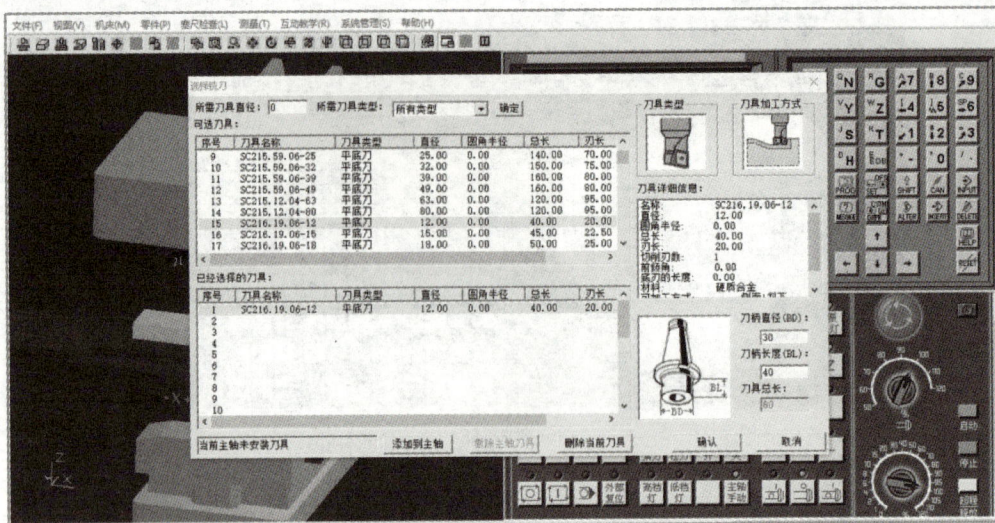

a) 选择刀具

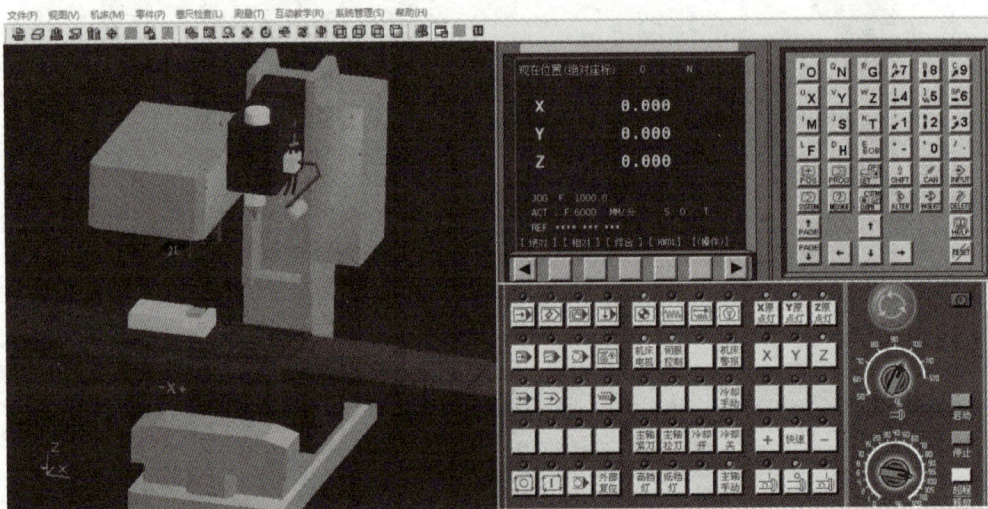

b) 安装刀具

图 3-90 刀具的选择和安装

6. 对刀操作

依次单击菜单栏中的"机床"→"基准工具",在弹出的"基准工具"对话框中,左边的是刚性靠棒,右边的是寻边器,如图 3-91a 所示。X 轴、Y 轴对刀一般使用基准工具,基准工具包括刚性靠棒和寻边器两种;Z 轴对刀一般采用实际加工刀具,如图 3-91b 所示。

7. 程序输入与校验

在操作面板上按模式选择键,进入编辑模式,在系统面板上按<kbd>PROG</kbd>键,进入程序显示界面。在操作面板上按模式选择键,切换到自动模式,在系统面板上按<kbd>CUSTOM GRAPH</kbd>键,系统进入轨迹检查界面。按循环启动键开始模拟执行程序,如图 3-92 所示。

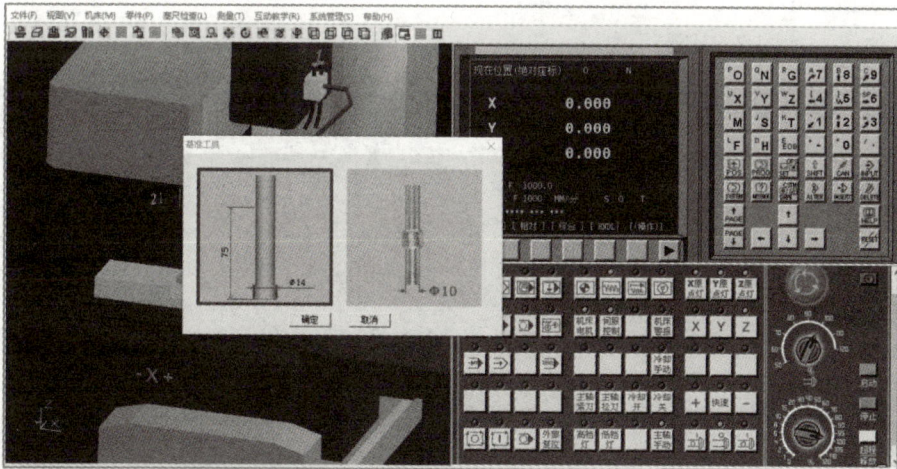

a) 选择基准工件

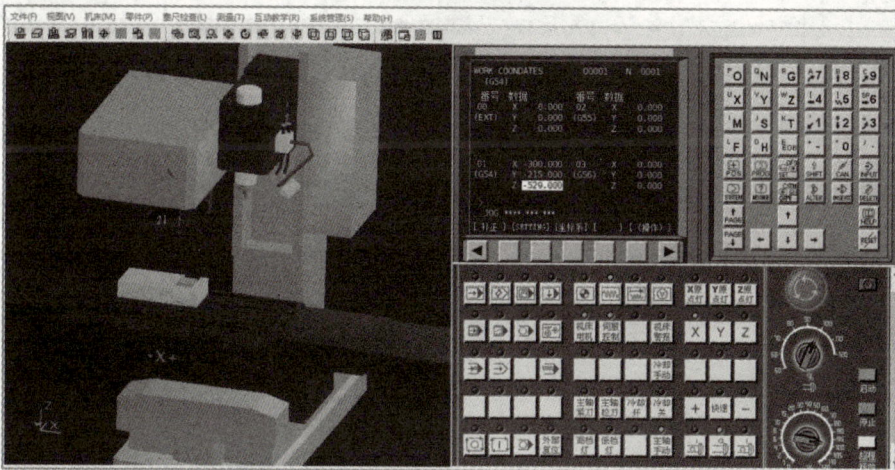

b) 对刀坐标值

图 3-91　对刀

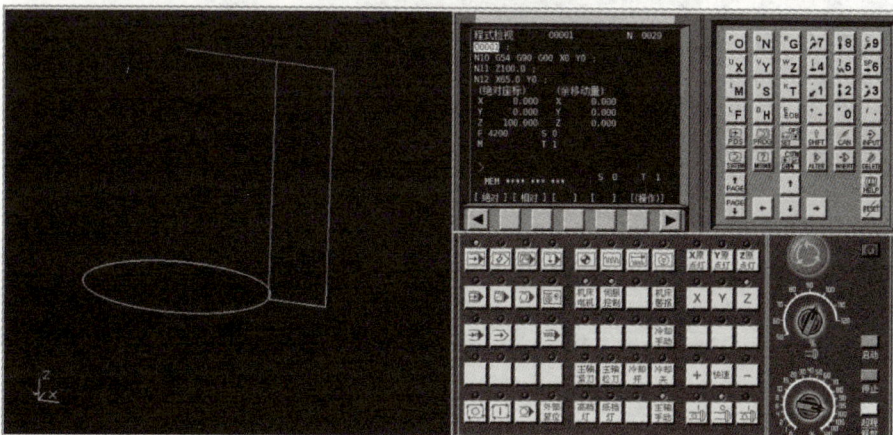

图 3-92　程序校验

8. 仿真加工

仿真加工，如图 3-93 所示。

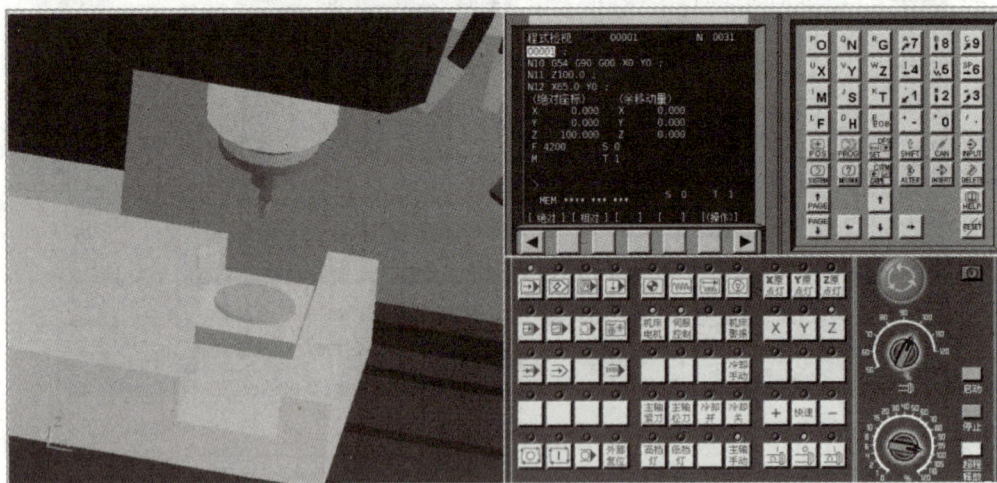

图 3-93　仿真加工

9. 零件测量

零件加工完成后，依次单击菜单中的"测量"→"剖面图测量"，进入"测量"对话框，如图 3-94 所示。

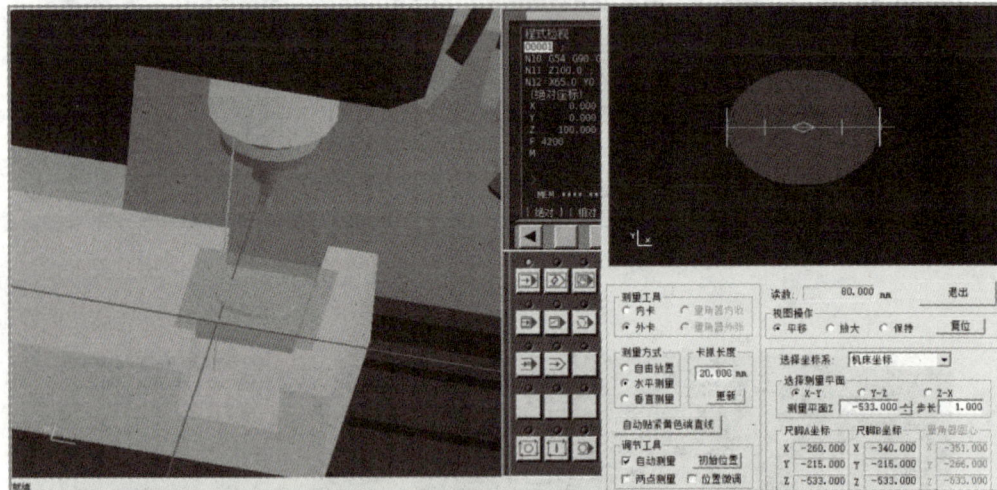

图 3-94　测量零件

10. 优化零件程序

根据零件的仿真加工，优化零件加工程序。

任务四　曲面零件数控实操加工与检测

1. 毛坯、刀具、工具准备

2. 程序输入与编辑

1）开机。

2）回参考点。

3）输入程序。

4）检查程序。

3. 零件加工

1）按工艺要求装夹工件。

2）按编程要求，确定刀具编号并安装基准刀具。

3）启动主轴。若主轴启动过，直接在手动方式下按"主轴正转"即可；否则在 MDI 方式下输入"M03S×××"，再按"循环启动"。

4）在手轮模式下，快速移动 X、Y、Z 轴到接近工件的位置，再移动 Z 轴到工件表面以下的某个位置，此时按"POS"键。在综合坐标中，按面板上的"Z"键，当 CRT 显示器上的"Z"闪动时，按"归零"，或输入 Z0 后按"预定"键，Z 轴相对坐标变为 0。

5）确定 X 轴原点。移动 X 轴，使其与工件的一边接触（为了不破坏工件表面，操作时可在工件表面贴上薄纸片），再把 X 坐标清零；然后提刀，将刀具移动到工件的对边，使其与工件表面接触，再次提刀，把 X 的相对坐标值除以 2，使刀具移动 X/2 位置，该点就是编程坐标系 X 轴的原点。

6）用相同的方法可找到 Y 轴原点。

7）确定 Z 轴原点。移动刀具，使刀位点与工件上表面接触。

8）设定工件坐标原点。对刀完成后，在"综合坐标"界面中查看并记下各轴的 X、Y、Z 值。然后选择 MDI 模式，按"OFFSET/SETING"键，再按"工件系"软键，把 X、Y、Z 的机械坐标值输入到坐标系的 G54～G59 中，完成后按"输入"或分别输入 X0、Y0、Z0 后相应地按"测量"键。

9）调出加工程序。

10）自动加工。选择机床工作模式为"自动运行"模式，按"循环启动"键，使机床进行自动加工。

4. 椭圆零件尺寸检测与评分

成绩评分标准见表 3-24。

表 3-24 椭圆零件的编程与加工评分表

工件编号		技术要求	配分	总得分		
项目与比重	序号			评分标准	检测记录	得分
程序与工艺（25%）	1	程序段格式规范	5	不规范每处扣 2 分		
	2	程序正确完整	10	每错一处扣 2 分		
	3	切削用量合理	5	不合理每处扣 2 分		
	4	工艺规程规范、合理	5	不合理每处扣 2 分		
机床操作（20%）	5	刀具选择安装正确	5	不正确每次扣 2 分		
	6	对刀及坐标系设定正确	5	不正确每次扣 2 分		
	7	机床操作规范	5	不规范每次扣 2 分		
	8	工件加工不出错	5	出错全扣		

（续）

工件编号		技术要求	配分	总得分		
项目与比重	序号			评分标准	检测记录	得分
工件质量 （35%）	9	椭圆尺寸 60mm、80mm	20	不合格一处扣 10 分		
	10	深度尺寸 5mm	10	不合格全扣		
	11	表面粗糙度 $Ra3.2\mu m$、$Ra6.3\mu m$	5	不合格一处扣 2.5 分		
文明生产 （20%）	12	安全操作	10	出错全扣		
	13	机床维护与保养	5	不合格全扣		
	14	工作场所整理	5	不合格全扣		

思考题：

1. 何谓宏程序？

2. 宏程序和普通程序有哪些区别？

3. 何谓变量？变量的表示方法有哪些？

4. 变量的有哪些分类？有何区别？

5. 程序号"O"、顺序号"N"能用变量表示吗？

6. 算术和逻辑运算的优先权是如何规定的？

7. IF 语句、WHILE 语句有何区别？请举例说明。

8. 零件如图 3-95 所示，试编写工件（材料为 45 钢）的加工程序，毛坯尺寸为 100mm×100mm×25mm，刀具为铣刀 $\phi 8mm$。零件的表面粗糙度为 $Ra3.2\mu m$。

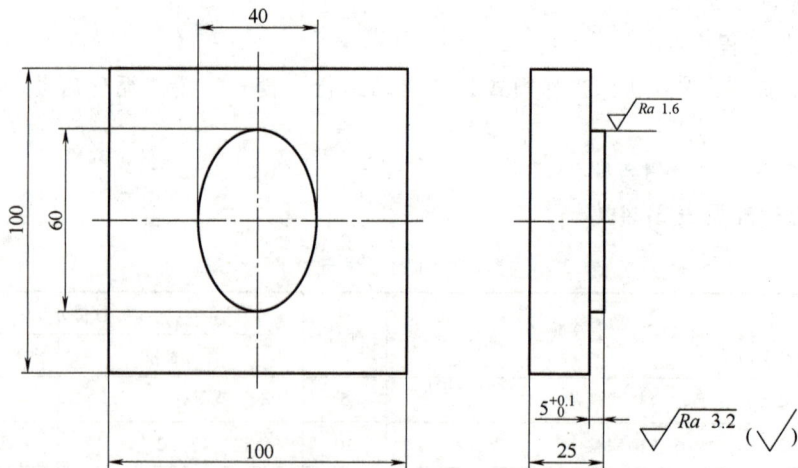

图 3-95 椭圆零件

模块四

综合件的编程与加工

项目一　综合件的车削编程与加工

项目目标

◎了解综合件的车削加工方法
◎了解综合件的车削刀具及切削参数选择
◎掌握综合件的车削加工工艺
◎掌握常用的数控车削编程指令
◎具备综合件的数控程序编制能力
◎具备综合件数控仿真加工能力
◎具备综合件实操加工与尺寸检测能力

项目导入

完成如图 4-1 所示零件的数控程序编制与加工，传动轴：毛坯为 $\phi60mm \times 70mm$，材料为 45 钢。

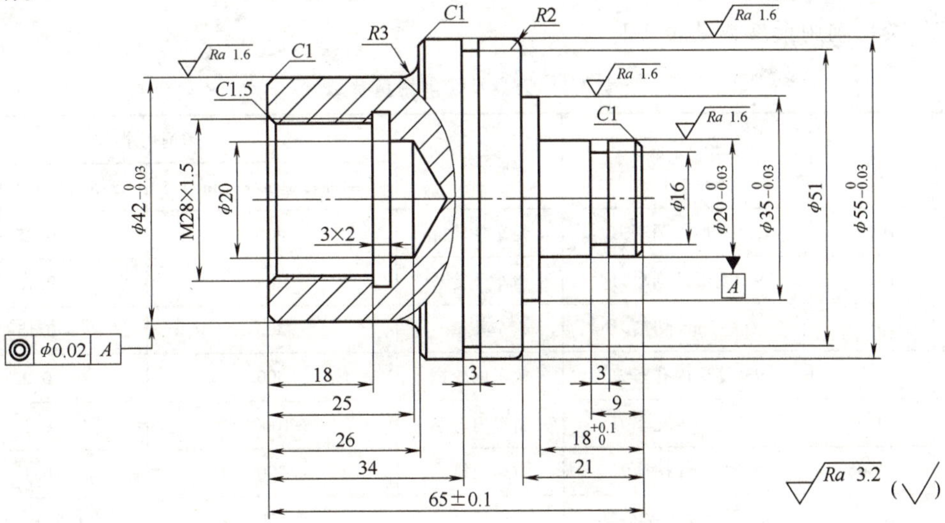

图 4-1　传动轴

项目分析

本项目典型零件是传动轴，属于典型的综合车削零件。零件由四处圆柱、三处沟槽、一处内螺纹组成，零件尺寸精度高，且有位置精度要求。通过本项目的实施，学习综合件车削刀具的选择与安装、综合件的加工方法、切削用量选择、加工工艺编制、综合件的程序编制与应用以及综合件的加工与检测等方面的知识。

项目实施

任务一　传动轴数控加工工艺编制

1. 分析零件图

如图 4-1 所示，该传动轴零件形状较复杂，结构尺寸较多，由两处 $\phi20$mm 圆柱、$\phi35$mm 圆柱、$\phi42$mm 圆柱、两处 $\phi55$mm 圆柱、两处 3mm×2mm 外沟槽、3mm×2mm 内沟槽、$\phi20$mm 内孔、M28×1.5 内螺纹、两处 C1 外倒角、C1.5 内倒角、R2mm 倒圆角、R3mm 倒圆角组成。径向尺寸 $\phi20$mm、$\phi35$mm、$\phi42$mm、$\phi55$mm 的公差值较小，加工精度高；轴向尺寸分别是 9mm、两处 18mm、21mm、25mm、26mm、34mm、65mm，其中一处 18mm、65mm 的公差值小，加工精度高，其他尺寸是自由尺寸，公差值较大，加工较容易。$\phi20$mm 圆柱与 $\phi42$mm 圆柱有同轴度要求。两处 $\phi20$mm、$\phi35$mm、$\phi42$mm、两处 $\phi55$mm 圆柱面的表面粗糙度为 Ra1.6μm，其他表面均为 Ra3.2μm。

2. 确定装夹方案

装夹方案要按照尽量选用通用夹具，尽量减少装夹次数，在一次装夹中尽可能完成多个表面加工，以及夹紧力的作用点应布置在零件结构强度高和刚性好的位置等原则来选取。此零件为回转类工件，毛坯尺寸为 $\phi60$mm×70mm，零件的总长为 65mm。采用自定心卡盘夹持毛坯的左端（按图 4-1 所示零件方位，以下相同），车削工件的右端各部分。为保证工件两端的同轴度，选用软爪装夹工件的右端，以工件外圆定位，车削工件的左端各部分。

3. 选择刀具及切削用量

刀具及切削用量参数见表 4-1。

表 4-1　刀具及切削用量参数

序号	刀具号	刀具类型	加工表面	切削用量	
				主轴转速 $n/$(r/min)	进给速度 $v_f/$(mm/r)
1	T0101	93°菱形外圆车刀	粗车外轮廓	800	0.25
2	T0202	93°菱形外圆车刀	精车外轮廓	1500	0.15
3	T0303	刀宽 3mm 切槽刀	车外槽	300	0.15
4	T0404	93°菱形内孔车刀	粗车内轮廓	500	0.2
5	T0505	93°菱形内孔车刀	精车内轮廓	1000	0.1
6	T0606	刀宽 3mm 切槽刀	车内槽	300	0.1
7	T0707	60°内螺纹机夹车刀	车螺纹	300	1.5（螺距）

4. 确定加工方案

根据先粗后精、先近后远的加工原则确定加工顺序。为保证传动轴的尺寸精度和位置精度，先夹持毛坯的左端，完成工件 $\phi20mm$ 外圆、$\phi35mm$ 外圆、$\phi55mm$ 外圆、$R2mm$ 圆弧及 $C1$ 倒角等的车削；再调头夹持 $\phi55mm$ 的外圆，车削工件左端面，完成零件 $\phi42mm$ 外圆、$\phi20mm$ 内孔及 $M28\times1.5$ 螺纹等的车削，并控制工件总长。

（1）工序一

1）工步一：车削工件右端面。

2）工步二：粗车 $\phi20mm$、$\phi35mm$、$\phi55mm$ 外圆，$R2mm$ 圆弧，以及 $C1$ 倒角。

3）工步三：精车 $\phi20mm$、$\phi35mm$、$\phi55mm$ 外圆，$R2mm$ 圆弧，以及 $C1$ 倒角。

4）工步四：车削两处 $3mm\times2mm$ 外沟槽。

（2）工序二

1）工步一：调头，车削工件左端面。

2）工步二：粗车 $\phi42mm$ 外圆、$R3mm$ 圆弧以及两处 $C1$ 倒角。

3）工步三：精车 $\phi42mm$ 外圆、$R3mm$ 圆弧以及两处 $C1$ 倒角。

（3）工序三

1）工步一：钻中心孔。

2）工步二：钻孔。

3）工步三：粗车 $\phi20mm$ 内孔、$M28$ 螺纹底孔直径，以及 $C1.5$ 倒角。

4）工步四：精车 $\phi20mm$ 内孔、$M28$ 螺纹底孔直径，以及 $C1.5$ 倒角。

5）工步五：车削 $3mm\times2mm$ 内沟槽。

6）工步六：车削螺纹。

5. 填写工序卡

传动轴数控加工工序卡，见表 4-2、表 4-3、表 4-4。

表 4-2　数控加工工序卡（1）

数控加工工序卡（1）		工序卡编号		零件名称		零件材料		零件号
				传动轴		45 钢		
工序号	程序号		设备名称	工位号		夹具	夹具编号	车间
01	O0001		CA6150			自定心卡盘		
工步号	工步内容		切削用量			刀具		量具名称	备注
		主轴转速 /(r/min)	进给速度 /(mm/r)	背吃刀量 /mm	编号	名称		
1	车削工件右端面	800	0.25	1~2	T0101	外圆车刀	游标卡尺	
2	粗车 $\phi20mm$、$\phi35mm$、$\phi55mm$ 外圆，圆弧，倒角	800	0.25	1.5	T0101	外圆车刀	外径千分尺	
3	精车 $\phi20mm$、$\phi35mm$、$\phi55mm$ 外圆，圆弧，倒角	1500	0.15	0.2	T0202	外圆车刀	外径千分尺	
4	车槽	300	0.15	3	T0303	车槽刀	游标卡尺	
编制		审核			日期		共 1 页	第 1 页

215

表4-3　数控加工工序卡（2）

数控加工工序卡(2)		工序卡编号		零件名称	零件材料		零件号
				传动轴	45钢		
工序号	程序号	设备名称	工位号	夹具		夹具编号	车间
02	O0002	CA6150		自定心卡盘（软爪）			
工步号	工步内容	切削用量			刀具		量具名称	备注
		主轴转速/(r/min)	进给速度/(mm/r)	背吃刀量/mm	编号	名称		
1	车削工件左端面	800	0.25	1~2	T0101	外圆车刀	游标卡尺	控总长
2	粗车 ϕ42mm 外圆、R3mm 圆弧、倒角	800	0.25	1.5	T0101	外圆车刀	外径千分尺	
3	精车 ϕ42mm 外圆、R3mm 圆弧、倒角	1500	0.15	0.2	T0202	外圆车刀	外径千分尺	
编制		审核			日期		共1页	第1页

表4-4　数控加工工序卡（3）

数控加工工序卡(3)		工序卡编号		零件名称	零件材料		零件号
				传动轴	45钢		
工序号	程序号	设备名称	工位号	夹具		夹具编号	车间
03	O0003	CA6150		自定心卡盘（软爪）			
工步号	工步内容	切削用量			刀具		量具名称	备注
		主轴转速/(r/min)	进给速度/(mm/r)	背吃刀量/mm	编号	名称		
1	钻中心孔	1000	—	—	—	中心钻	—	
2	钻孔	300	1~2	8	—	麻花钻	游标卡尺	
3	粗车 ϕ20mm 内孔、M28 螺纹底孔直径、倒角	500	0.2	1.5	T0404	内孔车刀	内径千分尺	
4	精车 ϕ20mm 内孔、M28 螺纹底孔直径、倒角	1000	0.1	0.2	T0505	内孔车刀	内径千分尺	
5	车内沟槽	300	0.1	3	T0606	车槽刀	游标卡尺	
6	车削 M28 螺纹	300	1.5	—	T0707	螺纹车刀	螺纹塞规	
编制		审核			日期		共1页	第1页

任务二　传动轴数控车削程序编制

如图4-1所示零件的数控加工程序见表4-5、表4-6、表4-7。

表4-5　数控加工程序（1）

零件名称	零件编号	零件材料	数控系统
传动轴		45钢	FANUC 0i Mate-TC
程序内容		说明	
O0001;		程序名	
N10　T0101;		换1号外圆车刀	

（续）

程序内容	说明
N11　M03　S800；	主轴正转，转速 800r/min
N12　G00　X62.0　Z2.0；	快速定位到循环起点
N13　G71　U1.5　R0.5；	X 向每次背吃刀量为 1.5mm，退刀量为 0.5mm
N14　G71　P15　Q23　U0.4　W0.1　F0.25；	循环程序段 15～23
N15　G00　X18.0；	垂直移动到最低处
N16　G01　Z0　F0.15；	移至倒角处
N17　X20.0　Z-1.0；	车削倒角
N18　Z-18.0；	车削 ϕ20mm 外圆
N19　X35.0；	车削到 ϕ35mm 处
N20　Z-21.0；	车削 ϕ35mm 外圆
N21　X51.0	车削到 ϕ51mm 处
N22　G03　X55.0　Z-23.0　R2.0；	车削 R2mm 圆角
N23　G01　Z-39.0；	车削 ϕ55mm 外圆
N24　G00　X100.0　Z100.0；	快速退刀
N25　M05；	主轴停止
N26　T0202；	换 2 号外圆车刀
N27　M03　S1500；	主轴正转，转速 1500r/min
N28　G00　X62.0　Z2.0；	快速定位到循环起点
N29　G70　P15　Q23；	精车
N30　G00　X100.0　Z100.0；	快速退刀
N31　M05；	主轴停止
N32　T0303；	换 3 号车槽刀
N33　M03　S300；	主轴正转，转速 300r/min
N34　G00　X22.0　Z-9.0；	刀具快速移动到加工第一个槽的位置
N35　G01　X16.0　F0.15；	切槽
N36　X22.0　F0.3；	退刀到 ϕ22mm 处
N37　G00　X57.0；	刀具快速移动到 ϕ57mm 处
N38　Z-31.0；	刀具快速移动到加工第二个槽的位置
N39　G01　X51.0　F0.15；	切槽
N40　X57.0　F0.3；	退刀到 ϕ57mm 处
N41　G00　X100.0　Z100.0；	快速退刀
N42　M30；	程序结束

表 4-6 数控加工程序 （2）

零件名称	零件编号	零件材料	数控系统
传动轴		45 钢	FANUC 0i Mate-TC
程序内容		说明	
O0002；		程序名	
N10 T0101；		换 1 号外圆车刀	
N11 M03 S800；		主轴正转，转速 800r/min	
N12 G00 X62.0 Z2.0；		快速定位到循环起点	
N13 G71 U1.5 R0.5；		X 向每次吃刀量为 1.5mm，退刀量为 0.5mm	
N14 G71 P15 Q21 U0.4 W0.1 F0.25；		循环程序段 15～21	
N15 G00 X40.0；		垂直移动到最低处	
N16 G01 Z0 F0.15；		移至倒角处	
N17 X42.0 Z-1.0；		车削倒角	
N18 Z-23.0；		车削 ϕ42mm 外圆	
N19 G02 X48.0 Z-26.0 R3.0；		车削 R3mm 圆弧	
N20 G01 X53.0；		车削到 ϕ53mm 处	
N21 X55.0 Z-27.0；		车削倒角	
N22 G00 X100.0 Z100.0；		快速退刀	
N23 M05；		主轴停止	
N24 T0202；		换 2 号外圆车刀	
N25 M03 S1500；		主轴正转，转速 1500r/min	
N26 G00 X62.0 Z2.0；		快速定位到循环起点	
N27 G70 P15 Q21；		精车	
N28 G00 X100.0 Z100.0；		快速退刀	
N29 M30；		程序结束	

表 4-7 数控加工程序 （3）

零件名称	零件编号	零件材料	数控系统
传动轴		45 钢	FANUC 0i Mate-TC
程序内容		说明	
O0003；		程序名	
N10 T0404；		换 4 号内孔车刀	
N11 M03 S500；		主轴正转，转速 500r/min	
N12 G00 X16.0 Z2.0；		快速定位到循环起点	
N13 G71 U1.5 R0.5；		X 方向每次背吃刀量为 1.5mm，退刀量为 0.5mm	
N14 G71 P15 Q20 U-0.4 W0.1 F0.2；		循环程序段 15～20	
N15 G00 X29.50；		垂直移动到最低处	
N16 G01 Z0 F0.1；		移至工件右端面处	
N17 X26.5 Z-1.5；		车削倒角	

（续）

程序内容	说明
N18　Z−21.0;	车削 ϕ26.5mm 内孔
N19　X20.0;	车削 ϕ20mm 内孔的右端面
N20　Z−25.0;	车削 ϕ20mm 内孔
N21　G00　X100.0　Z100.0;	快速退刀
N22　M05;	主轴停止
N23　T0505;	换 5 号内孔车刀
N24　M03　S1000;	主轴正转, 转速 1000r/min
N25　G00　X16.0　Z2.0;	快速定位到循环起点
N26　G70　P15　Q20;	精车
N27　G00　X100.0　Z100.0;	快速退刀
N28　M05;	主轴停止
N29　T0606;	换 6 号车槽刀
N30　M03　S300;	主轴正转, 转速 300r/min
N31　G00　X16.0;	刀具快速移动到 ϕ16mm 处
N32　Z−21.0;	刀具快速移动到加工槽的位置
N33　G01　X30.5　F0.1;	车槽
N34　X16.0　F0.3;	退刀
N35　G00　Z2.0;	刀具快速移动到孔外
N36　X100.0　Z100.0;	快速退刀
N37　M05;	主轴停止
N38　T0707;	换 7 号螺纹刀
N39　M03　S300;	主轴正转, 转速 300r/min
N40　G00　X24.5　Z2.0;	快速定位到螺纹车削循环起点
N41　G92　X27.0　Z−19.0　F1.5;	
N42　X27.5;	车削螺纹
N43　X28.0;	
N44　G00　X100.0　Z100.0;	快速退刀
N45　M30;	程序结束

任务三　传动轴数控车削仿真加工

1. 仿真软件准备

打开仿真软件, 单击"选择机床" （见图 4-2a）, 然后在弹出的对话框中完成"控制系统"和"机床类型"的设置后, 单击"确定"按钮, 进入操作状态, 如图 4-2b 所示。

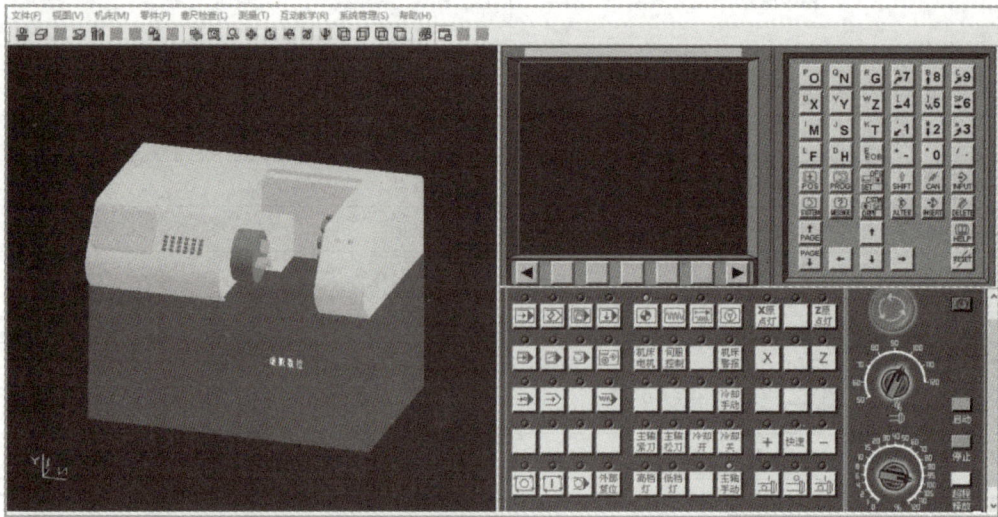

a) 选择机床

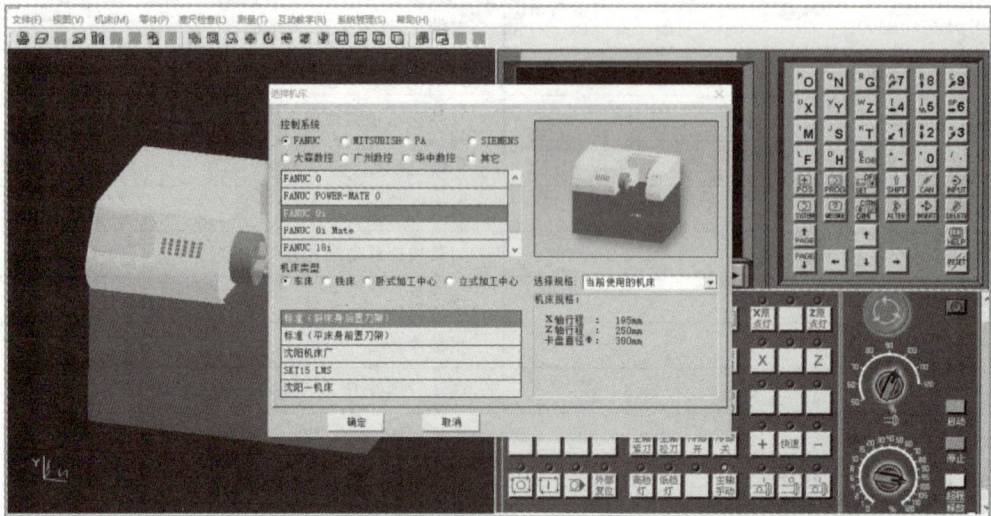

b) 选择控制系统和机床类型

图 4-2 仿真软件准备

2. 激活机床

检查急停按钮是否松开至 状态，若未松开，按急停按钮 ，将其松开。然后按 键启动电源，如图 4-3 所示。

3. 回参考点

按 键，进入"回参考点"模式，按 键来选择 X 轴，按住正向移动键 来移动 X 坐标；再按 键来选择 Z 轴，按住正向移动键 来移动 Z 坐标，使机床回参考点，如图 4-4 所示。

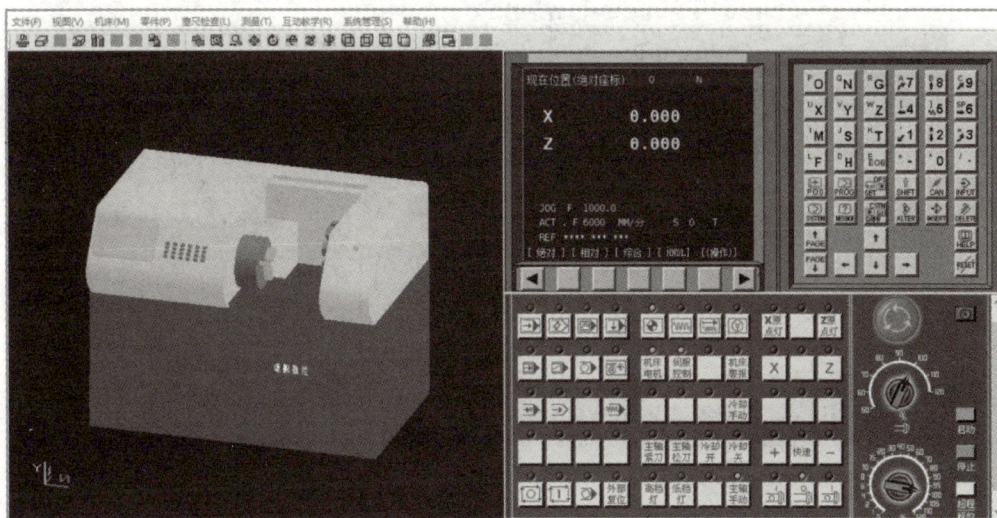

图 4-3　激活机床

图 4-4　机床回参考点

4. 毛坯的选择和安装

选择毛坯：依次单击菜单栏中的 "零件" → "定义毛坯"，或在工具条上选择 ▱，如图 4-5a 所示。安装毛坯：依次单击菜单栏中的 "零件" → "放置零件"，或者在工具栏中单击图标 ▱，系统将弹出 "选择零件" 对话框，选择定义的毛坯，如图 4-5b 所示。

5. 刀具的选择和安装

单击菜单栏中的 "机床" → "选择刀具"，或在工具条上单击图标 ▥，系统将弹出 "刀具选择" 对话框，选择刀具并安装刀具，如图 4-6 所示。

a) 定义毛坯

b) 安装毛坯

图 4-5 毛坯的选择和安装

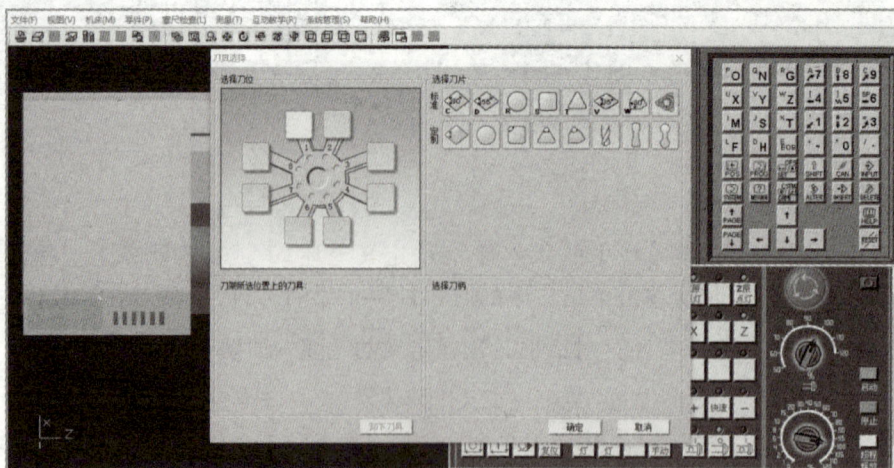

图 4-6 安装刀具

6. 对刀操作

按操作面板中 ![键] 键，切换到手动状态，然后按轴移动键，使刀具移动到切削零件的大致位置。

X 轴方向对刀：按轴移动键，用所选刀具沿 Z 轴方向试切工件外圆，X 轴不移动。切削完毕后，把刀具沿 Z 轴正方向退至工件外部，再按操作面板上的 ![键] 键，使主轴停止转动。依次单击菜单栏中的"测量"→"剖面图测量"，然后单击刀具试切外圆时所切线段（选中的线段由红色变为黄色），记下对话框中对应的 X 值，如图 4-7 所示。按 ![OFFSET SETTING] 键，进入参数显示界面，再单击 [形状]，把光标移动至切削刀具的刀补位置，然后输入 X 值，完成后单击 [测量]，系统将自动计算，并将计算结果自动输入在 X 偏置栏中。图 4-8a 所示为工件右端对刀值；图 4-8b 所示为工件左端对刀值。

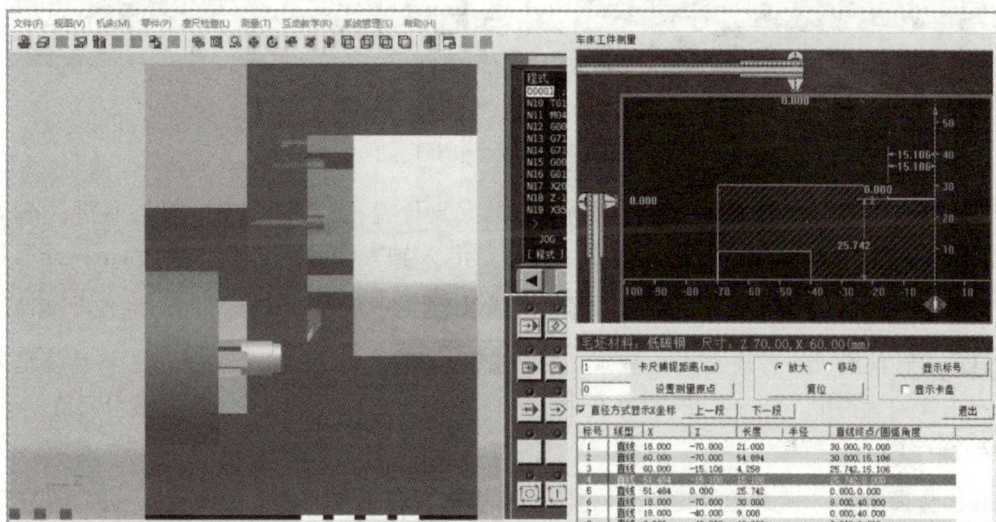

图 4-7　测量工件

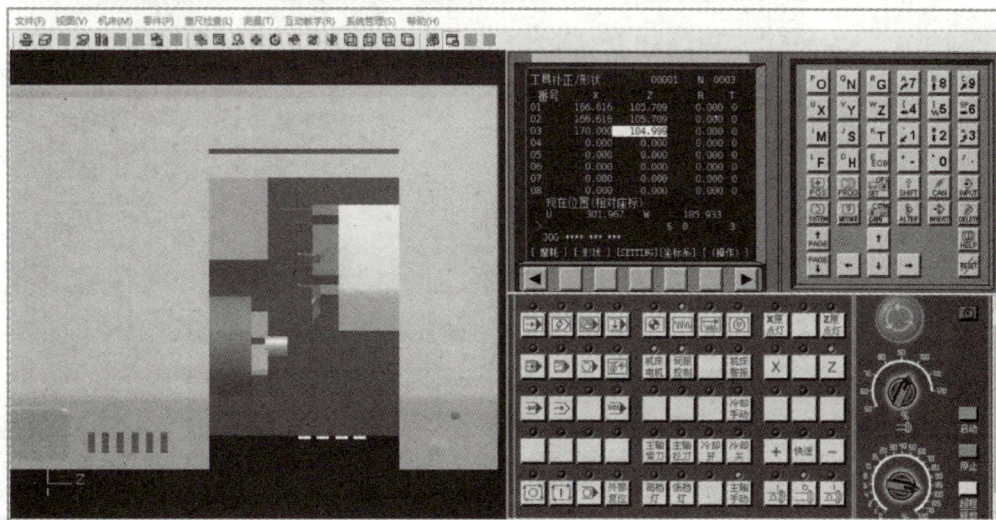

a) 工件右端对刀值

图 4-8　工件右端和左端的对刀值

223

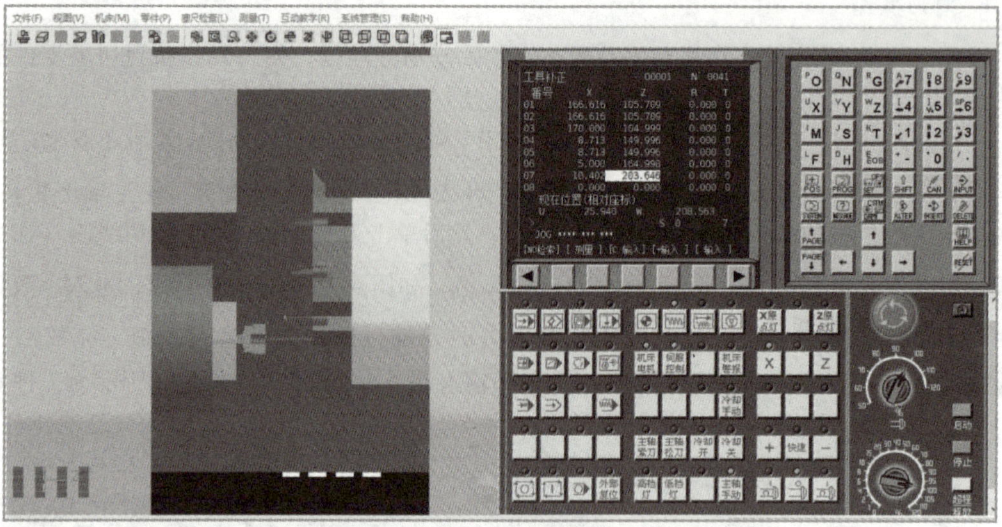

b) 工件左端对刀值

图 4-8　工件右端和左端的对刀值（续）

Z 轴方向对刀：将刀具移动到可切削零件的大致位置，按轴移动键，使刀具沿 X 轴方向试切工件端面，Z 轴不移动。切削完毕后，把刀具沿 X 轴方向退至工件外部。点击操作面板上的 ⌐ 键，使主轴停止转动；按 OFFSET SETTING 键，再单击 [形状]，进入刀补显示界面，将光标移动至切削刀具的刀补位置，然后输入 Z0，完成后单击 [测量]，系统将自动计算，并将计算结果自动输入在 Z 偏置栏中。图 4-8a 所示为工件右端对刀值；图 4-8b 所示为工件左端对刀值。

7. 程序输入与校验

在操作面板上按模式选择键 ⌦，进入编辑模式，在系统面板上按 PROG 键，进入程序显示界面。在操作面板上按模式选择键 ➡，切换到自动模式，在系统面板上按 CUSTOM GRAPH 键，系统进入轨迹检查界面。按循环启动键 Ⅰ 开始模拟执行程序，如图 4-9、图 4-10、图 4-11 所示。

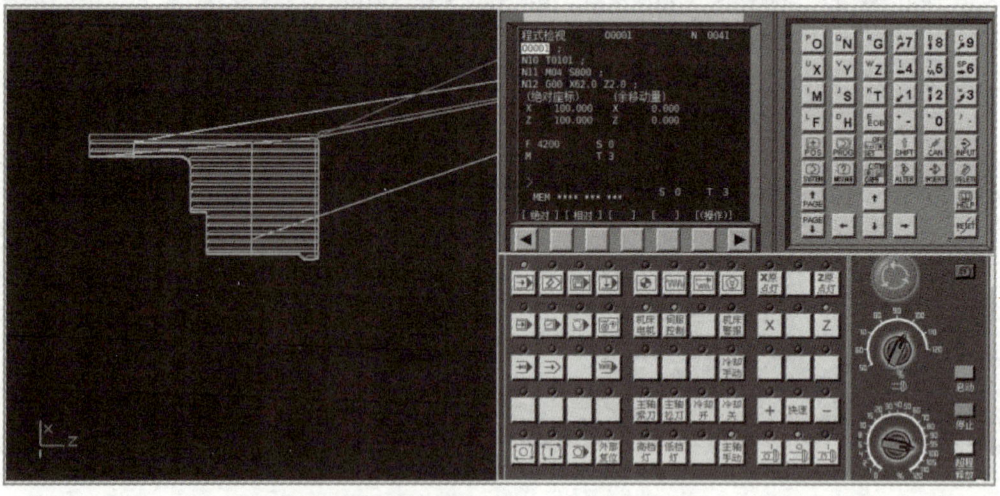

图 4-9　零件右侧外轮廓程序校验

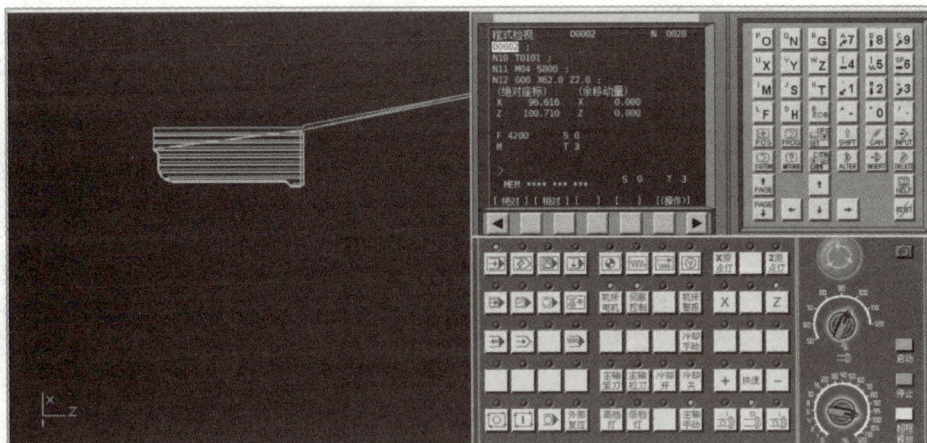

图 4-10　零件左侧外轮廓程序校验

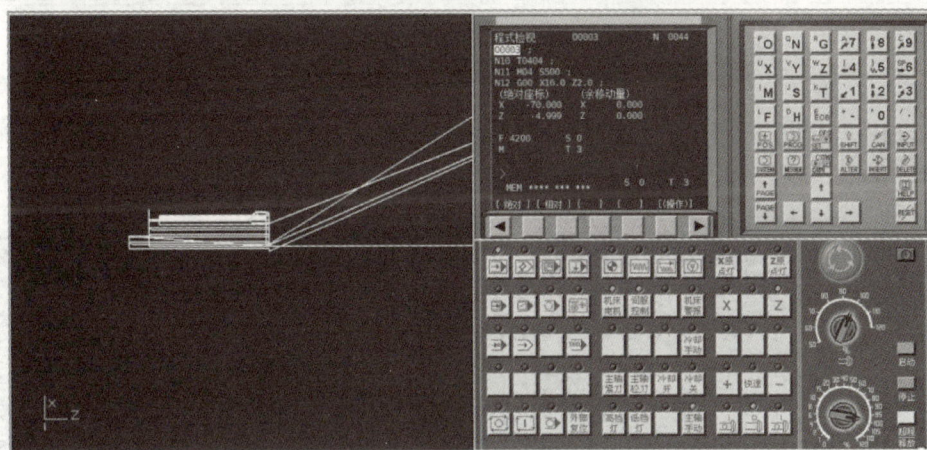

图 4-11　零件左侧内轮廓程序校验

8. 仿真加工

仿真加工，如图 4-12、图 4-13 所示。

图 4-12　仿真加工（外轮廓）

图 4-13 仿真加工（内轮廓）

9. 零件测量

零件加工完成后，依次点击菜单中的"测量"→"剖面图测量"，进入"测量"对话框，如图 4-14 所示。

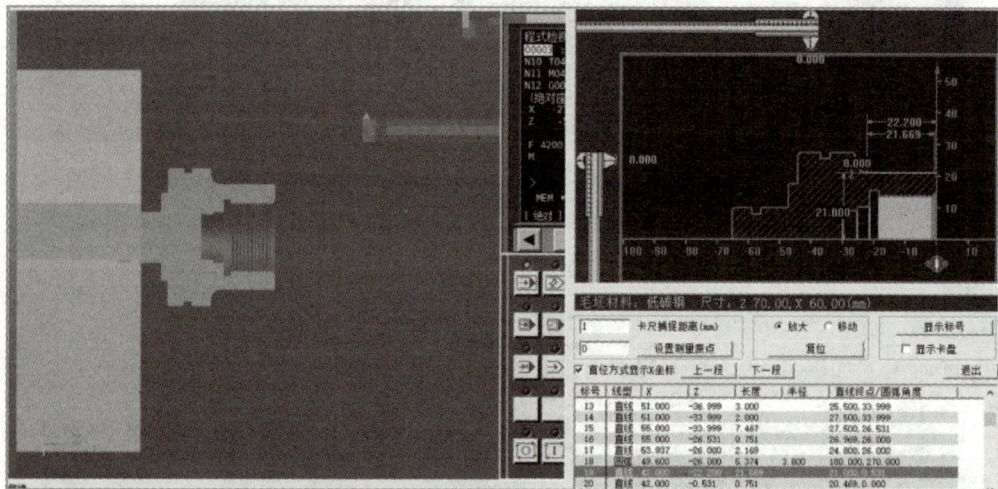

图 4-14 测量零件

10. 优化零件程序

根据零件的仿真加工，优化零件加工程序。

任务四 传动轴数控实操加工与检测

1. 毛坯、刀具、工具准备

2. 程序输入与编辑

1）开机。

2）回参考点。

3）输入程序。

4）检查程序。

3. 零件加工

1）启动机床主轴转动。

2）对刀。

① X 向对刀。在手动 JOG 方式下，车削外圆，车削完毕后沿+Z 方向退刀，按下"主轴停止"键，测量切削的外圆直径；按"OFFSET/SETTING"键，然后移动光标到相应刀号的位置，输入测量的外圆直径值，再按"测量"键，完成 X 方向对刀。

② Z 向对刀。在手动 JOG 方式下，按"主轴正转"键，使主轴转动，车削端面。车削完毕后，沿+X 方向退刀，按下"主轴停止"键，再按"OFFSET/SETTING"键，然后移动光标到相应刀号的位置，输入 Z0，再按"测量"键，完成 Z 方向对刀。同理，根据上述步骤完成其他刀具的对刀。

3）调出加工程序。

4）自动加工。选择机床工作模式为"自动运行"模式，按"循环启动"键，使机床进行自动加工。

4. 零件检测与评分

成绩评分标准见表 4-8。

表 4-8 传动轴的编程与加工评分表

工件编号		技术要求	配分	总得分		
项目与比重	序号			评分标准	检测记录	得分
程序与工艺 （25%）	1	程序段格式规范	5	不规范每处扣 2 分		
	2	程序正确完整	10	每错一处扣 2 分		
	3	切削用量合理	5	不合理每处扣 2 分		
	4	工艺规程规范，合理	5	不合理每处扣 2 分		
机床操作 （20%）	5	刀具选择安装正确	5	不正确每次扣 2 分		
	6	对刀及坐标系设定正确	5	不正确每次扣 2 分		
	7	机床操作规范	5	不规范每次扣 2 分		
	8	工件加工不出错	5	出错全扣		
工件质量 （35%）	9	$\phi20mm$、$\phi35mm$、$\phi42mm$、$\phi55mm$ 外圆尺寸精度符合要求	12	不合格每处扣 3 分		
	10	$\phi20mm$ 内孔尺寸精度符合要求	2	出错全扣		
	11	18mm，65mm 长度尺寸（公差要求）精度符合要求	4	不合格每处扣 2 分		
	12	9mm、18mm、21mm、25mm、26mm、34mm 长度尺寸精度符合要求	6	不合格每处扣 1 分		
	13	3mm×2mm 沟槽	1.5	不合格每处扣 0.5 分		
	14	位置公差（同轴度）精度符合要求	4	不合格全扣		

（续）

工件编号		技术要求	配分	总得分		
项目与比重	序号			评分标准	检测记录	得分
工件质量 （35%）	15	$C1$、$C1.5$ 倒角	2	不合格每处扣 0.5 分		
	16	$R2mm$、$R3mm$ 倒圆角	1	不合格每处扣 0.5 分		
	17	表面粗糙度 $Ra1.6\mu m$、$Ra3.2\mu m$	2.5	不合格每处扣 0.5 分		
文明生产 （20%）	18	安全操作	10	出错全扣		
	19	机床维护与保养	5	不合格全扣		
	20	工作场所整理	5	不合格全扣		

思考题：

1. 若零件的外圆与内孔有同轴度要求，应采取哪些装夹措施？

2. 车削内螺纹时，螺纹底孔应注意哪些问题？

3. 螺纹车削的常用方法有哪些？

4. 车削内沟槽时，如何设置刀具的走刀路线？

5. 安装车槽刀具时，应注意哪些问题？

6. 车削零件的内孔时，对刀具的刀柄尺寸有要求吗？为什么？

7. 加工如图 4-15 所示的零件，试编写零件加工程序，毛坯：$\phi50mm \times 90mm$，材料为 45 钢。

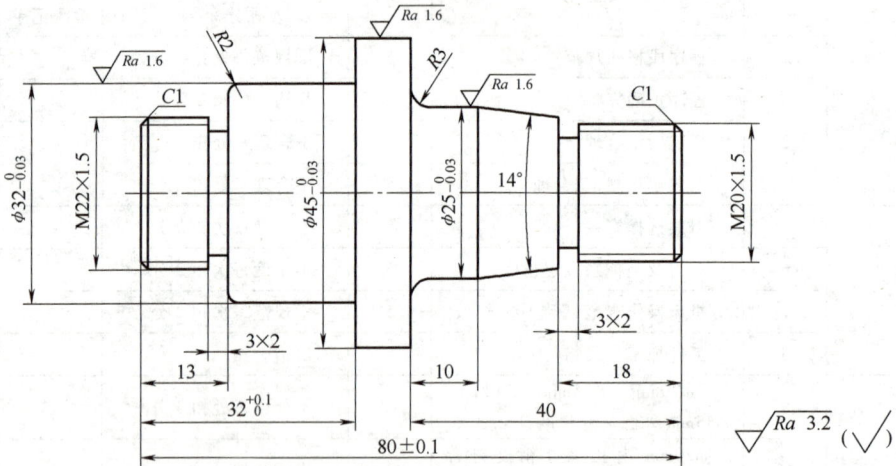

图 4-15　零件图

项目二　综合件的铣削编程与加工

项目目标

◎了解综合件的铣削加工方法

◎了解综合件铣削刀具及其切削参数的选择

◎掌握综合件的铣削加工工艺

◎掌握常用的数控铣削编程指令

◎具备综合件的数控程序编制能力

◎具备综合件数控仿真加工能力

◎具备综合件实操加工与尺寸检测能力

项目导入

完成如图 4-16 所示零件的数控程序编制与加工，轴承座：毛坯为 85mm×85mm×30mm，材料为 2A12。

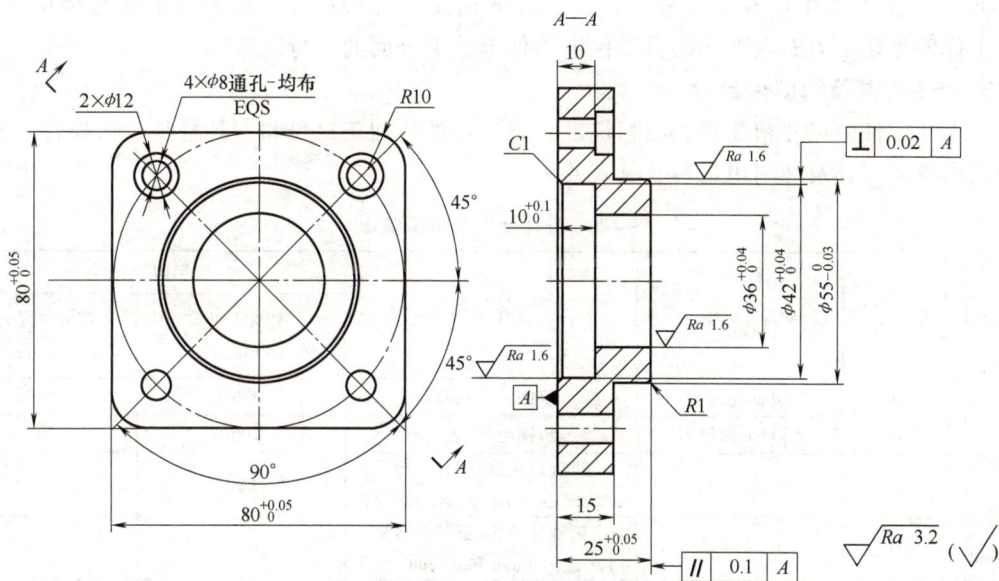

图 4-16　轴承座

项目分析

本项目典型零件是轴承座，属于典型的综合类铣削零件，由一处圆柱、三处台阶孔、两处圆柱孔组成，零件尺寸精度高，且有位置精度要求。通过本项目的实施，学习综合件的加工方法、切削用量和刀具的选择、加工工艺的编制、综合件的数控铣削程序编制以及综合件的数控铣削加工和精度检测等方面的知识。

项目实施

任务一　轴承座数控加工工艺编制

1. 分析零件图

如图 4-16 所示，该轴承座零件形状较复杂，结构尺寸较多，由四处 $R10mm$ 圆弧、两处 $\phi12mm$ 内孔、四处 $\phi8mm$ 内孔、$\phi36mm$ 内孔、$\phi42mm$ 内孔、$\phi55mm$ 圆柱，以及 80mm×

80mm、四处 80mm×15mm 平面组成。尺寸 $\phi36mm$、$\phi42mm$、$\phi55mm$、10mm、25mm、两处 80mm 的公差值较小，加工精度高；其他尺寸是自由尺寸，公差值较大，加工较容易。$\phi42mm$ 内孔轴线与轴承底座的底面有垂直度要求，轴承底座的上、下表面有平行度的要求。$\phi36mm$、$\phi42mm$ 的内孔表面，以及 $\phi55mm$ 圆柱面的表面粗糙度为 $Ra1.6\mu m$，其他表面均为 $Ra3.2\mu m$。

2. 确定装夹方案

装夹方案要按照尽量选用通用夹具，尽量减少装夹次数，在一次装夹中尽可能完成多个表面加工，以及夹紧力的作用点应布置在零件结构强度高和刚性好的位置等原则来选取。此零件为箱体类工件，毛坯尺寸为 85mm×85mm×30mm，零件的外形尺寸为 80mm×80mm×25mm。根据零件的结构特征，用高精度机用平口钳夹持工件的左、右侧面，分别加工零件的底面和上面（按图 4-16 所示零件方位，以下相同）各特征，并把垫块放在工件的下面，防止工件因受切削力而向下移动，并保证工件上、下表面的平行度。

3. 选择刀具及切削用量

为保证零件的尺寸精度和表面粗糙度，根据零件的加工材料和刀具材料，选择合适的切削用量参数，刀具及切削用量参数见表 4-9。

表 4-9　刀具及切削用量参数

序号	刀具号	刀具类型	加工表面	切削用量	
				主轴转速 n /(r/min)	进给速度 v_f /(mm/min)
1	T01	$\phi30mm$ 面铣刀	粗铣上、下表面	600	100
2	T02	$\phi30mm$ 面铣刀	精铣上、下表面	1000	50
3	T03	$\phi10mm$ 立铣刀	粗铣外轮廓、圆柱凸台 $\phi12mm$、$\phi36mm$ 和 $\phi42mm$ 内孔	800	100
4	T04	$\phi10mm$ 立铣刀	精铣外轮廓、圆柱凸台 $\phi12mm$、$\phi36mm$ 和 $\phi42mm$ 内孔	1000	50
5	T05	$\phi3mm$ 中心钻	钻中心孔	1000	30
6	T06	$\phi7.8mm$ 麻花钻	$\phi8mm$、$\phi12mm$ 内孔	500	40
7	T07	$\phi16mm$ 麻花钻	$\phi36mm$、$\phi42mm$ 内孔	300	30
8	T08	$\phi8H8$ 铰刀	$\phi8mm$ 内孔	200	30
9	T09	倒角刀	倒角	500	—

4. 确定加工方案

根据先粗后精、先近后远的加工原则确定加工顺序。为保证零件的尺寸精度和表面粗糙度，夹持工件的左、右侧面，完成零件的外轮廓、上面各特征及底面的铣削加工，并保证零件的位置精度。

（1）工序一

1）工步一：粗铣工件下表面。

2）工步二：精铣工件下表面。

3）工步三：粗铣 80mm×80mm×15mm 的外轮廓。

4）工步四：精铣 80mm×80mm×15mm 的外轮廓。

5）工步五：钻中心孔。

6）工步六：钻孔。

7）工步七：粗铣 ϕ36mm、ϕ42mm 内孔。

8）工步八：精铣 ϕ36mm、ϕ42mm 内孔。

9）工步九：倒角。

（2）工序二

1）工步一：翻转工件，粗铣工件上表面。

2）工步二：精铣工件上表面。

3）工步三：粗铣圆柱凸台。

4）工步四：精铣圆柱凸台。

5）工步五：钻中心孔。

6）工步六：钻孔。

7）工步七：铰孔。

8）工步八：粗铣 ϕ12mm 内孔。

9）工步九：精铣 ϕ12mm 内孔。

10）工步十：去毛刺。

5. 填写工序卡

轴承座数控加工工序卡，见表4-10、表4-11。

表4-10　数控加工工序卡（1）

数控加工工序卡(1)		工序卡编号		零件名称		零件材料		零件号
				轴承座		2A12		
工序号	程序号	设备名称		工位号	夹具		夹具编号	车间
01	O0001、O0002、O0003、O0004、O0005				高精度机用平口钳			
工步号	工步内容	切削用量			刀具		量具名称	备注
		主轴转速/(r/min)	进给速度/(mm/min)	背吃刀量/mm	编号	名称		
1	粗铣工件下表面	600	100	1~2	T01	面铣刀	游标卡尺	
2	精铣工件下表面	1000	50	0.5	T02	面铣刀	游标卡尺	
3	粗铣 80mm×80mm×15mm 的外轮廓	800	100	1~2	T03	立铣刀	游标卡尺	
4	精铣 80mm×80mm×15mm 的外轮廓	1000	50	0.5	T04	立铣刀	游标卡尺	
5	钻中心孔	1000	30	—	T05	中心钻	—	
6	钻孔	500	40	8	T07	麻花钻	游标卡尺	
7	粗铣 ϕ36mm、ϕ42mm 内孔	800	100	1~2	T03	立铣刀	内径千分尺	
8	精铣 ϕ36mm、ϕ42mm 内孔	1000	50	0.5	T04	立铣刀	内径千分尺	
9	倒角	800	—	—	T09	倒角刀	游标卡尺	
编制		审核			日期		共1页	第1页

表 4-11　数控加工工序卡（2）

数控加工工序卡（2）		工序卡编号		零件名称		零件材料		零件号
				轴承座		2A12		
工序号	程序号	设备名称		工位号	夹具		夹具编号	车间
02	O0006、O0007、O0008、O0009				高精度机用平口钳			
工步号	工步内容	切削用量			刀具		量具名称	备注
		主轴转速/(r/min)	进给速度/(mm/min)	背吃刀量/mm	编号	名称		
1	粗铣工件上表面	600	100	1～2	T01	盘铣刀	游标卡尺	
2	精铣工件上表面	1000	50	0.5	T02	盘铣刀	游标卡尺	
3	粗铣圆柱凸台	800	100	1～2	T03	立铣刀	外径千分尺	
4	精铣圆柱凸台	1000	50	0.5	T04	立铣刀	外径千分尺	
5	钻中心孔	1000	30	—	T05	中心钻	—	
6	钻孔	500	40	3.9	T06	麻花钻	游标卡尺	
7	铰孔	200	30	4	T08	铰刀	内径千分尺	
8	粗铣 $\phi12$mm 内孔	800	100	1～2	T03	立铣刀	内径千分尺	
9	精铣 $\phi12$mm 内孔	1000	50	0.5	T04	立铣刀	内径千分尺	
10	去毛刺	—	—	—			—	
编制		审核			日期		共 1 页	第 1 页

任务二　轴承座数控铣削程序编制

如图 4-16 所示零件的数控加工程序见表 4-12 ~ 表 4-20。

表 4-12　数控加工程序（1）

零件名称	零件编号	零件材料	数控系统
轴承座		2A12	FANUC 0i Mate
程序内容		说明	
O0001；		程序名	
N10　G54　G90　G00　X0　Y0；		建立工件坐标系	
N11　Z100.0；		刀具快速移动到工件上部 100mm 处	
N12　X-62.5　Y-32.5；		刀具快速移动到 X 轴-62.5mm、Y 轴-32.5mm 处	
N13　Z5.0；		刀具快速移动到工件上部 5mm 处	
N14　M03　S600；		主轴正转，转速 600r/min（精铣时，主轴转速 1000r/min）	
N15　G01　Z0　F100.0；		刀具 Z 轴方向进刀到 Z0 位置，进给速度 100mm/min（精铣时，进给速度 50mm/min）	

（续）

程序内容	说明
N16 X62. 5 Y−32. 5;	
N17 Y−7. 5;	
N18 X−62. 5;	
N19 Y17. 5;	零件下表面铣削加工
N20 X62. 5;	
N21 Y42. 5;	
N22 X−62. 5;	
N23 G00 Z100. 0;	刀具快速移动到工件上部100mm处
N24 X0 Y0;	刀具快速移动到工件坐标系原点
N25 M05;	机床主轴停止
N26 M30;	程序结束

表 4-13 数控加工程序（2）

零件名称	零件编号	零件材料	数控系统
轴承座		2A12	FANUC 0i Mate

程序内容	说明
O0002;	主程序名
N10 G54 G90 G00 X0 Y0;	建立工件坐标系
N11 Z100. 0;	刀具快速移动到工件上部100mm处
N12 X0 Y−55. 0;	刀具快速移动到X轴0mm、Y轴−55.0mm处
N13 Z0;	刀具快速移动到工件上表面
N14 M03 S800;	主轴正转，转速800r/min（精铣时，主轴转速1000r/min）
N15 M98 P82000;	调用子程序O2000八次
N16 G90 G00 Z100. 0;	刀具快速移动到工件上部100mm处
N17 X0 Y0;	刀具快速移动到工件坐标系原点
N18 M05;	机床主轴停止
N19 M30;	程序结束
O2000;	子程序名
N10 G91 G01 Z−2. 0 F100. 0;	刀具Z轴方向进刀2mm，进给速度100mm/min（精铣时，进给速度50mm/min）
N11 G42 X−15. 0 Y0 D01;	
N12 G02 X15. 0 Y15. 0 R15. 0;	
N13 G01 X30. 0 Y0;	
N14 G03 X10. 0 Y10. 0 R10. 0;	铣削外轮廓（80mm×80mm×15mm）
N15 G01 X0 Y60. 0;	
N16 G03 X−10. 0 Y10. 0 R10. 0;	
N17 G01 X−60. 0 Y0;	

（续）

程序内容	说明
N18　G03　X−10.0　Y−10.0　R10.0;	铣削外轮廓（80mm×80mm×15mm）
N19　G01　X0　Y−60.0;	
N20　G03　X10.0　Y−10.0　R10.0;	
N21　G01　X30.0　Y0;	
N22　G02　X15.0　Y−15.0　R15.0;	
N23　G40　G00　X−15.0　Y0;	取消刀补，刀具快速移动到起始点
N24　M99;	子程序结束，返回主程序

表 4-14　数控加工程序（3）

零件名称	零件编号	零件材料	数控系统
轴承座		2A12	FANUC 0i Mate

程序内容	说明
O0003;	主程序名
N10　G54　G90　G00　X0　Y0;	建立工件坐标系
N11　Z100.0;	刀具快速移动到工件上部100mm处
N12　M03　S300　M08;	主轴正转，转速300r/min，打开冷却泵
N13　G98　G83　X0　Y0　Z−25.0　Q3.0　R5.0　F30.0;	加工孔
N14　G80　M09;	取消固定循环，关闭冷却泵
N15　M05;	机床主轴停止
N16　M30;	程序结束

表 4-15　数控加工程序（4）

零件名称	零件编号	零件材料	数控系统
轴承座		2A12	FANUC 0i Mate

程序内容	说明
O0004;	主程序名
N10　G54　G90　G00　X0　Y0　Z100.0;	建立工件坐标系，刀具快速移动到工件上部100mm处
N11　Z0;	刀具快速移动到工件上表面
N12　M03　S800;	主轴正转，转速800r/min（精铣时，主轴转速1000r/min）
N13　M98　P134000;	调用子程序O4000十三次
N14　G90　G00　Z100.0;	刀具快速移动到工件上部100mm处
N15　M05;	机床主轴停止
N16　M30;	程序结束
O4000;	子程序名
N10　G91　G01　Z−2.0　F100.0;	进刀，建立刀补（精铣时，进给速度50mm/min）
N11　X8.0　Y0;	

（续）

程序内容	说明
N12　G41　X0　Y-10.0　D01；	进刀，建立刀补
N13　G03　X10.0　Y10.0　R10.0；	
N14　X0　Y0　I-18.0　J0；	铣削ϕ36mm内孔
N15　X-10.0　Y10.0　R10.0；	退刀，取消刀补
N16　G40　G01　X0　Y-10.0；	
N17　X-8.0　Y0；	
N18　M99；	子程序结束，返回主程序

表4-16　数控加工程序（5）

零件名称	零件编号	零件材料	数控系统
轴承座		2A12	FANUC 0i Mate

程序内容	说明
O0005；	主程序名
N10　G54　G90　G00　X0　Y0　Z100.0；	建立工件坐标系，刀具快速移动到工件上部100mm处
N11　Z0；	刀具快速移动到工件上表面
N12　M03　S800；	主轴正转，转速800r/min（精铣时，主轴转速1000r/min）
N13　M98　P55000；	调用子程序O5000五次
N14　G90　G00　Z100.0；	刀具快速移动到工件上部100mm处
N15　M05；	机床主轴停止
N16　M30；	程序结束
O5000；	子程序名
N10　G91　G01　Z-2.0　F100.0；	刀具Z轴方向进刀2mm，进给速度100mm/min（精铣时，进给速度50mm/min）
N11　X6.0　Y0；	
N12　G41　X0　Y-15.0　D01；	进刀，建立刀补
N13　G03　X15.0　Y15.0　R15.0；	
N14　X0　Y0　I-21.0　J0；	铣削ϕ42mm内孔
N15　X-15.0　Y15.0　R15.0；	退刀，取消刀补
N16　G40　G01　X0　Y-15.0；	
N17　X-6.0　Y0；	
N18　M99；	子程序结束，返回主程序

表4-17　数控加工程序（6）

零件名称	零件编号	零件材料	数控系统
轴承座		2A12	FANUC 0i Mate

程序内容	说明
O0006；	主程序名
N10　G54　G90　G00　X0　Y0；	建立工件坐标系

（续）

程序内容	说明
N11 Z100.0;	刀具快速移动到工件上部 100mm 处
N12 X0 Y-47.5;	刀具快速移动到 X 轴 0mm、Y 轴-47.5mm 处
N13 Z0;	刀具快速移动到工件上表面
N14 M03 S800;	主轴正转，转速 800r/min（精铣时，主轴转速 1000r/min）
N15 M98 P46000;	调用子程序 O6000 四次
N16 G90 G00 Z100.0;	刀具快速移动到工件上部 100mm 处
N17 M05;	机床主轴停止
N18 M30;	程序结束
O6000;	子程序名
N10 G91 G01 Z-2.5 F100.0;	刀具 Z 轴方向进刀 2mm，进给速度 100mm/min（精铣时，进给速度 50mm/min）
N11 G42 X-20.0 Y0 D01;	进刀，建立刀补
N12 G02 X20.0 Y20.0 R20.0;	进刀，建立刀补
N13 G03 X0 Y0 I0 J27.5;	铣削 φ55mm 圆柱
N14 G02 X20.0 Y-20.0 R20.0;	退刀，取消刀补
N15 G40 G01 X-20.0 Y0;	退刀，取消刀补
N16 M99;	子程序结束，返回主程序

表 4-18   数控加工程序（7）

零件名称	零件编号	零件材料	数控系统
轴承座		2A12	FANUC 0i Mate

程序内容	说明
O0007;	主程序名
N10 G54 G90 G00 X0 Y0;	建立工件坐标系
N11 Z100.0;	刀具快速移动到工件上部 100mm 处
N12 M03 S500 M08;	主轴正转，转速 500r/min，打开冷却泵
N13 G99 G83 X28.3 Y28.3 Z-27.0 Q3.0 R5.0 F40.0;	钻孔 φ8mm
N14 X-28.3 Y28.3	钻孔 φ8mm
N15 X-28.3 Y-28.3	钻孔 φ8mm
N16 G98 X28.3 Y-28.3	钻孔 φ8mm
N17 G80 M09;	取消固定循环，关闭冷却泵
N18 M05;	机床主轴停止
N19 M30;	程序结束

表 4-19 数控加工程序 (8)

零件名称	零件编号	零件材料	数控系统
轴承座		2A12	FANUC 0i Mate

程序内容	说明
O0008；	主程序名
N10 G54 G90 G00 X0 Y0；	建立工件坐标系
N11 Z100.0；	刀具快速移动到工件上部 100mm 处
N12 M03 S200 M08；	主轴正转，转速 200r/min，打开冷却泵
N13 G99 G85 X28.3 Y28.3 Z-27.0 R5.0 F30.0；	
N14 X-28.3 Y28.3；	
N15 X-28.3 Y-28.3；	铰孔 ϕ8mm
N16 G98 X28.3 Y-28.3；	
N17 G80 M09；	取消固定循环，关闭冷却泵
N18 M05；	机床主轴停止
N19 M30；	程序结束

表 4-20 数控加工程序 (9)

零件名称	零件编号	零件材料	数控系统
轴承座		2A12	FANUC 0i Mate

程序内容	说明
O0009；	主程序名
N10 G54 G90 G00 X0 Y0；	建立工件坐标系
N11 Z100.0；	刀具快速移动到工件上部 100mm 处
N12 X28.3 Y28.3；	刀具快速移动到 X 轴 28.3mm、Y 轴 28.3mm 处
N13 Z-10.0；	刀具快速移动到 Z-10.0mm 处
N14 M03 S800；	主轴正转，转速 800r/min（精铣时，主轴转速 1000r/min）
N15 M98 P29000；	调用子程序 O9000 两次
N16 G90 G00 Z100.0；	刀具快速移动到工件上部 100mm 处
N17 X-28.3 Y28.3；	刀具快速移动到 X 轴-28.3mm、Y 轴 28.3mm 处
N18 Z-10.0；	刀具快速移动到 Z-10.0mm 处
N19 M98 P29000；	调用子程序 O9000 两次
N20 G90 G00 Z100.0；	刀具快速移动到工件上部 100mm 处

（续）

程序内容	说明
N21　M05;	机床主轴停止
N22　M30;	程序结束
O9000;	子程序名
N10　G91　G01　Z-2.5　F100.0;	刀具 Z 轴方向进刀 2.5mm，进给速度 100mm/min（精铣时，进给速度 50mm/min）
N11　X1.0　Y0;	
N12　G41　X0　Y-5.0　D01;	进刀，建立刀补
N13　G03　X5.0　Y5.0　R5.0;	
N14　X0　Y0　I-6.0　J0;	铣削 φ12mm 内孔
N15　X-5.0　Y5.0　R5.0;	
N16　G40　G01　X0　Y-5.0;	退刀，取消刀补
N17　X-1.0　Y0;	
N18　M99;	子程序结束，返回主程序

任务三　轴承座数控铣削仿真加工

1. 仿真软件准备

打开仿真软件，单击"选择机床" （见图 4-17a），然后在弹出的对话框中完成"控制系统"和"机床类型"的设置后，单击"确定"按钮，进入操作状态，如图 4-17b 所示。

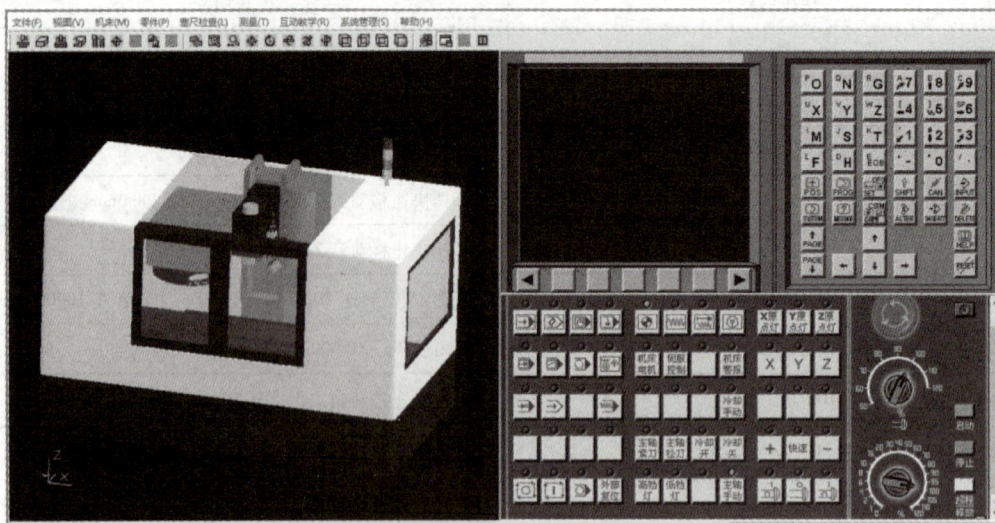

a) 选择机床

图 4-17　仿真软件准备

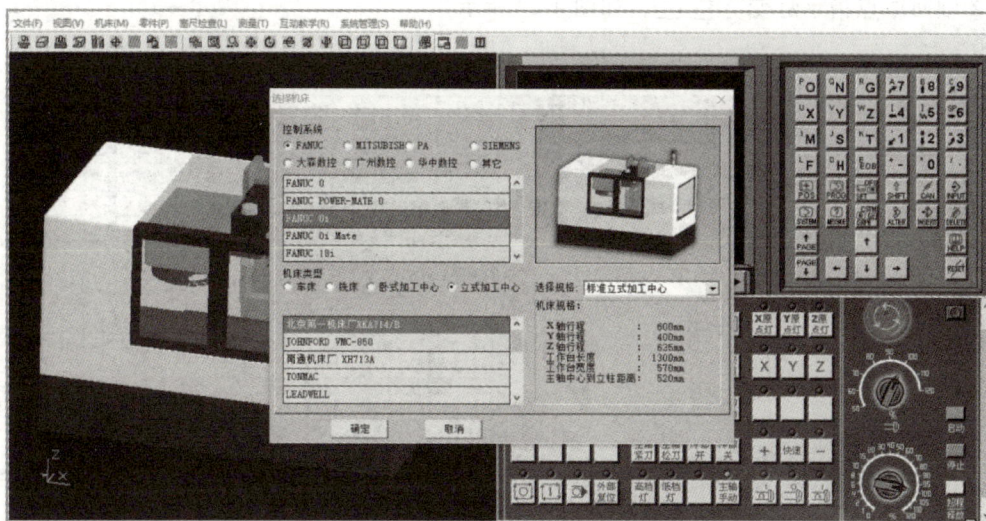

b) 选择控制系统和机床类型

图 4-17 仿真软件准备（续）

2. 激活机床

检查急停按钮是否松开至 状态，若未松开，按急停按钮 ，将其松开。然后按 键启动电源，如图 4-18 所示。

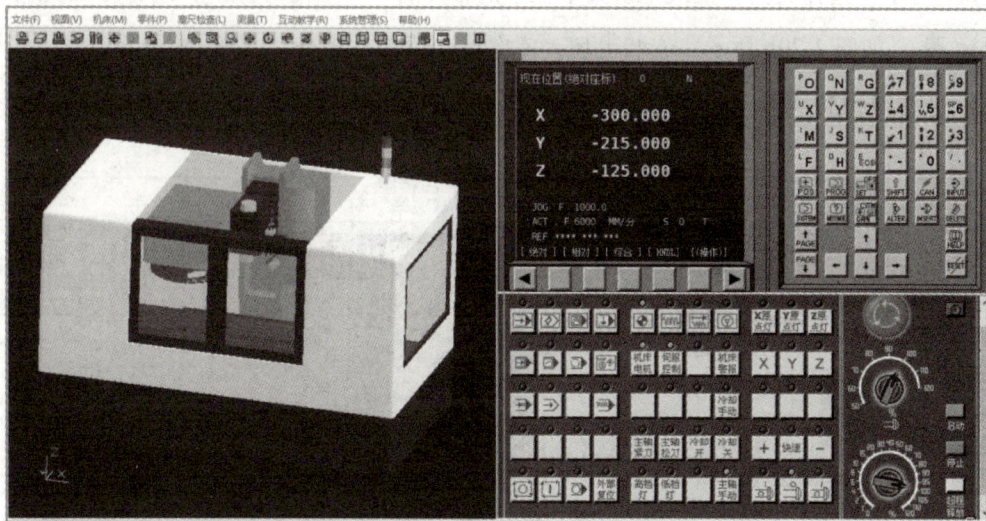

图 4-18 激活机床

3. 回参考点

按 键，进入"回参考点"模式，按操作面板上的 X 键，使 X 轴方向移动指示灯变亮 ，再按 + 键，使 X 轴回原点，此时 X 轴回原点指示灯变亮 。同样，再分别按 Y 轴、Z 轴方向键 Y 、 Z ，使对应的移动指示灯变亮，再按 + 键，使 Y 轴、Z 轴回原点，此时 Y

轴、Z 轴回原点指示灯变亮 ，如图 4-19 所示。

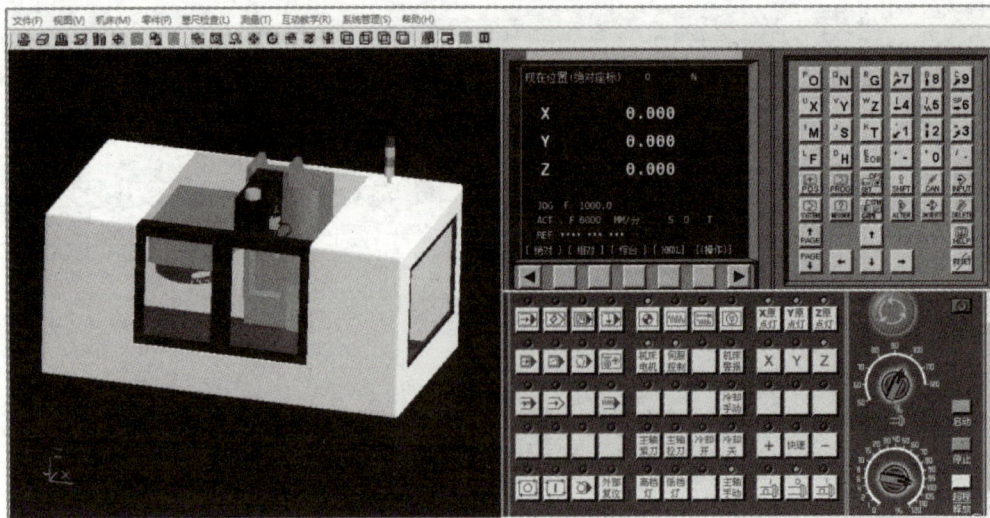

图 4-19　机床回参考点

4. 毛坯的选择和安装

选择毛坯：依次单击菜单栏中的"零件"→"定义毛坯"，或在工具条上选择 ，如图 4-20a 所示。选择夹具：依次单击菜单栏中的"零件"→"安装夹具"，或者在工具栏中单击图标 ，如图 4-20b 所示。安装毛坯：依次单击菜单栏中的"零件/放置零件"，或者在工具栏中点击图标 ，系统弹出"选择零件"对话框，选择定义的毛坯，零件安装如图 4-20c 所示。

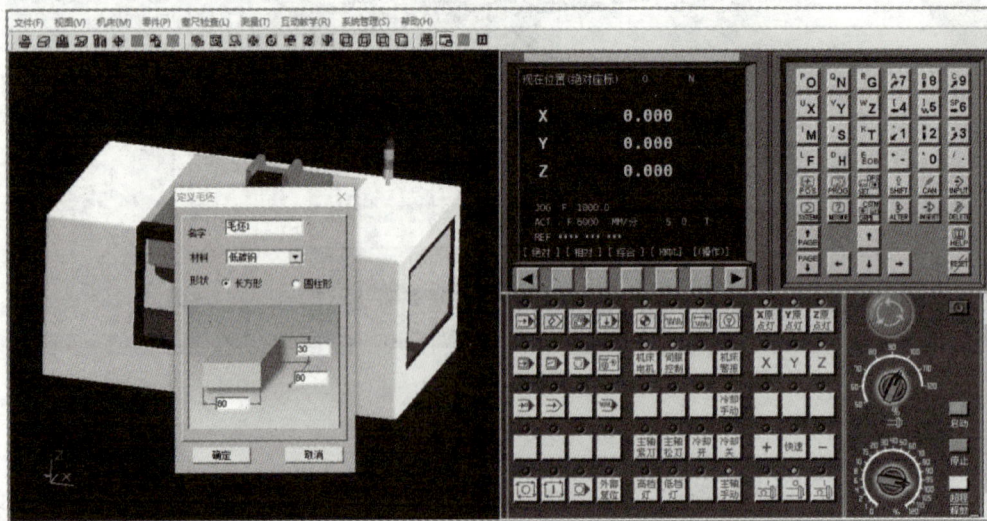

a) 定义毛坯

图 4-20　毛坯的选择和安装

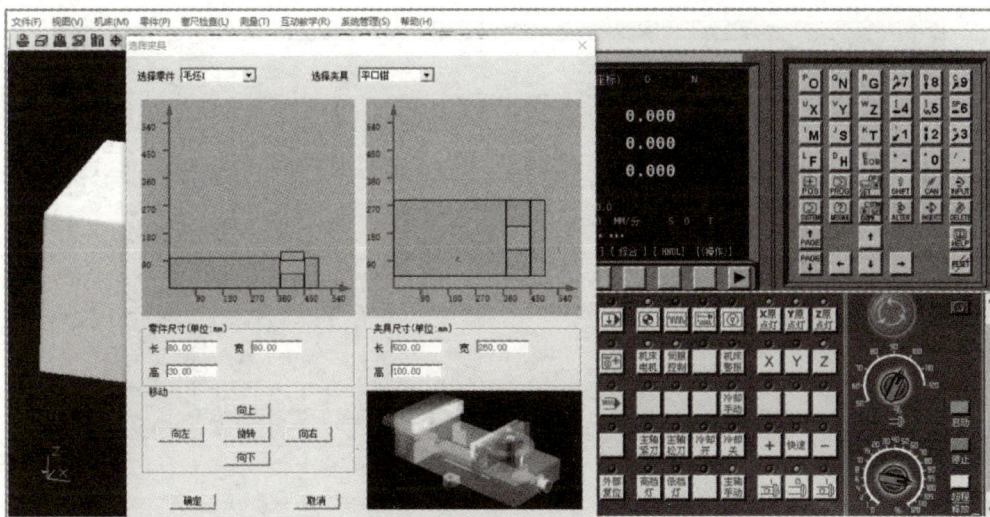

b) 安装夹具

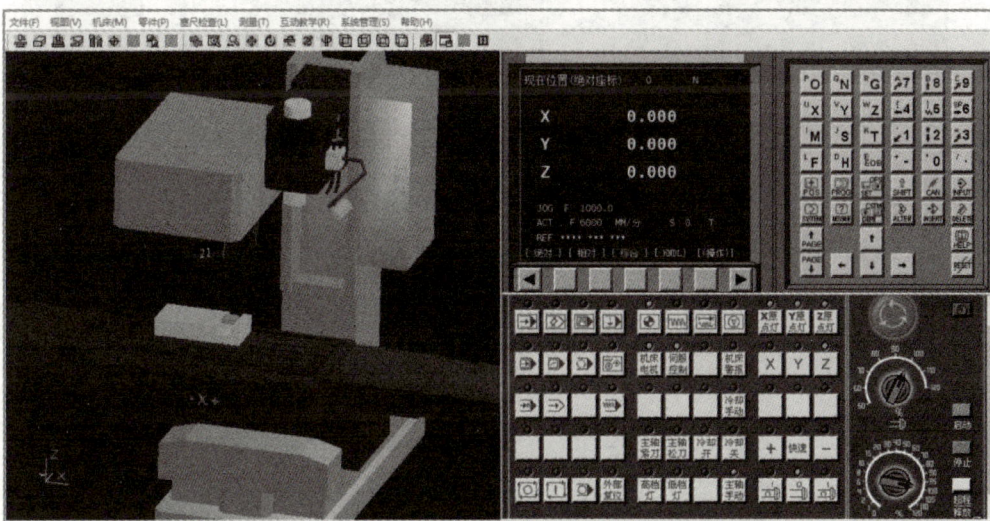

c) 安装毛坯

图 4-20 毛坯的选择和安装（续）

5. 刀具的选择和安装

依次单击菜单栏中的"机床"→"选择刀具"，或单击工具条上的小图标 ![icon]，弹出选择刀具的对话框，如图 4-21a 所示；选择所需要的刀具，添加到机床主轴，然后单击"确认"，刀具安装如图 4-21b 所示。

6. 对刀操作

依次单击菜单栏中的"机床"→"基准工具"，在弹出的"基准工具"对话框中，左边的是刚性靠棒，右边的是寻边器，如图 4-22a 所示。X 轴、Y 轴对刀一般使用基准工具，基准工具包括刚性靠棒和寻边器两种；Z 轴对刀一般采用实际加工刀具，对刀坐标值如图 4-22b 所示。

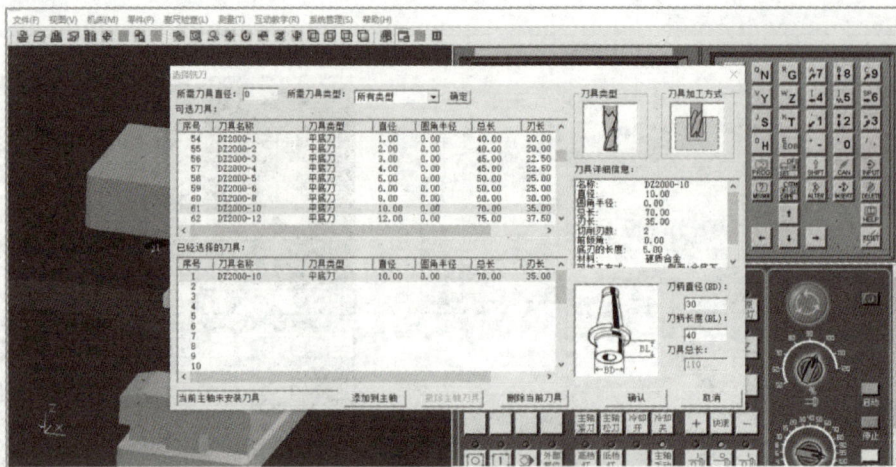

a) 选择刀具

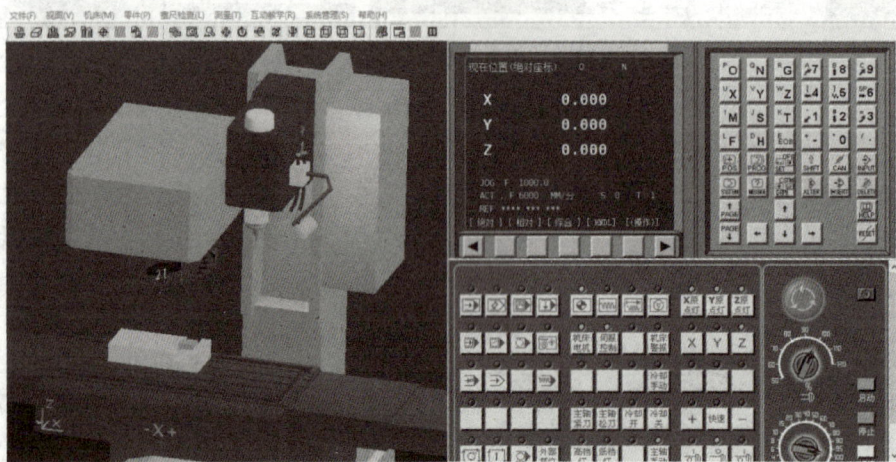

b) 安装刀具

图 4-21　刀具的选择和安装

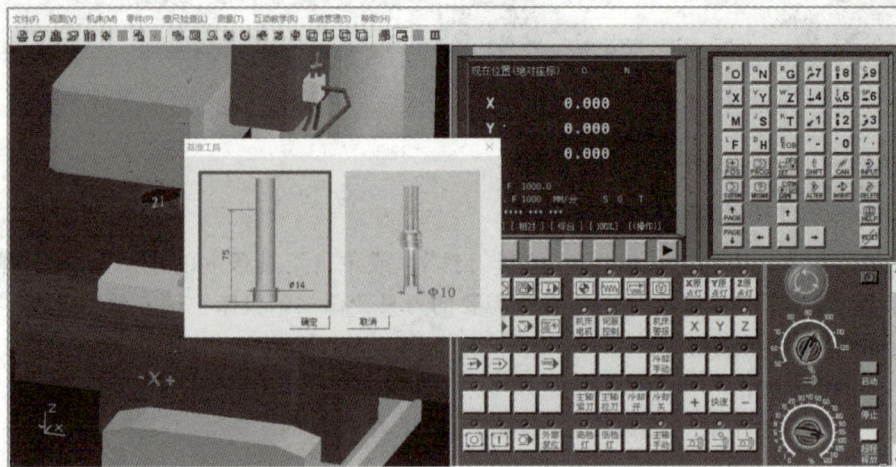

a) 选择基准工件

图 4-22　对刀

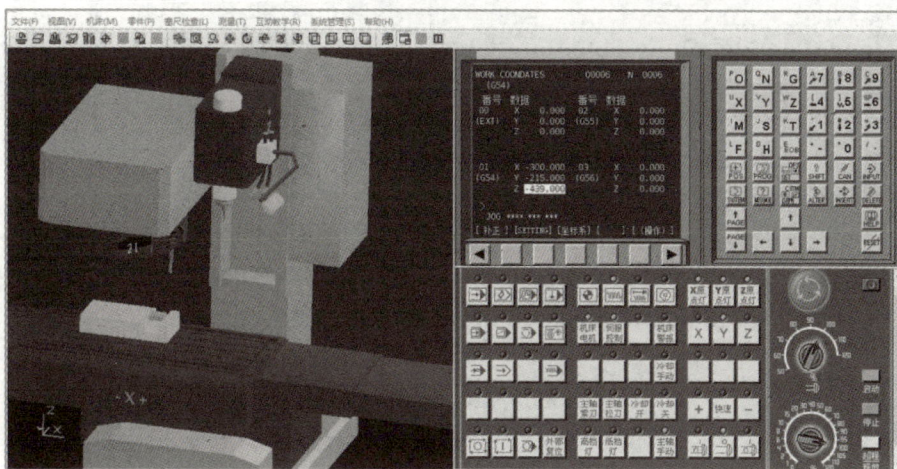

b) 对刀坐标值

图 4-22 对刀（续）

7. 程序输入与校验

在操作面板上按模式选择键 $\diamondsuit$，进入编辑模式，在系统面板上按 **PROG** 键，进入程序显示界面。在操作面板上按模式选择键 $\rightarrow$，切换到自动模式，在系统面板上按 **CUSTOM GRAPH** 键，系统进入轨迹检查界面。按循环启动键 开始模拟执行程序，如图 4-23、图 4-24 所示。

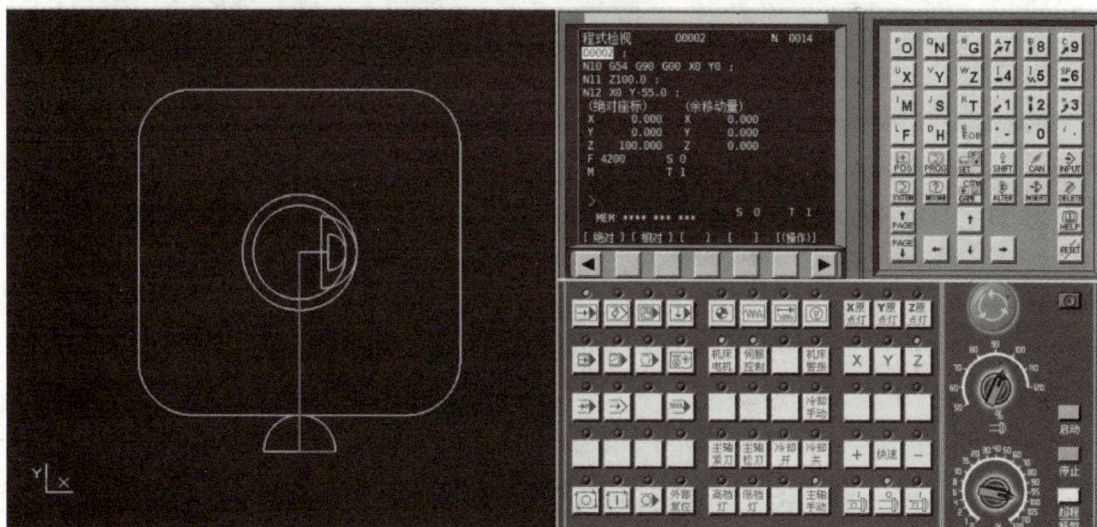

图 4-23 零件底面程序校验

8. 仿真加工

仿真加工，如图 4-25、图 4-26 所示。

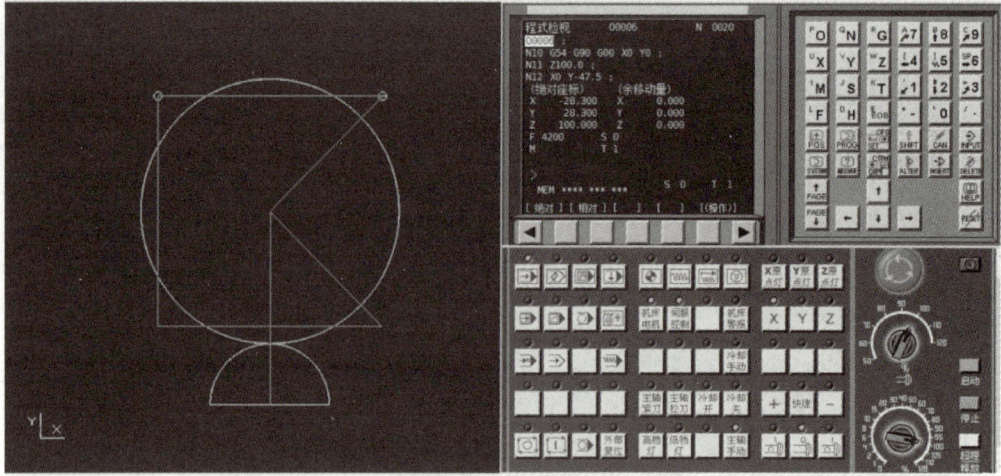

图 4-24 零件上面程序校验

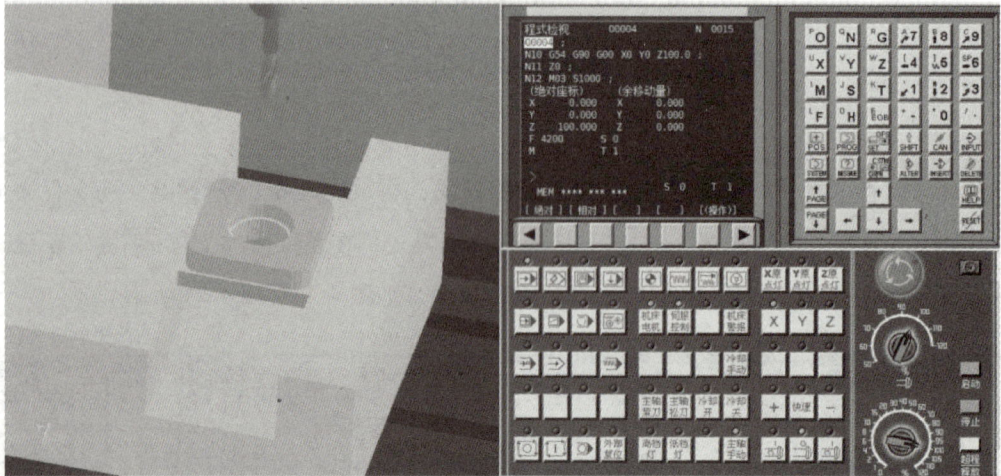

图 4-25 零件底面仿真加工

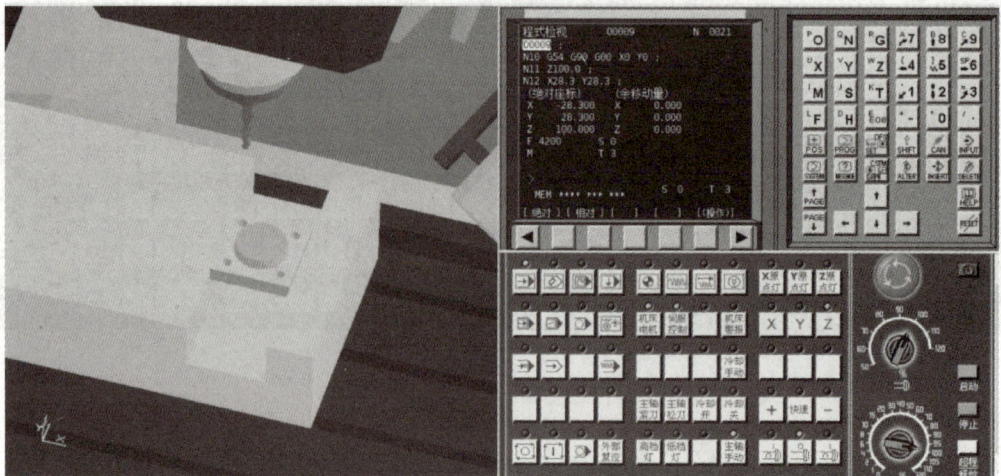

图 4-26 零件上面仿真加工

9. 零件测量

零件加工完成后，依次单击菜单中的"测量"→"剖面图测量"，进入"测量"对话框，如图 4-27、图 4-28 所示。

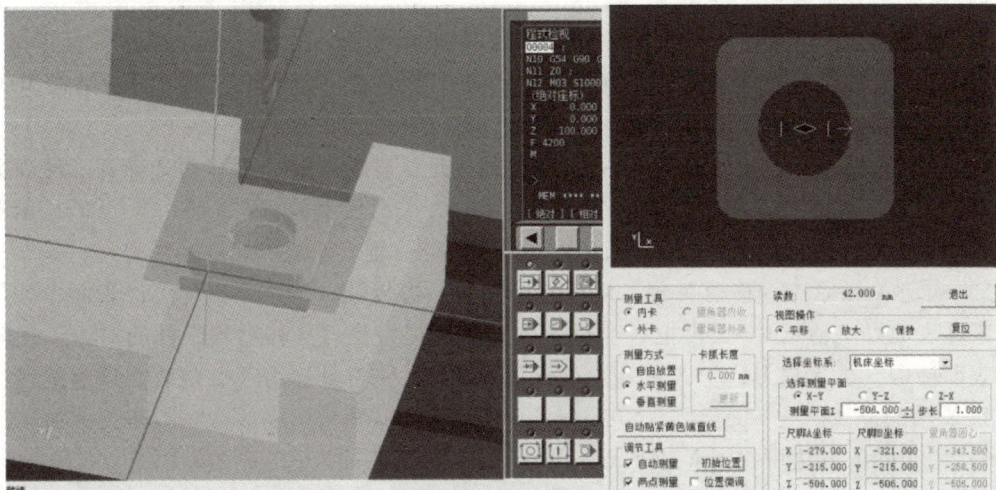

图 4-27　零件底面测量

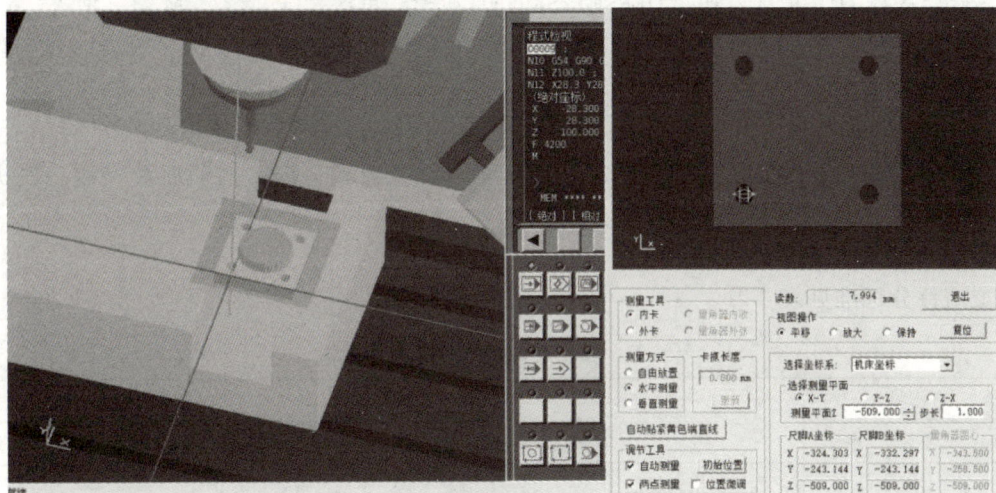

图 4-28　零件上面测量

10. 优化零件程序

根据零件的仿真加工，优化零件加工程序。

任务四　轴承座数控实操加工与检测

1. 毛坯、刀具、工具准备

2. 程序输入与编辑

1）开机。

2）回参考点。

3）输入程序。

4）检查程序。

3. 零件加工

1）按工艺要求装夹工件。

2）按编程要求，确定刀具编号并安装基准刀具。

3）启动主轴。若主轴启动过，直接在手动方式下按"主轴正转"即可；否则在 MDI 方式下输入"M03 S×××"，再按"循环启动"。

4）在手轮模式下，快速移动 X、Y、Z 轴到接近工件的位置，再移动 Z 轴到工件表面以下的某个位置，此时按"POS"键。在综合坐标中，按面板上的"Z"键，当 CRT 显示器上的"Z"闪动时，按"归零"，或输入 Z0 后按"预定"键，Z 轴相对坐标变为 0。

5）确定 X 轴原点。移动 X 轴，使其与工件的一边接触（为了不破坏工件表面，操作时可在工件表面贴上薄纸片），再把 X 坐标清零；然后提刀将刀具移动到工件的对边，使其与工件表面接触，再次提刀，把 X 的相对坐标值除以 2，使刀具移动 X/2 位置，该点就是编程坐标系 X 轴的原点。

6）用相同的方法可找到 Y 轴原点。

7）确定 Z 轴原点。移动刀具，使刀位点与工件上表面接触。

8）设定工件坐标原点。对刀完成后，在"综合坐标"界面中查看并记下各轴的 X、Y、Z 值。然后选择 MDI 模式，按"OFFSET/SETING"键，再按"工件系"软键，把 X、Y、Z 的机械坐标值输入到坐标系的 G54 ~ G59 中，按"输入"或分别输入 X0、Y0 和 Z0 后相应地按"测量"键。

9）调出加工程序。

10）自动加工。选择机床工作模式为"自动运行"模式，按"循环启动"键，使机床进行自动加工。

4. 零件检测与评分

成绩评分标准见表 4-21。

表 4-21 轴承座的编程与加工评分表

工件编号		技术要求	配分	总得分		
项目与比重	序号			评分标准	检测记录	得分
程序与工艺 （25%）	1	程序段格式规范	5	不规范每处扣 2 分		
	2	程序正确完整	10	每错一处扣 2 分		
	3	切削用量合理	5	不合理每处扣 2 分		
	4	工艺规程规范、合理	5	不合理每处扣 2 分		
机床操作 （20%）	5	刀具选择安装正确	5	不正确每次扣 2 分		
	6	对刀及坐标系设定正确	5	不正确每次扣 2 分		
	7	机床操作规范	5	不规范每次扣 2 分		
	8	工件加工不出错	5	出错全扣		
工件质量 （35%）	9	$\phi25mm$、两处 $\phi35mm$、$\phi45mm$ 外圆尺寸精度符合要求	16	不合格每处扣 4 分		

(续)

工件编号		技术要求	配分	总得分		
项目与比重	序号			评分标准	检测记录	得分
工件质量 （35%）	10	80mm、25mm 长度尺寸（公差要求）精度符合要求	5	不合格每处扣 2.5 分		
	11	10mm、15mm 长度尺寸精度符合要求	2	不合格每处扣 1 分		
	12	位置公差（同轴度）精度符合要求	5	不合格全扣		
	13	表面粗糙度 $Ra1.6\mu m$、$Ra3.2\mu m$	5	不合格每处扣 1 分		
	14	倒角 $C1.5$	2	不合格每处扣 1 分		
文明生产 （20%）	15	安全操作	10	出错全扣		
	16	机床维护与保养	5	不合格全扣		
	17	工作场所整理	5	不合格全扣		

思考题：

1. 铣削加工内圆弧面时，对刀具半径有何要求？

2. 为提高内孔表面的铣削加工精度和质量，最好采用何种加工路线？

3. 钻深孔时，常用的指令有哪些？其加工动作有何特点？

4. 钻孔固定循环指令 G81 和铰孔循环指令 G85 的加工动作有何区别？

5. 铣削零件的外轮廓时，对于加工深度比较大的零件，应尽量采用何种加工方式？试举例说明。

6. 加工如图 4-29 所示的零件，分析零件加工工艺，编写零件加工程序，毛坯：85mm×85mm×30mm。

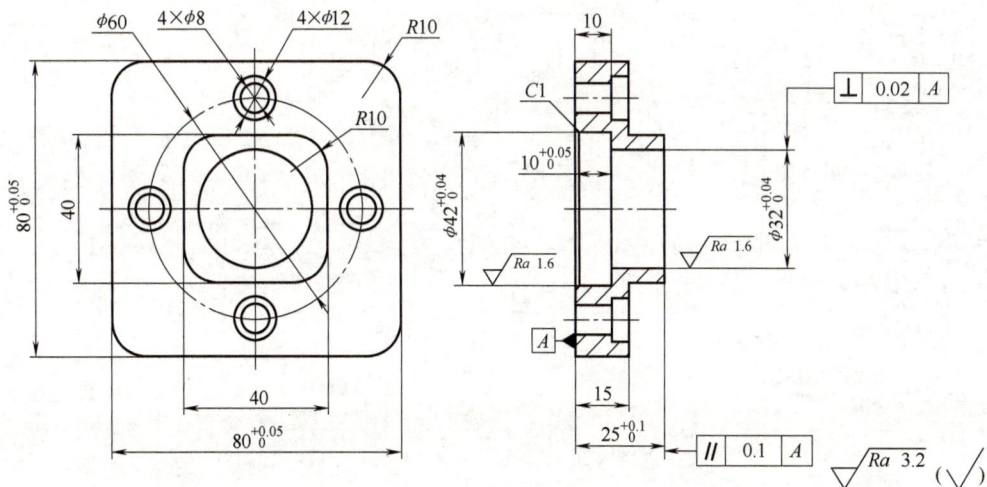

图 4-29 零件图

参 考 文 献

［1］ 胡占齐，杨莉. 机床数控技术［M］. 4 版. 北京：机械工业出版社，2023.

［2］ 王延飞，吕钊儒. 数控车床操作与编程训练［M］. 北京：机械工业出版社，2023.

［3］ 魏彦波，姚春玲. 数控车削编程与加工：FANUC 系统［M］. 2 版. 北京：机械工业出版社，2023.

［4］ 周平，孙德英. 数控加工编程［M］. 北京：机械工业出版社，2023.

［5］ 郑书华. 数控铣削编程与操作训练［M］. 3 版. 北京：高等教育出版社，2023.

［6］ 明瑞，等. 数控加工实践教程［M］. 2 版. 北京：化学工业出版社，2023.

［7］ 林岩. 数控加工工艺与编程［M］. 2 版. 北京：化学工业出版社，2023.

［8］ 方迪成，邓集华. 数控车床编程与加工［M］. 北京：清华大学出版社，2023.

［9］ 顾晔，卢卓. 数控编程与操作［M］. 2 版. 北京：人民邮电出版社，2017.

［10］ 陈乃峰，孙淑敏. 数控编程技术基础［M］. 北京：清华大学出版社，2022.

［11］ 赵冬晚. 数控车工工艺与技能［M］. 北京：人民邮电出版社，2016.

［12］ 夏尚飞，王建. 零件的数控铣床加工［M］. 北京：电子工业出版社，2022.

［13］ 崔陵，娄海滨，蔡连森. 数控铣床编程与加工技术［M］. 3 版. 北京：高等教育出版社，2022.

［14］ 刘振强，肖卫宁. 数控车削编程与操作训练［M］. 3 版. 北京：高等教育出版社，2022.

［15］ 耿国卿. 数控车削编程与加工项目教程［M］. 北京：化学工业出版社，2016.